Au rythme des maths

CM1

Cycle 3

Maths

Sous la direction de Josiane Hélayel

Josiane Hélayel
Professeur de mathématiques à l'IUFM de Versailles

Catherine Fournié
Directrice d'école d'application à Boulogne

Caroline Vrignaud
Professeur des écoles dans les Hauts-de-Seine

éco responsable
Bordas

Les maîtres d'école sont des jardiniers
en intelligence humaine.

Victor Hugo

ISBN 978-2-04-732765-4

Avant-propos

La collection « Au rythme des maths » propose aux enseignants des **manuels souples d'utilisation et adaptés à la diversité de niveaux des élèves**.

Avec « Au rythme des maths », les enseignants peuvent construire ou étayer leur pratique de classe tout en étant **libres du choix de leurs méthodes et démarches pédagogiques**.

« Au rythme des maths » propose un **très grand choix d'exercices et de problèmes comportant deux niveaux de difficulté**. En conformité avec les programmes 2008, les exercices et les problèmes sont centrés sur les contenus et couvrent toutes les compétences du CM1 et du socle commun. Tous **contextualisés**, ils permettent de **faire le lien avec les autres domaines d'apprentissage**. Le **langage** est volontairement **simple et précis** afin de faciliter la compréhension en lecture des situations mathématiques.

Une organisation par domaines pour favoriser la liberté pédagogique

- **Le manuel est organisé par domaines mathématiques :**

  Calcul mental : Calcul : Grandeurs et mesures
  Nombres : Organisation et gestion de données : Géométrie

- Ce découpage permet une plus **grande lisibilité de la progression** dans chaque domaine et offre à l'enseignant une **grande souplesse d'organisation**.
  Une répartition des différentes leçons sur 5 périodes est proposée en pages 6-7. Elle donne des repères annuels pour mettre en œuvre la progressivité des apprentissages. Pour les nouvelles notions, les situations de découverte sont décrites dans le livre du maître et leurs supports directement imprimables à partir du CD-Rom.

- Les pages de **Calcul mental** rendent à ce domaine sa véritable place. Chaque leçon, répartie en « calculs automatisés » et « calculs réfléchis », propose de très nombreuses activités favorisant un **travail indispensable de mémorisation** et un **apprentissage structuré des automatismes et des savoir-faire**.
  Des **problèmes courts** à résoudre oralement et des **jeux** permettent en outre de réinvestir les techniques venant d'être travaillées tout en faisant fonctionner la rapidité.

- Le domaine **Organisation et gestion de données** aborde les **aspects méthodologiques** de l'activité de résolution de problèmes ainsi que l'étude des **situations de proportionnalité**, de tableaux et de graphiques, **conformément aux programmes 2008**. L'utilisation systématique de la calculatrice dans cette partie est fortement recommandée pour concentrer l'attention des élèves sur le sens et la mise en œuvre de procédures, allégeant ainsi la tâche des élèves.

400 exercices différenciés et 400 problèmes gradués

- Tous les exercices d'application (partie « **Je m'exerce à mon rythme** ») proposent, à partir d'une **même consigne, deux niveaux de difficulté repérés par * ou ****. Ce dispositif favorise la **différenciation** et l'**autonomie** des élèves, qui peuvent, sur les conseils de l'enseignant, travailler à leur rythme en traitant d'abord le niveau * de l'exercice puis le niveau **.

- La partie « **Je résous des problèmes** » propose :
  – des **problèmes d'application immédiate, repérés par ***;
  – des **problèmes** plus difficiles, pour permettre aux élèves de **mobiliser leurs connaissances dans des situations plus complexes, repérés par ****.

Nous espérons que ce manuel sera conforme aux attentes des enseignants.

Les auteurs

Mode d'emploi

Des leçons organisées par doubles pages

Pour démarrer
Une situation d'exploration ou de réactivation des acquis contextualisée

Je retiens
Les notions ou méthodes essentielles organisées par compétences

Je m'exerce à mon rythme
Des exercices d'application organisés par compétences (2 niveaux de difficulté)

Exercice TEST
Un test autocorrectif reprenant les compétences

Je résous des problèmes
Des problèmes variés et originaux (2 niveaux de difficulté)

Tout dans la tête - Un exercice court à faire mentalement

CD-Rom - Des exercices supplémentaires, du matériel, des compléments d'activité sur le CD-Rom du Livre du maître (voir p. 8)

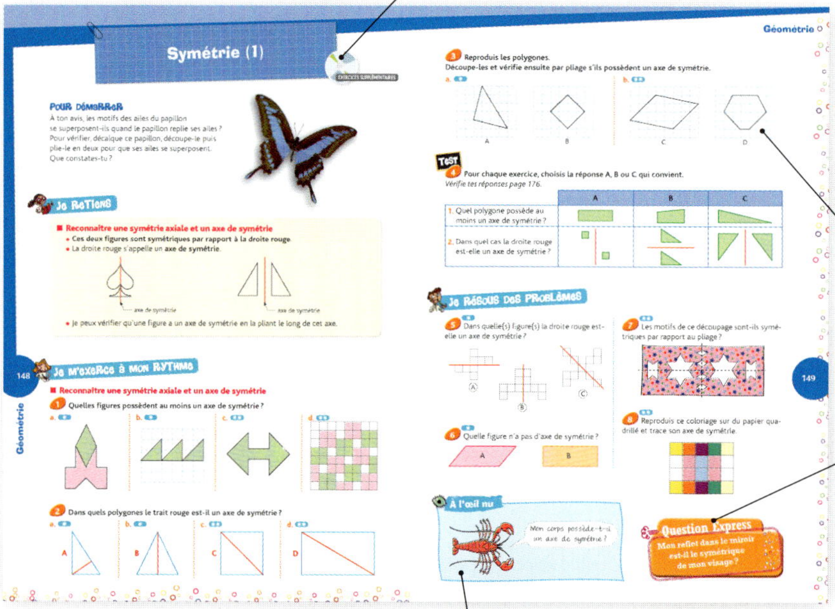

Supports d'exercices sur CD-Rom
Les figures de géométrie téléchargeables et imprimables pour faciliter le travail en classe

Question Express
Une question ludique pour conclure

À l'œil nu - En géométrie, des activités supplémentaires d'observation ou de tracé à main levée en lien avec la leçon

Je prépare le bilan

Après les leçons, une **révision méthodique** des notions abordées dans le domaine mathématique.
Un bilan construit sur le même modèle est proposé sur le CD-Rom du Livre du maître (voir p. 8).

Bilans sur CD-Rom - Des bilans téléchargeables, personnalisables et imprimables

Des révisions organisées par compétences

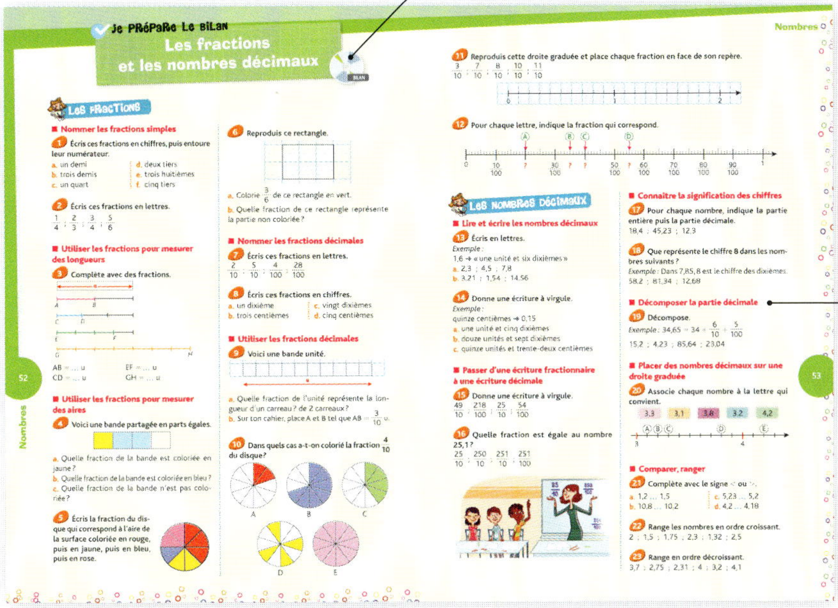

Problèmes de synthèse

En fin de domaine, des doubles pages de problèmes de synthèse pour **réinvestir les notions mathématiques** dans des **thématiques interdisciplinaires**.

Des doubles pages richement illustrées favorisant l'ouverture culturelle

Des thématiques variées et actuelles

Un **réinvestissement** des compétences vues dans les leçons

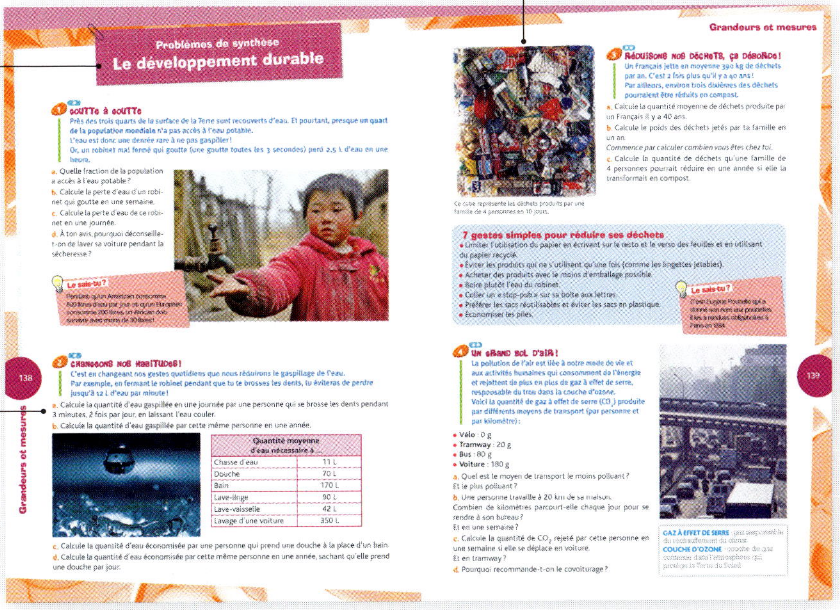

Sommaire

Organisation et gestion de données

Grandeurs et mesures

Géométrie

Suggestion de programmation

	Calcul mental	Nombres	Calcul
Période 1	Additionner rapidement *(ex. 1 à 17 et 26 à 30)* Soustraire rapidement *(ex. 1 à 16 et 24 à 31)*	Écrire et nommer des nombres entiers jusqu'à 999 999 Décomposer des nombres entiers Comparer, encadrer des nombres entiers	L'addition de nombres entiers La soustraction de nombres entiers
Période 2	Multiplier et diviser rapidement *(ex. 1 à 10 et 15 à 28)*	Les nombres jusqu'aux millions Les multiples	La multiplication de nombres entiers (1) La multiplication de nombres entiers (2) La division de nombres entiers (1)
Période 3	Additionner rapidement *(ex. 18 à 25 et 31 à 36)*	Fractions et partage Fractions et mesure de longueurs Fractions et mesure d'aires	La division de nombres entiers (2) La division de nombres entiers (3) La calculatrice
Période 4	Multiplier et diviser rapidement *(ex. 11 à 14 et 29 à 33)*	Les fractions décimales Fractions décimales et graduations Fractions décimales et nombres décimaux	L'addition de nombres décimaux La soustraction de nombres décimaux
Période 5	Soustraire rapidement *(ex. 17 à 23 et 32 à 41)*	Les nombres décimaux Comparer des nombres décimaux	La multiplication d'un nombre décimal par 10, 100, 1 000 La multiplication d'un décimal par un entier La division décimale de deux entiers

par périodes

Organisation et gestion de données	Grandeurs et mesures	Géométrie
Reconnaître un problème, trier les informations Se poser des questions	Mesure et comparaison de longueurs Calcul de longueurs	Points alignés, droites, segments, milieux Droites perpendiculaires
Choisir l'opération Problèmes à étapes	Masses Périmètres	Droites parallèles Symétrie (1) Symétrie (2)
Plans et cartes Lire et construire des tableaux	Heures Durées Comparer des aires	Polygones Carrés, losanges, rectangles Cercles
Lire et construire des graphiques	Mesure d'aires Aires et périmètres Nombres décimaux et mesures	Triangles Décrire une figure Programmes de construction
Approche de la proportionnalité	Contenances Angles	Cubes Pavés droits Prismes droits

Le livre du maître avec CD-Rom accompagnant ce manuel comporte :

- des **commentaires didactiques** de chaque leçon,
- des **propositions d'organisation de la séance**,
- les **corrigés des exercices et des problèmes** du manuel de l'élève,
- un **CD-Rom** personnalisable par l'enseignant.

Nous souhaitons ainsi apporter une aide précieuse à l'enseignant dans la gestion de l'hétérogénéité de la classe.

Le CD-Rom *Au rythme des maths* CM1 contient :

- Des **activités de découverte** pour les nouvelles notions avec des supports imprimables.
- Des **fiches d'exercices supplémentaires** pour chaque leçon du manuel. Ces exercices sont personnalisables, ont deux niveaux de difficulté et permettent la mise en place d'une pédagogie différenciée.
- Des **bilans** organisés par compétences et **personnalisables**.
- Des **ressources imprimables** pour faciliter le travail en classe : figures de géométrie du manuel, rubrique « Pour démarrer », Exercices Test...
- Des **annexes** : tableaux de numération et de conversion vierges, patrons de solides...

Un CD-Rom pour la mise en place d'une pédagogie différenciée

+ de 150 exercices supplémentaires !

Une utilisation simple et pratique

- Un classement par domaine, puis par leçon.
- Des ressources **téléchargeables, imprimables** et **personnalisables** :
  - en fichier PDF
  - et en fichier Word.

Ainsi, l'enseignant pourra **créer ses propres exercices** et les **adapter à sa classe**.

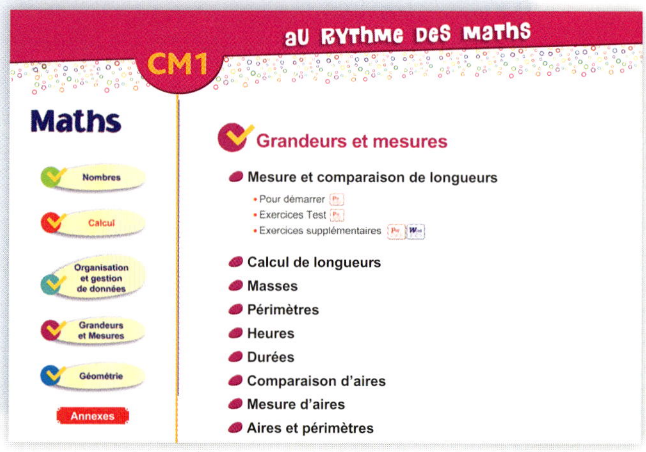

Calcul mental

Additionner rapidement

CALCULS AUTOMATISÉS

Mémoriser les tables d'addition

1 * Recopie et complète les tables.

a.

+	6	7	8	9
6	12			
7				
8				
9				

b.

+	7	6	9	8
3	10			
7				
		14		
			18	

c.

+			5	
9	18			
6		10		
3				11
			9	

2 * Complète le plus rapidement possible.

a. 1 + ... = 10 — 7 + ... = 11
8 + ... = 17 — 3 + ... = 12

b. 10 + ... = 16 — 4 + ... = 12
5 + ... = 12 — 11 + ... = 19

3 * Félix et Rama jouent au jeu de l'oie.
Félix est sur la case 7. Il avance de 6 cases.
Sur quelle case arrive-t-il ?
Rama avance de 5 cases. Elle arrive sur la case 25.
De quelle case est-elle partie ?

4 ** Calcule le plus rapidement possible.

a. 12 + 9 — 45 + 6 — 75 + 5
23 + 9 — 62 + 4 — 18 + 5

b. 12 + 15 — 21 + 22 — 43 + 45
51 + 34 — 63 + 26 — 72 + 34

c. 101 + 4 — 235 + 5 — 124 + 8
109 + 8 — 342 + 7 — 654 + 9

Compter de 2 en 2, de 5 en 5, de 10 en 10, de 100 en 100

5 * Continue chaque suite.

a. 110 ; 112... (jusqu'à 130)
b. 191 ; 192... (jusqu'à 211)
c. 1 056 ; 1 058... (jusqu'à 1 070)

6 * Continue chaque suite.

a. 110 ; 115... (jusqu'à 140)
b. 680 ; 685... (jusqu'à 720)
c. 2 085 ; 2 090... (jusqu'à 2 115)

7 * Continue chaque suite.

a. 70 ; 80... (jusqu'à 170)
b. 229 ; 239... (jusqu'à 319)
c. 917 ; 927... (jusqu'à 1 017)

8 * Continue chaque suite.

a. 300 ; 400... (jusqu'à 1 000)
b. 630 ; 730... (jusqu'à 1 230)
c. 1 814 ; 1 914... (jusqu'à 2 614)

Connaître et utiliser certaines relations entre des nombres

9 * Calcule.

5 + 5 — 25 + 25 — 25 + 50
50 + 50 — 250 + 250 — 25 + 75
500 + 50 — 250 + 500 — 250 + 750

10 * M. Dumaillot a parcouru 25 km à vélo ce matin et 50 km cet après-midi.
Quelle distance a-t-il parcourue en tout ?

11 * Pour meubler son salon, Mme Déco achète un fauteuil à 750 € et une lampe à 50 €. Combien a-t-elle dépensé en tout ?

12 * Mina avait 35 billes.
À la récré, elle en a gagné 15.
Combien a-t-elle de billes maintenant ?

Additionner des dizaines et des centaines entre elles

13 * **Calcule.**

a.	b.	c.
10 + 10	50 + 50	50 + 70
20 + 10	40 + 60	20 + 90
20 + 20	10 + 60	90 + 90
40 + 20	30 + 10	60 + 50
40 + 40	60 + 60	40 + 90

14 * **Calcule.**

a.	100 + 100	200 + 200	100 + 800
	200 + 100	400 + 200	100 + 600
b.	500 + 400	300 + 400	300 + 100
	400 + 400	200 + 300	300 + 600
c.	500 + 700	900 + 900	500 + 500
	800 + 500	600 + 600	400 + 600
d.	700 + 700	200 + 900	200 + 800
	400 + 900	600 + 500	800 + 400

Ajouter un nombre entier d'unités, de dizaines, de centaines

15 * **Calcule.**

a.	86 + 3	78 + 10	51 + 300
b.	23 + 4	14 + 50	53 + 500
c.	75 + 5	25 + 30	64 + 300
d.	91 + 6	18 + 60	27 + 600

16 * **Calcule.**

a.	b.	c.
346 + 20	542 + 30	725 + 500
841 + 50	142 + 30	412 + 500
487 + 10	516 + 70	812 + 400
815 + 60	637 + 40	702 + 500

17 * **Calcule.**

a.	3 689 + 100	1 345 + 10	3 542 + 400
b.	15 + 300	1 234 + 20	2 561 + 500

Connaître les compléments à 10

18 * **Complète.**

a.	2 + … = 10	7 + … = 10
b.	… + 6 = 10	9 + … = 10
c.	5 + … = 10	… + 5 = 10
d.	1 + … = 10	4 + … = 10
e.	3 + … = 10	8 + … = 10

Connaître les compléments à 100, à 1 000 d'un nombre qui se termine par 0

19 * **Complète.**

a.	20 + … = 100	… + 60 = 100
b.	10 + … = 100	70 + … = 100
c.	… + 30 = 100	100 = 10 + …
d.	40 + … = 100	… + 20 = 100
e.	90 + … = 100	50 + … = 100

20 * **Complète.**

a.	100 + … = 1 000	400 + … = 1 000
b.	… + 200 = 1 000	900 + … = 1 000
c.	500 + … = 1 000	200 + … = 1 000
d.	… + 600 = 1 000	1 000 = 100 + …
e.	700 + … = 1 000	… + 300 = 1 000

21 * 100 personnes voyagent dans le métro.
À la première station, 30 personnes montent et aucune ne descend. Combien y a-t-il de personnes dans le métro quand il redémarre ?

Connaître les compléments d'un nombre à la dizaine supérieure

22 * **Calcule.**

a. 51 + 9 ; 31 + 9 ; 22 + 8 ; 11 + 9
b. 28 + 2 ; 53 + 7 ; 45 + 5 ; 68 + 2

Que remarques-tu ?

23 * **Complète les égalités.**

a. 12 + ... = 20 15 + ... = 20
b. 24 + ... = 30 27 + ... = 30
c. 34 + ... = 40 38 + ... = 40
d. 43 + ... = 50 46 + ... = 50
e. 57 + ... = 60 61 + ... = 70
f. 71 + ... = 80 88 + ... = 90
g. 91 + ... = 100 97 + ... = 100

24 ** Fanny vient de cueillir 4 roses.
Combien doit-elle ajouter de pivoines pour obtenir un bouquet de 10 fleurs ?

25 ** La caissière a 70 pièces de 1 € dans sa caisse.
Combien de pièces de 1 € doit-elle ajouter dans sa caisse pour obtenir 100 € ?

Jeux

Des chiffres et des lettres

Voici les 26 lettres de l'alphabet.
Chaque lettre a la valeur de son rang : A vaut 1, B vaut 2, C vaut 3, etc.

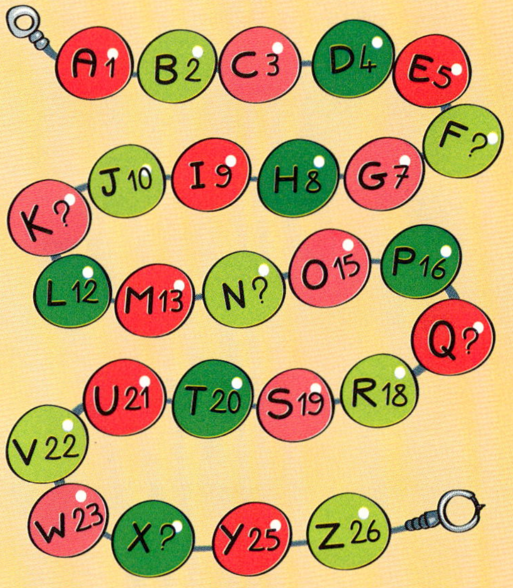

a. Quelle est la valeur de F, K, N, Q et X ?
b. Quelle est la valeur du mot « CALCUL » ?
c. Joue avec ton voisin. Choisissez chacun un mot. Celui qui trouve le mot qui rapporte le plus de points a gagné !

Vérifie tes réponses page 22.

Calculs réfléchis

Ajouter 9, 19

26 * **Calcule, comme dans l'exemple.**

Exemple :
84 + 9 = 84 + 10 − 1 = 94 − 1 = 93

a. 52 + 9 ; 28 + 9
b. 125 + 9 ; 205 + 9
c. 426 + 9 ; 817 + 9

27 * **Calcule, comme dans l'exemple.**

Exemple :
175 + 19 = 175 + 20 − 1 = 195 − 1 = 194

a. 52 + 19 ; 64 + 19
b. 73 + 19 ; 83 + 19
c. 264 + 19 ; 154 + 19

28 * Aloys a monté 36 marches de l'escalier. Il lui en reste encore 19 pour atteindre le palier. Combien cet escalier a-t-il de marches en tout ?

Ajouter 11

29 * **Calcule, comme dans l'exemple.**

Exemple :
98 + 11 = 98 + 10 + 1 = 108 + 1 = 109

a. 75 + 11 ; 329 + 11 ; 654 + 11
b. 121 + 11 ; 247 + 11 ; 358 + 11
c. 287 + 11 ; 143 + 11 ; 927 + 11

30 * Raphaël a 15 bonbons.
Son cousin Jules en a 11 de plus que lui.
Combien de bonbons Jules a-t-il en tout ?

Décomposer des nombres entiers en milliers, centaines, dizaines et unités

31 * **Décompose, comme dans l'exemple.**

Exemple : 2 503 = 2 000 + 500 + 3

a. 524 ; 318 ; 902 ; 572 ; 108
b. 1 289 ; 1 910 ; 5 874 ; 8 470
c. 5 002 ; 2 310 ; 3 045 ; 9 050

32 * **Calcule.**

a. 800 + 70 + 5 ; 300 + 80 + 7 ; 100 + 9
b. 80 + 900 + 8 ; 2 + 10 ; 6 + 300 + 50
c. 40 + 700 + 8 ; 500 + 8 + 60 ; 700 + 60 + 3
d. 200 + 9 + 40 ; 400 + 3 ; 80 + 300
e. 500 + 3 + 80 ; 200 + 1 000 + 10 + 8

Évaluer un ordre de grandeur en utilisant un calcul approché

33 * **Trouve la dizaine la plus proche, comme dans les exemples.**

Exemples :

23 → 20

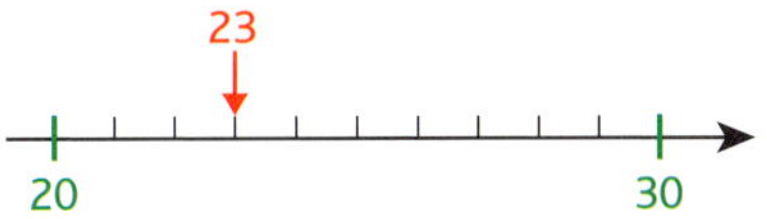

158 → 160

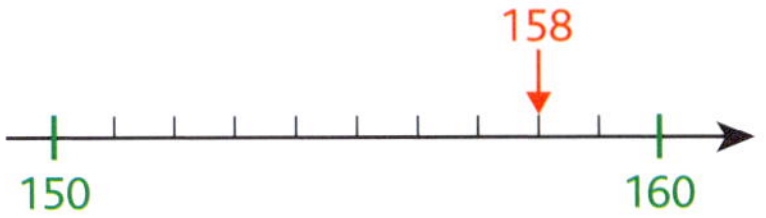

1 347 → 1 350

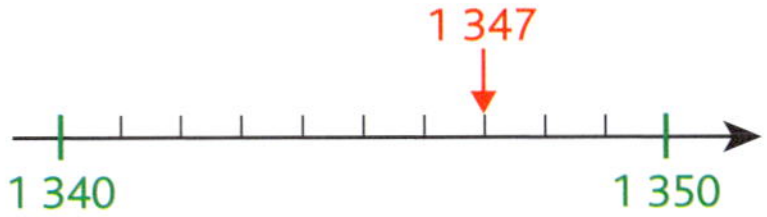

a. 52 ; 87 ; 96 ; 27 ; 48 ; 77
b. 132 ; 178 ; 257 ; 292 ; 418
c. 1 128 ; 1 254 ; 2 067 ; 2 351 ; 4 137

34 * **Trouve la centaine la plus proche, comme dans les exemples.**

Exemples :

123 → 100

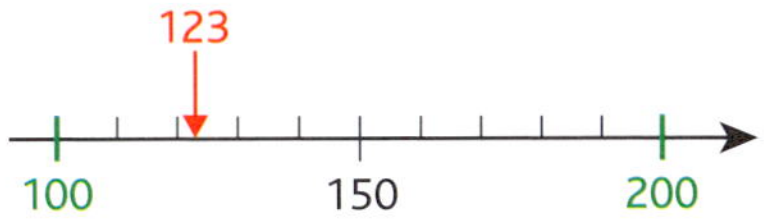

1 275 → 1 300

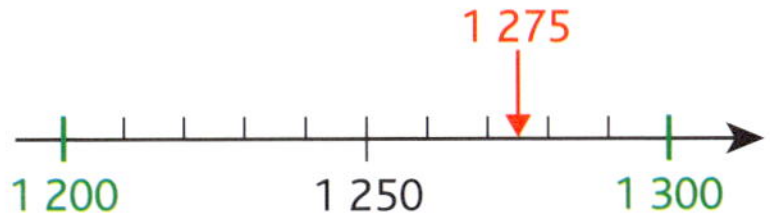

a. 135 ; 748 ; 894 ; 536 ; 421
b. 1 245 ; 2 578 ; 3 234 ; 5 189

35 ** **Trouve un nombre proche du résultat, comme dans l'exemple.**

Exemple :

303 + 689 est proche de 300 + 700 = 1 000

a.	b.	c.
53 + 29	78 + 31	309 + 576
48 + 97	109 + 130	457 + 810

36 ** Si Jack achète une TV à 567 €, un lecteur de DVD à 278 € et un film à 37 €, le montant de ses achats dépassera-t-il 1 000 € ?

Compter de 0,1 en 0,1 ; de 0,5 en 0,5

37 ** **Continue les suites.**

a. 8,2 ; 8,3 ; 8,4... (jusqu'à 10,2)
b. 0,5 ; 0,6 ; 0,7... (jusqu'à 1,5)
c. 1,5 ; 2 ; 2,5... (jusqu'à 5)
d. 9,1 ; 9,6 ; 10,1... (jusqu'à 14,1)

Ajouter un entier et un décimal

38 ** **Calcule.**

a. 1 + 0,5	2 + 0,3	4 + 0,6
b. 2 + 1,3	5 + 2,1	8 + 1,9
c. 0,5 + 2	1,3 + 8	2,7 + 16

39 ** **Calcule.**

a. 0,1 + 0,9 ; 0,2 + 0,8 ; 0,6 + 0,4 ; 0,7 + 0,3
Que remarques-tu ?
b. **Déduis-en rapidement les calculs suivants :**
1,1 + 1,9 ; 1,2 + 1,8 ; 1,6 + 1,4 ; 1,7 + 1,3

Trouve le ticket gagnant !

Recopie les deux nombres dont la somme est 25.
Recopie les trois nombres dont la somme est 107.
Celui qui reste est le ticket gagnant !

Vérifie tes réponses page 22.

Soustraire rapidement

Calculs automatisés

Décompter de 2 en 2, de 5 en 5

1 * **Continue chaque suite.**
a. 200 ; 198... (jusqu'à 180)
b. 95 ; 93... (jusqu'à 75)
c. 854 ; 852... (jusqu'à 834)
d. 1 022 ; 1 020... (jusqu'à 1 002)

2 * **Continue chaque suite.**
a. 75 ; 70... (jusqu'à 30)
b. 105 ; 100... (jusqu'à 55)
c. 590 ; 585... (jusqu'à 540)
d. 141 ; 136... (jusqu'à 96)

Décompter de 10 en 10, de 100 en 100

3 * **Continue chaque suite.**
a. 100 ; 90... (jusqu'à 30)
b. 355 ; 345... (jusqu'à 255)
c. 1 050 ; 1 040... (jusqu'à 960)
d. 1 531 ; 1 521... (jusqu'à 1 441)

4 * **Continue chaque suite.**
a. 1 200 ; 1 100... (jusqu'à 200)
b. 1 515 ; 1 415... (jusqu'à 515)
c. 1 102 ; 1 002... (jusqu'à 102)
d. 7 823 ; 7 723... (jusqu'à 6 823)

Trouver rapidement une différence

5 * **Calcule.**

a.	9 – 9	9 – 1	9 – 8
	9 – 2	9 – 6	9 – 4
b.	8 – 1	8 – 4	8 – 6
	8 – 7	8 – 3	8 – 2
c.	7 – 2	7 – 1	7 – 3
	7 – 4	7 – 5	7 – 6

6 * **Calcule.**

a.	15 – 4	18 – 8	16 – 3
b.	19 – 5	25 – 4	29 – 7
c.	67 – 3	36 – 3	45 – 5
d.	38 – 7	39 – 5	34 – 2

7 * Jenny a 9 ans. Elle a 3 ans de plus que son frère Malo. Quel est l'âge de Malo ?

8 ** **Calcule.**

a.	16 – 9	21 – 4	66 – 8
b.	92 – 6	31 – 3	101 – 2
c.	106 – 7	111 – 4	231 – 5

9 ** **Complète.**

a.	5 – ... = 3	18 – ... = 9
b.	7 – ... = 4	19 – ... = 12
c.	10 – ... = 6	23 – ... = 18
d.	14 – ... = 7	25 – ... = 17

Connaître les différences entre les nombres d'usage courant

10 * **Calcule.**

a.	25 – 5	75 – 50	75 – 25
b.	50 – 25	250 – 50	275 – 50
c.	500 – 250	275 – 25	750 – 500

11 * Lola et ses parents partent en vacances.
Ils ont 500 km de route à faire.
Ils ont déjà roulé 250 km.
Quelle distance leur reste-t-il à parcourir ?

12 * Lucas joue à un jeu vidéo. Il avait 50 points au début de la partie. Il en perd 25.
Combien de points lui reste-t-il ?

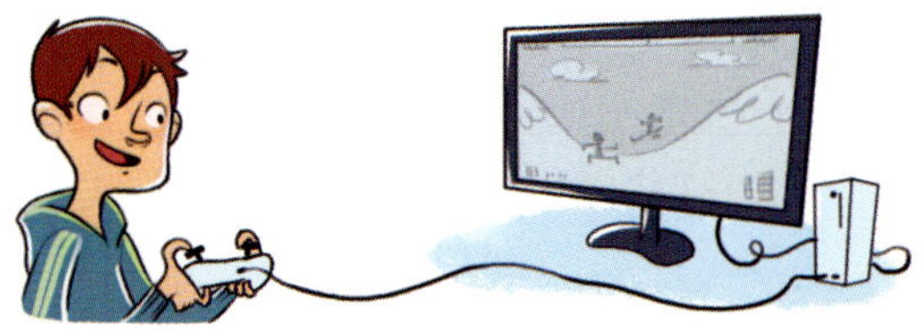

13 ** Zoé a gagné 25 billes pendant la récré. Elle est remontée en classe avec 75 billes. Combien en avait-elle avant la récré ?

Soustraire entre elles des dizaines

14 * **Calcule.**

a. 10 – 10	20 – 10	50 – 40
40 – 20	40 – 30	30 – 20
b. 80 – 10	50 – 20	60 – 40
80 – 20	70 – 10	70 – 50
c. 80 – 30	90 – 20	80 – 50
90 – 10	60 – 50	70 – 30

15 ** 90 personnes voyagent dans un wagon de TGV. Le train s'arrête dans une gare. 30 personnes descendent et 20 personnes montent.
Combien y a-t-il de personnes dans le wagon quand le train repart ?

Soustraire entre elles des centaines

16 * **Calcule.**

a. 200 – 100	900 – 400	800 – 200
b. 400 – 200	400 – 300	300 – 200
c. 800 – 100	600 – 300	300 – 100
d. 700 – 500	800 – 500	700 – 300
e. 900 – 900	600 – 200	900 – 200

Utiliser les compléments à 100, à 1 000 d'un nombre qui se termine par zéro

17 * **Calcule.**

a. 100 – 20	100 – 60	100 – 10
b. 100 – 30	100 – 70	100 – 40
c. 100 – 80	100 – 90	100 – 50

18 * M. Praliné remplit une boîte pouvant contenir 100 chocolats. Il en a déjà rangé 40.
Combien de chocolats peut-il encore ranger dans la boîte ?

19 * Mélanie avait 100 € d'économies. Elle a dépensé 45 € pour s'acheter une paire de rollers. Combien d'argent lui reste-t-il ?

20 * **Calcule.**

a. 1 000 – 600	1 000 – 800	1 000 – 100
b. 1 000 – 500	1 000 – 200	1 000 – 400
c. 1 000 – 900	1 000 – 300	1 000 – 700

21 ** Lors d'une randonnée à vélo, les cyclistes ont 100 km à parcourir. Il y a 30 km de plat, 20 km en descente et tout le reste du parcours est en montée. Combien y a-t-il de km en montée ?

Utiliser les compléments à la dizaine supérieure d'un nombre inférieur à 100

22 * **Calcule.**

a. 10 – 2	10 – 7	10 – 4
10 – 9	10 – 5	10 – 1
10 – 6	10 – 3	10 – 8
b. 60 – 59	40 – 39	30 – 29
90 – 89	70 – 69	80 – 79
50 – 49	20 – 19	20 – 12
c. 20 – 15	20 – 13	30 – 24
30 – 27	30 – 26	40 – 34
40 – 38	50 – 45	50 – 43
d. 60 – 54	60 – 57	70 – 61
70 – 66	80 – 71	80 – 75
90 – 87	100 – 96	100 – 95

23 ** La brouette de M. Duchantier pèse 2 kg.
Il la remplit de terre et de cailloux.
Une fois chargée, elle pèse 20 kg.
Combien pèsent la terre et les cailloux ?

Jeux

Nombres fléchés

Recopie ce tableau sur ton cahier.
Complète-le à l'aide des flèches.

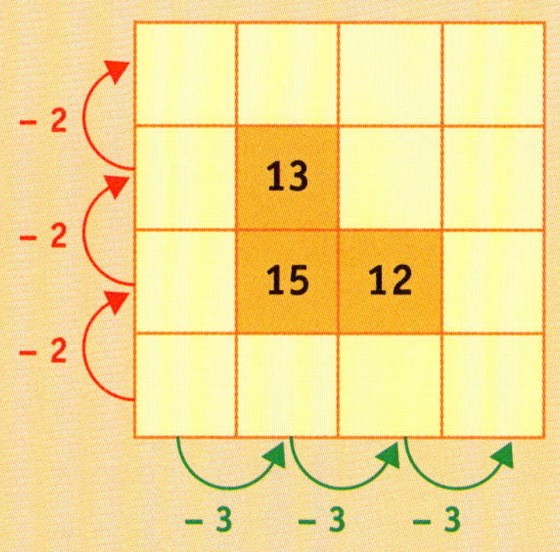

Vérifie tes réponses page 22.

Calculs réfléchis

Chercher un complément

24 * **Complète comme dans l'exemple.**

Exemple : Pour aller de 23 à 35, il faut **12**.

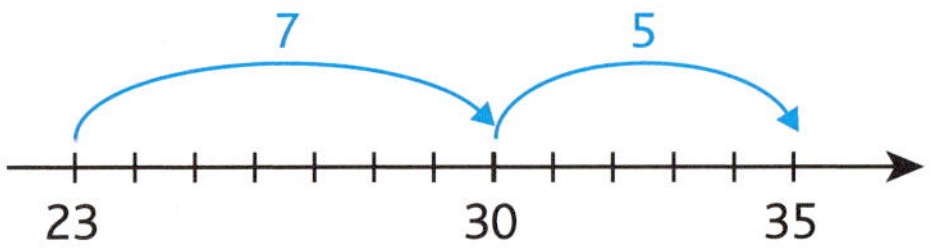

a. Pour aller de 28 à 37, il faut…

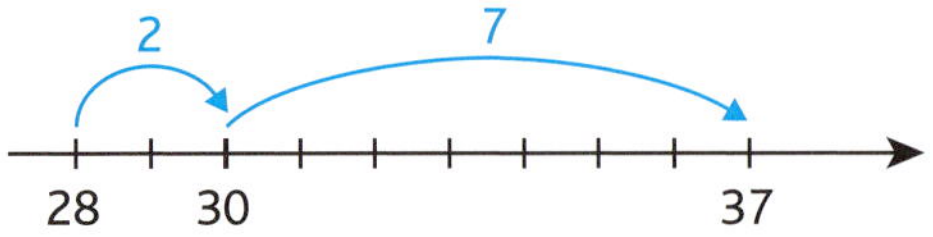

b. Pour aller de 35 à 47, il faut…

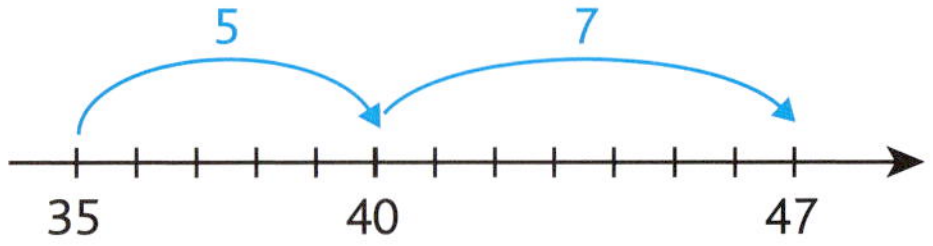

c. Pour aller de 46 à 61, il faut…

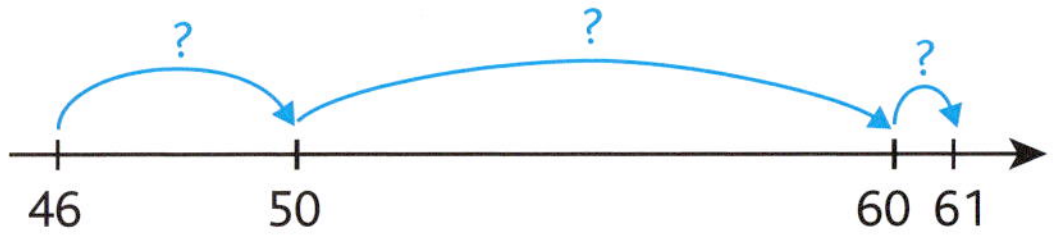

d. Pour aller de 45 à 125, il faut…

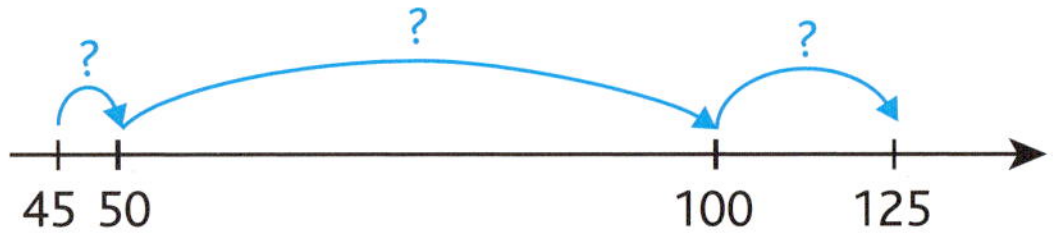

e. Pour aller de 275 à 400, il faut…

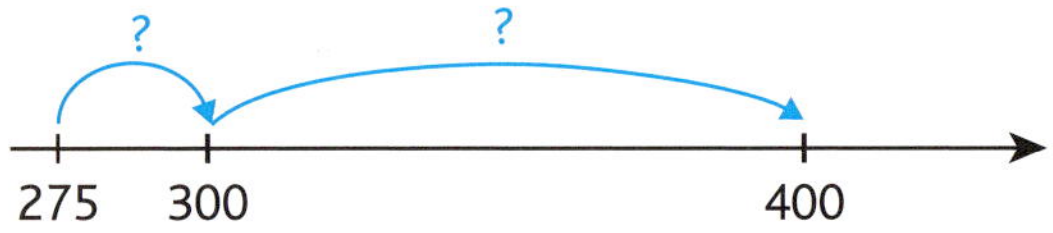

25 * Jean a 54 ans.
Dans combien d'années aura-t-il 67 ans ?

26 * Greg a économisé 44 €.
Il aimerait s'acheter une trottinette à 65 €.
Combien d'argent lui manque-t-il ?

27 * Un monte-charge peut contenir 1 000 kg.
Les déménageurs ont chargé 700 kg de cartons dedans. Combien de kilos peuvent-ils ajouter ?

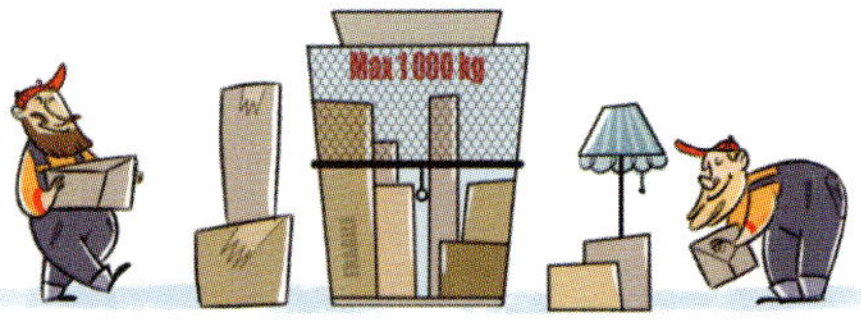

Soustraire 9, 19

28 * **Calcule, comme dans l'exemple.**

Exemple :
64 − 9 = 64 − 10 + 1 = 54 + 1 = 55

a. 75 − 9 48 − 9 125 − 9

b. 241 − 9 305 − 9 254 − 9

29 * **Calcule, comme dans l'exemple.**

Exemple :
145 − 19 = 145 − 20 + 1 = 125 + 1 = 126

a. 78 − 19 89 − 19 101 − 19

b. 245 − 19 58 − 19 742 − 19

30 * Tom a 35 stickers de footballeurs.
Il en a 9 de plus que Jamel.
Combien de stickers a Jamel ?

31 * Aujourd'hui, 96 enfants déjeunent à la cantine. 19 ne sont pas encore arrivés.
Combien sont déjà installés ?

Soustraire 11, 21

32 * **Calcule, comme dans l'exemple.**

Exemple :
857 − 11 = 857 − 10 − 1 = 847 − 1 = 846

a. 84 − 11 98 − 11 187 − 11

b. 200 − 11 540 − 11 750 − 11

33 * **Calcule, comme dans l'exemple.**

Exemple :
84 − 21 = 84 − 20 − 1 = 64 − 1 = 63

a. 47 − 21 89 − 21 132 − 21

b. 897 − 21 485 − 21 874 − 21

34 * Rudy mesure 142 cm. Sarah mesure 11 cm de moins que lui. Combien mesure Sarah ?

35 * La maîtresse achète une affiche à 21 € pour décorer sa classe. Elle paie avec un billet de 50 €.
Combien la vendeuse lui rend-elle de monnaie ?

Évaluer un ordre de grandeur en utilisant un calcul approché

36 ** **Trouve un nombre proche du résultat, comme dans l'exemple.**

Exemple :
33 − 21 est proche de 30 − 20 = 10

a. 46 − 23	37 − 18	91 − 64
b. 78 − 12	87 − 41	98 − 52
c. 57 − 29	61 − 19	72 − 38

37 ** **Trouve un nombre proche du résultat, comme dans l'exemple.**

Exemple :
922 − 687 est proche de 900 − 700 = 200

a. 425 − 261	247 − 101	452 − 89
b. 587 − 102	308 − 82	921 − 689
c. 874 − 530	622 − 314	

38 ** Le papa de Nestor achète pour 27 € de fournitures. Il a 50 € dans son porte-monnaie. Peut-il acheter un agenda à 18 € en plus ?

39 ** Le directeur de l'école reçoit 88 cahiers. Il a maintenant 292 cahiers en réserve. En avait-il plus ou moins de 200 avant la livraison ?

Décompter de 0,5 en 0,5

40 ** **Continue chaque suite.**

a. 51,5 ; 51 ; 50,5... (jusqu'à 47)
b. 21 ; 20,5 ; 20... (jusqu'à 15)
c. 11,5 ; 11 ; 10,5... (jusqu'à 7)
d. 10 ; 9,5 ; 9... (jusqu'à 0)
e. 35 ; 34,5 ; 34... (jusqu'à 29)

Décompter de 0,1 en 0,1

41 ** **Continue chaque suite.**

a. 11,9 ; 11,8... (jusqu'à 11)
b. 20,9 ; 20,8... (jusqu'à 20)
c. 5,3 ; 5,2... (jusqu'à 4)
d. 3,5 ; 3,4... (jusqu'à 2,5)

Soustraire 0,5 d'un nombre entier

42 ** **Calcule.**

a. 10 – 0,5	9 – 0,5	8 – 0,5
b. 7 – 0,5	6 – 0,5	20 – 0,5
c. 19 – 0,5	16 – 0,5	12 – 0,5
d. 11 – 0,5	5 – 0,5	4 – 0,5
e. 3 – 0,5	2 – 0,5	1 – 0,5

Soustraire un entier d'un nombre décimal

43 ** **Calcule.**

a. 7,2 – 7	6,8 – 6	5,4 – 5
b. 9,2 – 9	10,4 – 10	3,5 – 2
c. 7,1 – 6	10,5 – 9	8,6 – 2
d. 7,9 – 3	15,8 – 12	57,3 – 50
e. 42,6 – 40	54,6 – 51	100,2 – 1

Nombres mystères

Dans chaque groupe de ballons, trouve l'opération qu'il faut effectuer entre les nombres verts pour obtenir le résultat rouge. Devine ensuite les nombres qui se cachent derrière les points d'interrogation.

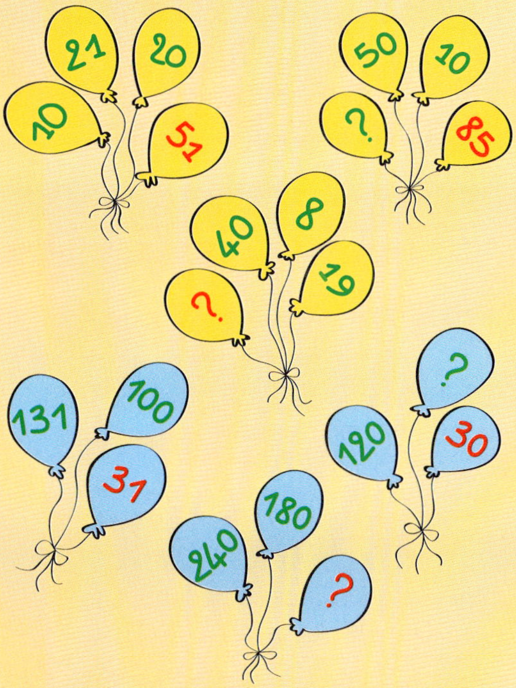

Vérifie tes réponses page 22.

Multiplier et diviser rapidement

Calculs automatisés

Connaître les doubles, les quadruples, les moitiés, les quarts

1 * **Recopie et complète le tableau.**

	double	quadruple
10	10 × 2 = 20	10 × 4 = 40
15		
20		
25		
50		

2 * **Complète le tableau et écris une phrase, comme dans l'exemple.**
Exemple : La moitié de 20, c'est 20 : 2 = 10.
Le quart de 20, c'est la moitié de 10 → 20 : 4 = 5.

	moitié	quart
20	20 : 2 = 10	20 : 4 = 5
8		
16		
40		

3 * À la piscine, Mariam a parcouru 100 m sans s'arrêter. Le bassin fait 25 m de long. Combien de longueurs de bassin a-t-elle effectuées ?

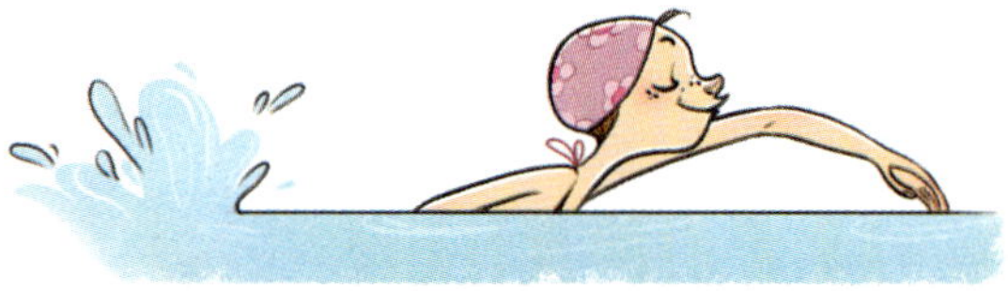

4 ** À la ferme, il y a 20 poules.
Combien cela fait-il de pattes en tout ?
Combien y a-t-il de pattes s'il y a 30 lapins ?
Combien y a-t-il de canards s'il y a 50 pattes ?
Combien y a-t-il d'oiseaux s'il y a 150 ailes ?

Connaître les triples, les tiers

5 * **Complète le tableau et écris une phrase, comme dans l'exemple.**
Exemple : Le triple de 6, c'est 6 × 3 = 18.
Le tiers de 21, c'est 21 : 3 = 7.

	triples		tiers
6	6 × 3 = 18	21	21 : 3 = 7
10		27	
12		30	
15		60	
20		66	

6 * **Recopie et complète chaque phrase par le mot ou le nombre qui convient.**

a. 100 est le double de …
50 est le double de …
100 est le quadruple de …
25 est le tiers de …

b. 9 est la moitié de …
10 est … de 5.
50 est … de 25.
11 est le tiers de …

c. 20 est le quart de …
50 est le quart de …
25 est … de 50.
9 est le … de 27.

d. 16 est le … de 8.
80 est … de 20.
200 est … de 50.
18 est le … de 6.

7 ** Quand le père de Pierre fait un pas, Pierre en fait trois ! Combien de pas fait Pierre lorsque son père en fait 20 ? Combien le père de Pierre fait-il de pas lorsque Pierre en fait 30 ?

Mémoriser les résultats des tables de multiplication

8 * **Recopie et complète les tables.**

×	7	8	6	9
6				
7				
8				
9				

×	3	…	5	…
…	9			
5		20		
6				36
…			20	

9 * **Calcule.**

a. 7 × 3	6 × 6	6 × 9
b. 9 × 8	9 × 3	9 × 9
c. 7 × 9	8 × 6	7 × 8
d. 5 × 9	5 × 8	9 × 6
e. 3 × 6	8 × 3	9 × 7
f. 9 × 10	4 × 9	7 × 7

10 * **Complète le plus rapidement possible le calcul ou la phrase, comme dans l'exemple.**

Exemple :
6 × 3 = 18 → 18, c'est 3 fois 6.

a. 2 × 4 = 8 → 8, c'est … fois 4.
b. 4 × … = 24 → 24, c'est … fois 4.
c. 5 × 6 = 30 → 30, c'est … fois 6.
d. 7 × 8 = … → …, c'est … fois 8.
e. 9 × … = 54 → 54, c'est 9 fois …
f. 5 × … = 20 → 20, c'est 5 fois …

Multiplier par 10, 100, 1 000

11 * **Calcule.**

a. 10 × 8	4 × 100	31 × 10
b. 83 × 10	56 × 100	41 × 10
c. 9 × 100	10 × 100	95 × 100
d. 80 × 100	87 × 100	109 × 100
e. 98 × 100	12 × 1000	60 × 1000
f. 65 × 1000	102 × 1000	240 × 1000

12 * À l'école Ducoin, il y a 10 classes de 25 élèves. Combien y a-t-il d'élèves en tout dans cette école ?

13 * Le libraire peut stocker 100 livres dans une caisse. Dans son arrière-boutique, il y a 45 caisses. Combien de livres en tout sont rangés dans ses 45 caisses ?

Situer un nombre entre deux résultats consécutifs de la table

14 ** **Encadre chaque nombre entre 2 résultats de la table indiquée, puis souligne le plus proche.**

a. Table de 3
Exemple : <u>3 × 7</u> < 22 < 3 × 8
17 ; 10 ; 44 ; 55

b. Table de 4
Exemple : <u>4 × 8</u> < 33 < 4 × 9
9 ; 11 ; 21 ; 39

c. Table de 5
Exemple : <u>5 × 4</u> < 21 < 5 × 5
27 ; 13 ; 47 ; 32

d. Table de 6
Exemple : 6 × 2 < 17 < <u>6 × 3</u>
9 ; 17 ; 26 ; 51

e. Table de 7
Exemple : <u>7 × 6</u> < 44 < 7 × 7
22 ; 43 ; 51 ; 65

f. Table de 8
Exemple : 8 × 5 < 47 < <u>8 × 6</u>
19 ; 31 ; 57 ; 73

Jeux

Le compte est bon !

Parmi les nombres représentés ci-dessus, **choisis ceux qui permettent de trouver les résultats suivants : 47 ; 800 ; 160.**
Tu peux faire une ou plusieurs opérations (addition, soustraction, multiplication). Tu ne dois pas utiliser plus d'une fois chaque nombre et tu n'es pas obligé de les utiliser tous.

Vérifie tes réponses page 22.

CALCULS RÉFLÉCHIS

Multiplier par un multiple de 10, de 100

15 * **Calcule, comme dans l'exemple.**

Exemple :
2 × 300 = 2 × 3 × 100 = 6 × 100 = 600

a. 5 × 40	15 × 200	90 × 90
b. 3 × 50	2 × 200	20 × 40
c. 8 × 20	9 × 400	10 × 500
d. 7 × 30	80 × 600	45 × 200
e. 7 × 300	60 × 300	80 × 700

16 * Mme Gourmande achète 10 boîtes contenant chacune 24 gâteaux.
Combien de gâteau a-t-elle en tout ?

17 * Pour le spectacle de fin d'année, la directrice a installé dans le préau 20 bancs pouvant chacun accueillir 10 personnes.
Combien de places y a-t-il en tout ?

18 ** Éliane envoie en moyenne 50 mails par jour.
Elle travaille 5 jours par semaine.
Combien envoie-t-elle de mails en une semaine ?
Et en 10 semaines ?

Multiplier par 11 en décomposant les nombres

19 * **Calcule, comme dans l'exemple.**

Exemple :
11 × 15 = (10 × 15) + (1 × 15) = 150 + 15 = 165
11 × 15, c'est dix fois 15 et encore 15.

a. 11 × 12	11 × 13	11 × 14
b. 11 × 21	11 × 25	11 × 31
c. 11 × 45	11 × 52	11 × 81
d. 11 × 8	11 × 9	11 × 11

20 ** Pour aller à l'école, Léo fait 11 km par jour.
Combien fait-il de km en une semaine ?
Et en 30 jours ? et en 45 jours ?

Multiplier par 21 en décomposant les nombres

21 * **Calcule, comme dans l'exemple.**

Exemple :
21 × 15 = (20 × 15) + (1 × 15) = 300 + 15 = 315
21 × 15, c'est vingt fois 15 et encore 15.

a. 21 × 5	21 × 7	21 × 9
b. 21 × 12	21 × 17	21 × 23
c. 21 × 35	21 × 41	21 × 21
d. 21 × 19	21 × 22	21 × 31

22 * Une camionnette transporte 21 caisses de 15 kg de carottes à livrer au supermarché.
Combien de kilos de carottes contient la camionnette ?

23 * La maîtresse commande à son libraire 21 livres de mathématiques à 13 € pièce.
Quel sera le montant de sa facture ?

Calculer mentalement un quotient exact en utilisant les tables

24 * **Calcule, comme dans l'exemple.**

Exemple : Combien de fois y a-t-il 3 dans 18 ?
→ Il y a 6 fois 3 dans 18.

Combien de fois y a-t-il...

a. 3 dans 24 ?	d. 4 dans 24 ?
5 dans 30 ?	9 dans 45 ?
b. 3 dans 27 ?	e. 4 dans 28 ?
5 dans 35 ?	8 dans 48 ?
c. 3 dans 30 ?	f. 4 dans 40 ?
9 dans 36 ?	8 dans 64 ?

25 * Nel achète 8 pochettes de vignettes autocollantes. Il paie 24 € en tout.
Combien vaut une pochette ?

26 ** Dans son album, Chloé colle le même nombre d'images sur chaque page. En collant 36 images, elle a déjà rempli entièrement 4 pages.
Combien y a-t-il d'images par page ?

27 ** Buz la sauterelle fait des sauts réguliers.
En 3 sauts, elle a parcouru 120 cm.
Combien de cm parcourt-elle en un seul saut ?

28 ** **Calcule rapidement.**

a. 40 : 8	45 : 5	100 : 10
b. 2 : 2	50 : 2	45 : 9
c. 27 : 3	150 : 5	90 : 3
d. 56 : 8	560 : 8	40 : 4
e. 81 : 9	90 : 9	810 : 9
f. 200 : 10	40 : 10	500 : 5

Calculer mentalement un quotient et un reste

29 ** **Complète, comme dans l'exemple.**
Exemple :
Combien de fois y a-t-il 2 dans 11 ?
→ $2 \times 5 < 11 < 2 \times 6$,
donc il y a 5 fois 2 dans 11 et il reste 1.

a. Combien de fois y a-t-il 2 dans 15 ?
$2 \times 7 < 15 < 2 \times 8$,
donc il y a ... fois 2 dans 15 et il reste 1.

b. Combien de fois y a-t-il 2 dans 19 ?
$2 \times ... < 19 < 2 \times ...$,
donc il y a ... fois 2 dans 19 et il reste ...

c. Combien de fois y a-t-il 3 dans 17 ?
$... < 17 < ...$,
donc il y a ... fois 3 dans 17 et il reste ...

d. Combien de fois y a-t-il 3 dans 26 ?
$... < 26 < ...$,
donc il y a ... fois 3 dans 26 et il reste ...

e. Combien de fois y a-t-il 3 dans 31 ?
$... < 31 < ...$,
donc il y a ... fois 3 dans 31 et il reste ...

f. Combien de fois y a-t-il 4 dans 14 ?
$... < 14 < ...$,
donc il y a ... fois 4 dans 14 et il reste ...

g. Combien de fois y a-t-il 4 dans 27 ?
$... < 27 < ...$,
donc il y a ... fois 4 dans 27 et il reste ...

h. Combien de fois y a-t-il 5 dans 28 ?
$... < 28 < ...$,
donc il y a ... fois 5 dans 28 et il reste ...

30 ** La couturière a une bobine de fil de 85 cm.
Combien peut-elle découper de morceaux de 9 cm ?
Quelle longueur de ficelle lui restera-t-il ?

31 ** Combien faut-il mettre de bâtons de 20 cm côte à côte pour obtenir une longueur de 4 m ?
N'oublie pas que 4 m = 400 cm !

32 ** Florent le fleuriste a 78 fleurs pour composer des bouquets.
Chaque bouquet contient 8 fleurs.
Combien de bouquets pourra-t-il composer ?
Combien de fleurs lui restera-t-il ?

Évaluer l'ordre de grandeur d'un produit par un calcul approché

33 ** **En calculant comme dans l'exemple, trouve parmi les nombres proposés le résultat le plus proche des multiplications suivantes.**
Exemple :
378×19 est proche de $400 \times 20 = 8\,000$.

a. 66×17
14 000 — 140 — 1 400

b. 37×54
2 000 — 200 — 20 000

c. 128×87
900 — 9 000 — 90 000

d. 375×32
12 000 — 1 200 — 120

e. 842×98
800 000 — 8 000 — 80 000

JEUX

Cherche l'intrus

Trouve l'opération qui n'a rien à faire dans cette liste et explique ton choix.
a. 75 + 25
b. 35 + 65
c. 95 + 5
d. 10 × 10
e. 100 : 10
f. 85 + 15

Vérifie tes réponses page 22.

Jeux

Page 12 • Des chiffres et des lettres

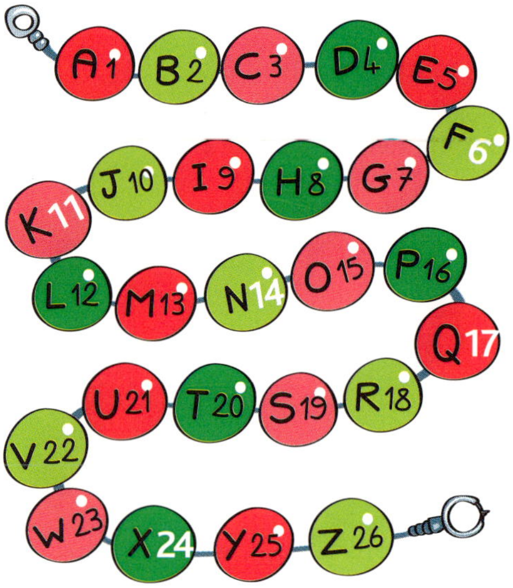

a. F = **6** ; K = **11** ; N = **14** ; Q = **17** ; X = **24**
b. 3 + 1 + 12 + 3 + 21 + 12 = **52**

Page 13 • Trouve le ticket gagnant !

Les deux nombres dont la somme est 25 :

Les trois nombres dont la somme est 107 :

Le ticket gagnant est :

Page 15 • Nombres fléchés

14	11	8	5
16	13	10	7
18	15	12	9
20	17	14	11

– 2 (de bas en haut, entre chaque ligne) ; – 3 (de gauche à droite, entre chaque colonne)

Page 17 • Nombres mystères

Dans les ballons jaunes, il faut faire une addition.
10 + 21 + 20 = **51**
25 + 50 + 10 = 85
40 + 8 + 19 = **67**
Dans les ballons bleus, il faut faire une soustraction.
131 – 100 = **31**
240 – 180 = **60**
120 – **90** = 30

Page 19 • Le compte est bon !

(4 × 10) + (8 – 1) = 40 + 7 = **47**
(8 × 10) × (5 + 4 + 1) = 80 × 10 = **800**
(5 × 8) × 4 = 40 × 4 = **160**

Page 21 • Cherche l'intrus

a. 75 + 25 = 100
b. 35 + 65 = 100
c. 95 + 5 = 100
d. 10 × 10 = 100
e. 100 : 10 = 10
f. 85 + 15 = 100

Nombres

Écrire et nommer des nombres entiers jusqu'à 999 999

EXERCICES SUPPLÉMENTAIRES

POUR DÉMARRER

Voici la superficie de quelques pays d'Europe :

a. Écris chacun de ces nombres dans un tableau de numération.

b. Lis-les à haute voix.

JE RETIENS

Écrire les nombres entiers en chiffres et en lettres

- 380 105 se lit et s'écrit « trois cent quatre-vingt **mille** cent cinq ».
- Je peux écrire ce nombre dans un **tableau de numération** :

classe des mille			classe des unités		
c	d	u	c	d	u
3	8	0	1	0	5

- Lorsque j'écris un nombre en chiffres, je sépare chaque classe par un espace : 380 105 et non 380105. Ici, l'espace sépare la **classe des mille** de celle des **unités**.

Connaître la signification des chiffres dans un nombre

Dans chaque classe, je range 3 chiffres : unités, dizaines, centaines.
Dans le nombre 380 105, le chiffre des **dizaines de mille** est 8.
Dans le nombre 380 105, le chiffre des **milliers** (ou **unités de mille**) est 0.

JE M'EXERCE À MON RYTHME

Écrire en chiffres et en lettres

1 **Recopie les nombres en mettant l'espace au bon endroit.**

a. * 889 ; 1235 ; 8945 ; 12457 ; 789645

b. ** 12004 ; 20130 ; 570102 ; 890001

2 **Écris en chiffres. Puis lis à haute voix.**

a. * trois mille six cent cinquante-quatre

b. * mille cinq cent trente-deux

c. * quinze mille trois cent quarante-six

d. * trente-sept mille cinq cent vingt

e. ** deux cent trente-quatre mille six cent

f. ** vingt mille dix

g. ** quatre-vingt mille cent deux

h. ** cinq cent mille dix-huit

3 **Écris en lettres.**

Attention aux mots « cent », « mille » et aux tirets.

a. * 2 563 ; 8 967 ; 15 432 ; 124 890

b. ** 10 050 ; 28 402 ; 589 761 ; 900 130

4 **Associe chaque nombre à l'écriture en lettres qui convient.**

a. * 21 000

deux cent mille — deux cent dix mille — vingt et un mille

b. ** 110 000

cent mille dix — cent dix mille — cent dix mille dix

Connaître la signification des chiffres dans un nombre

5 **Indique le chiffre des dizaines de mille de chaque nombre.**
Exemple : 152 000 ➜ Dans 152 000, le chiffre des dizaines de mille est 5.
a. * 10 000 ; 263 647 ; 289 451 ; 987 231
b. ** 380 061 ; 793 020 ; 802 516

6 **Indique pour chaque nombre la signification de son chiffre 3.**
Exemple : 23 014 ➜ Dans 23 014, le chiffre 3 est celui des milliers.
a. * 32 ; 1 302 ; 234 ; 54 321 ; 8 003
b. ** 13 020 ; 32 501 ; 541 300 ; 987 423

TEST

7 **Pour chaque question, recopie la réponse A, B ou C qui convient.**
Vérifie tes réponses page 56.

	A	B	C
1. Quelle est l'écriture en chiffres du nombre neuf cent mille trente-cinq ?	909 935	900 035	900 350
2. Dans quel nombre **7** est-il le chiffre des milliers ?	4 307	789	307 569

Je résous des problèmes

8 * Recopie ce texte en écrivant tous les nombres en lettres.
« 2 500 personnes ont nettoyé 55 stations de ski en juillet 2010. Elles ont ramassé 25 tonnes de déchets et 30 000 mégots de cigarettes ! »

9 * Écris les mots dont tu as besoin pour écrire les nombres suivants.
Exemple : Pour écrire 878, j'ai besoin de quatre mots : « huit », « cent », « soixante » et « dix ».
a. 145
b. 190 020
c. 951 756
N'oublie pas le mot « et » !

10 ** a. Trouve quatre nombres de quatre chiffres différents que l'on peut écrire avec :

0 3 4 6 8

b. Écris-les en chiffres et en lettres.

11 ** Trouve deux nombres qui s'écrivent avec les étiquettes suivantes :

mille douze trente six

Écris-les en chiffres.

12 ** **Jeu du portrait**
Retrouve chaque nombre.
a. Je suis un nombre de deux chiffres ; la somme de mes chiffres est 10.
Qui suis-je ?
b. Je suis un nombre de cinq chiffres ; la somme de mes chiffres est 5.
Qui suis-je ?

Tout dans la tête

Calcule.

a.	b.
99 + 1	1000 − 1
199 + 1	10000 − 1
999 + 1	100000 − 1

Question Express

Peut-on écrire des nombres différents avec les mêmes mots ?

Décomposer des nombres entiers

EXERCICES SUPPLÉMENTAIRES

Pour démarrer

a. Ninon a gagné 3 jetons rouges, 2 jetons jaunes et 7 jetons blancs.
Complète et calcule le score de Ninon :
(… × 100) + (… × 10) + … = …

b. Max a gagné 25 jetons verts et 18 jetons blancs.
Complète : 25 018 = (… × 1 000) + …
Dans 25 018, il y a … milliers et … unités.

c. Combien de jetons jaunes faut-il pour faire 100 points ?
Combien de jetons rouges faut-il pour faire 1 000 points ?

Je retiens

Décomposer un nombre entier

Il existe différentes façons de décomposer un nombre entier :
54 798 = 50 000 + 4 000 + 700 + 90 + 8
54 798 = (5 × 10 000) + (4 × 1 000) + (7 × 100) + (9 × 10) + 8
54 798 = (54 × 1 000) + 798

Connaître la signification d'un chiffre en fonction de sa position

- 1 dizaine = 10 unités ; 1 centaine = 10 dizaines ; 1 millier = 10 centaines
- Dans 54 798, le chiffre des milliers (ou unités de mille) est **4** et le nombre de milliers est **54**, car 54 798 = (**54** × **1 000**) + 798.
Dans 54 798, il y a **54 milliers** et 798 unités.

classe des mille			classe des unités		
c	d	u	c	d	u
	5	4	7	9	8

- De même :
54 798 = (547 × **100**) + 98 → Il y a 547 **centaines** et 98 unités.
54 798 = (5 479 × **10**) + 8 → Il y a 5 479 **dizaines** et 8 unités.

Je m'exerce à mon rythme

Décomposer un nombre entier

1 **Décompose, comme dans l'exemple.**
Exemple : 324 103 = (3 × 100 000) + (2 × 10 000) + (4 × 1 000) + (1 × 100) + 3

a. * 1 536 ; 8 970 ; 25 406 ; 78 561 ; 99 421

b. ** 145 789 ; 897 012 ; 900 001 ; 980 014

2 **Recompose, comme dans l'exemple.**
Exemple : (5 × 100 000) + (1 × 10 000) + (1 × 100) + (4 × 10) + 6 = 510 146

a. * (9 × 1 000) + (6 × 100) + (3 × 10) + 6

b. ** (9 × 100 000) + (9 × 100) + (5 × 10) + 7

■ Connaître la signification d'un chiffre en fonction de sa position

3 Recopie et complète.
Tu peux utiliser un tableau de numération.

a. * Le chiffre des centaines de 546 est …
546 = (… × 100) + … → Dans 546, il y a 5 … et … unités.

b. * Le chiffre des centaines de 4 782 est …
4 782 = (… × 100) + … → Dans 4 782, il y a … centaines et 82 …

c. ** Le chiffre des milliers de 50 123 est …
50 123 = (… × 1 000) + … → Dans 50 123, il y a … milliers et 123 …

d. ** Le chiffre des dizaines de mille de 547 230 est …
547 230 = (… × 10 000) + … → Dans 547 230, il y a … dizaines de mille et … unités.

TEST

4 Pour chaque question, recopie la réponse A, B ou C qui convient.
Vérifie tes réponses page 56.

	A	B	C
1. 25 457, c'est …	(25 × 100) + 457	(25 × 1 000) + 457	(25 × 10 000) + 457
2. Quel nombre correspond à 25 centaines ?	250	2 500	25 000

Je résous des problèmes

5 * Combien faut-il écrire de zéros à droite du chiffre 5 pour obtenir :
a. cinq cents ?
b. cinquante mille ?
c. cinq cent mille ?

6 * Un banquier fait des liasses de billets. Chaque liasse contient 10 billets identiques.
a. Combien d'argent y a-t-il dans une liasse de billets de 10 € ?
b. Combien d'argent y a-t-il dans une liasse de billets de 100 € ?
c. Combien faut-il de liasses de billets de 10 € pour avoir 500 € ?

7 ** a. Avec plus de 81 000 places, le Stade de France est le plus grand du pays.
Combien cela fait-il en milliers de places ?
b. Chaque année, plus de 700 000 personnes visitent le château de Chambord.
Combien cela fait-il en dizaines de milliers de visiteurs ?

8 ** **Jeux du portrait**
a. Retrouve chaque nombre.
• J'ai 25 dizaines, 4 milliers et 2 unités.
Qui suis-je ?
• J'ai 46 dizaines de mille et 26 unités.
Qui suis-je ?
b. Invente une devinette pour faire trouver le nombre 58 741.

Tout dans la tête

Trouve le nombre qui correspond.
a. 3 centaines + 2 dizaines ?
b. 37 milliers + 4 centaines ?
c. 10 centaines + 12 unités ?
d. 1 centaine de mille + 2 dizaines de mille + 3 dizaines ?

Question Express

Quel est le plus grand nombre s'écrivant avec 6 chiffres ?
Et le plus petit ?

Comparer, encadrer des nombres entiers

EXERCICES SUPPLÉMENTAIRES

POUR DÉMARRER

Cette carte indique le nombre d'habitants par départements en Bretagne.

a. Range ces départements en ordre croissant de leur population.

b. Ton département est-il plus peuplé que les Côtes-d'Armor ?

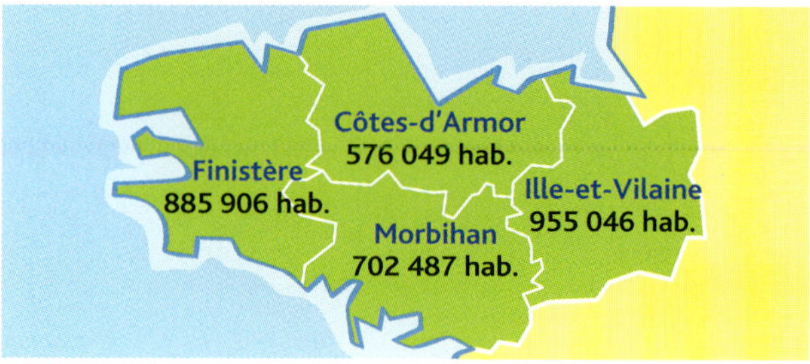

Je retiens

Comparer des nombres entiers

- Si deux nombres entiers n'ont pas le même nombre de chiffres, **le plus grand est celui qui a le plus de chiffres.**
  Exemple : **579** 798 $>$ **98** 754 → 579 798 **est supérieur à** 98 754.
- Si deux nombres entiers ont le même nombre de chiffres, **je compare leurs chiffres en partant de la gauche** jusqu'à trouver deux chiffres différents.
  Exemple : 37 8**4**5 $<$ 37 8**6**5 car 4 $<$ 6 → 37 845 **est inférieur à** 37 865.

Encadrer un nombre entier

C'est l'écrire entre un nombre plus petit et un nombre plus grand.

Exemple : 89 750 $<$ 89 756 $<$ 89 760

89 756 **est compris entre** 89 750 et 89 760.

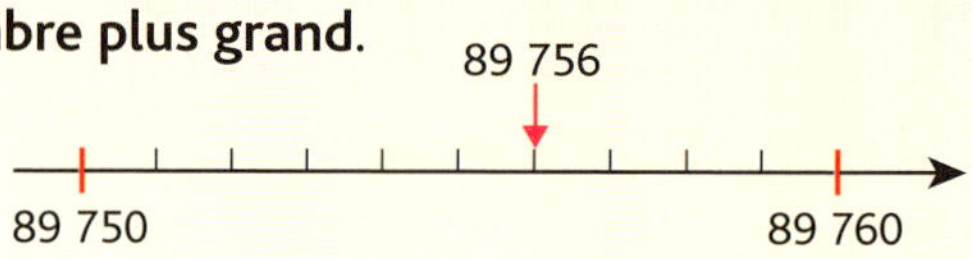

Je m'exerce à mon rythme

Comparer, ranger des nombres entiers

1 À chaque fois, écris une phrase, comme dans l'exemple.

Exemple : 41 $<$ 50 → 41 est inférieur à 50.

a. (*) 52 $>$ 20 ; 154 $<$ 589 ; 1 000 $>$ 800

b. (**) 245 $<$ 250 $<$ 255 ; 100 $<$ 110 $<$ 120

2 Recopie et complète avec le signe $<$ ou $>$.

a. (*)

27 ... 23
99 ... 999
101 ... 110
501 ... 205
180 ... 108
1 003 ... 1 030
98 123 ... 98 213

b. (**)

758 ... 7 013
1 345 ... 1 453
70 809 ... 70 908
2 035 ... 20 051
145 013 ... 145 023
999 999 ... 99 999
645 578 ... 645 758

3 Range ces nombres dans l'ordre croissant.

Utilise le signe $<$.

a. (*) 549 ; 256 012 ; 452 ; 1 057 ; 698 ; 78 ; 256 ; 879

b. (**) 102 ; 96 ; 1 250 ; 587 ; 857 ; 58 976 ; 897 753 ; 897 564

4 Range ces nombres dans l'ordre décroissant.

Utilise le signe $>$.

a. (*) 8 ; 18 ; 101 ; 1 030 ; 103 ; 10 300

b. (*) 547 ; 9 874 ; 564 789 ; 564 897 ; 89 ; 15 423

c. (**) 3 000 ; 13 000 ; 300 ; 130 000 ; 130 ; 1 300

d. (**) 555 555 ; 555 ; 5 555 ; 55 555 ; 5 055 ; 505

Encadrer des nombres entiers

5 **Recopie et complète avec le nombre qui convient.**

a. (*) 31 < … < 33 18 < … < 20 48 < … < 50 98 < … < 100

b. (**) 305 < … < 307 4 198 < … < 4 200 66 998 < … < 67 000

6 **Complète, comme dans les exemples.**

a. (*) Avec des nombres qui se terminent par 0 (à la dizaine).

Exemple : 450 < 453 < 460

20 < 24 < … … < 218 < … … < 157 < … … < 459 < …

b. (**) Avec des nombres qui se terminent par 00 (à la centaine).

Exemple : 800 < 878 < 900

… < 579 < … … < 2 468 < … … < 58 756 < … … < 189 752 < …

TEST

7 **Pour chaque question, recopie la réponse A, B ou C qui convient.**

Vérifie tes réponses page 56.

	A	B	C
1. Quel nombre est supérieur à 90 547 ?	9 548	90 544	900 000
2. Quel nombre est compris entre 1 345 et 1 349 ?	1 246	1 346	1 350

Je résous des problèmes

8 (*) Écris tous les nombres compris entre 400 et 500 :

a. dont le chiffre des dizaines est 4.

b. dont le chiffre des unités est 1.

9 (*) a. Quel est le plus petit nombre entier qui s'écrit avec deux chiffres ? trois chiffres ? quatre chiffres ?

b. Quel est le plus grand entier qui s'écrit avec deux chiffres ? trois chiffres ? quatre chiffres ?

10 (**) Joseph a choisi un nombre compris entre 458 et 478. Son chiffre des dizaines est le même que son chiffre des unités.
Y a-t-il plusieurs possibilités ?

11 (**) Voici le nombre d'entrées de quatre films la semaine de leur sortie.

Film	Entrées
Shrek 4	503 519
Toy Story 3	916 545
L'Âge de glace 3	767 099
Le Voyage de Samy	453 251

a. Quel film a eu le plus d'entrées ?

b. Range ces films par ordre décroissant de fréquentation.

Tout dans la tête

Je suis compris entre 800 et 900,
mon chiffre des dizaines est 5
et la somme de mes chiffres est 20.
Qui suis-je ?

Question Express

Un nombre entier peut-il être encadré de plusieurs façons ?

Les nombres jusqu'aux millions

EXERCICES SUPPLÉMENTAIRES

POUR DÉMARRER

Les trois parcs d'attractions les plus visités en France sont :
– Disneyland Paris (15 400 000 visiteurs en 2009),
– le Parc Astérix (1 820 000 visiteurs en 2009),
– le Futuroscope de Poitiers (1 700 000 visiteurs en 2009).

a. Place ces nombres dans un tableau de numération.

b. Lis-les à haute voix puis écris-les en chiffres et en lettres.

JE RETIENS

Écrire les nombres entiers en chiffres et en lettres

268 410 513 s'écrit et se lit « deux cent soixante-huit **millions**, quatre cent dix **mille**, cinq cent treize ».

- Je peux écrire ce nombre dans un tableau de numération :

classe des millions			classe des mille			classe des unités		
c	d	u	c	d	u	c	d	u
2	6	8	4	1	0	5	1	3

- Je peux écrire tous les nombres de 1 à 1 000 000 avec vingt-cinq mots : un, deux, trois, quatre, cinq, six, sept, huit, neuf, dix, onze, douze, treize, quatorze, quinze, seize, vingt, trente, quarante, cinquante, soixante, cent, mille, million et le mot « et ».
On n'entend jamais le mot « zéro » quand on dit les nombres de 1 à 1 000 000.

Connaître la signification des chiffres dans un nombre

Dans **268** 410 513,
– **2** est le chiffre des **centaines de millions**,
– **6** est le chiffre des **dizaines de millions**,
– **8** est le chiffre des **millions**.

JE M'EXERCE À MON RYTHME

Écrire les nombres entiers en chiffres et en lettres

1 Recopie en séparant les classes.

a. * 15478 ; 895641 ; 1235874 ; 985642

b. ** 11000020 ; 120021503 ; 10000003

2 Écris en lettres.

a. * 32 547 100 ; 12 235 321

b. * 1 450 504 ; 4 348 000

c. ** 200 000 001 ; 199 999 990

3 Écris en chiffres.

a. * cinq cent quatre-vingt-dix-huit millions deux cent soixante mille

b. * deux millions trois cent cinquante-quatre mille cent vingt-deux

c. * seize millions trois cent mille quatre cent dix-neuf

d. ** quatre cent quatre millions cent quatre mille quatre

e. ** sept cent neuf millions neuf

Connaître la signification des chiffres dans un nombre

4 **Recopie chaque nombre et entoure son chiffre des dizaines.**

a. (*) 30 210 000 ; 987 152 647 ; 10 289 451 ; 108 917 203

b. (**) 793 020 120 ; 100 802 516 ; 200 380 061 ; 454 185 751

Comparer des grands nombres

5 **Recopie et complète avec le signe < ou >.**

a. (*) 98 456 ... 147 562 28 478 900 ... 27 451 023 104 523 ... 104 325

b. (**) 99 999 ... 9 999 999 989 ... 999 898 99 789 800 ... 99 897 900

TEST

6 **Pour chaque question, recopie la réponse A, B ou C qui convient.**

Vérifie tes réponses page 56.

	A	B	C
1. Trois cent dix millions cinquante s'écrit...	350 000 000	310 000 050	310 000 500
2. L'écriture en lettres du nombre 500 005 005 est...	cinq cent millions cinq	cinq cent cinq millions	cinq cent millions cinq mille cinq
3. Dans 102 341 085, 2 est le chiffre des...	dizaines de mille	dizaines de millions	millions

Je résous des problèmes

7 (*) Trouve un nombre, sachant que :
– dans la classe des unités, il y a 102 ;
– dans la classe des mille, il y a 130 ;
– dans la classe des millions, il y a 586.
Écris-le en chiffres et en lettres.
Utilise un tableau de numération pour t'aider.

8 (*) Écris les mots dont tu as besoin pour écrire en lettres les nombres suivants.
Exemple : Pour écrire 250 000, j'ai besoin de quatre mots : « deux » ; « cent » ; « cinquante » ; « mille ».

a. 4 000 000

b. 1 200 542

c. 951 000 756

N'oublie pas le mot « et » !

9 (**) Trouve un nombre de huit chiffres en utilisant une fois chaque étiquette.

millions mille trois dix cent

Écris-le en chiffres et en lettres.

10 (**) Cette carte indique la superficie des continents en kilomètres carrés (km^2).
Range-les du plus grand au moins grand.

Tout dans la tête

Complète.

a. cent = ... dizaines

b. mille = ... centaines

c. trois mille = ... dizaines

d. dix mille = ... dizaines

e. dix mille = ... centaines

Question Express

Connais-tu des nombres plus grands que 999 999 999 ?

Les multiples

EXERCICES SUPPLÉMENTAIRES

POUR DÉMARRER

Observe ces trois machines.

a. Trouve le prochain nombre qui va sortir de chaque machine.

b. Que peux-tu dire du nombre 10 ?

c. Y a-t-il d'autres nombres communs aux trois machines ?

Je retiens

Comprendre la notion de multiple

- Quand je compte de 2 en 2, je fais la liste des **multiples de 2**.
  2, 4, 6, 8, 10, 12, 14... sont des multiples de 2.
  18 = **2** × 9 → 18 est un multiple de **2**.
- Quand je compte de 5 en 5, je fais la liste des **multiples de 5**.
  5, 10, 15, 20, 25, 30... sont des multiples de 5.
  40 = **5** × 8 → 40 est un multiple de **5**.
- Quand je compte de 10 en 10, je fais la liste des **multiples de 10**.
  10, 20, 30, 40, 50, 60... sont des multiples de 10.
  120 = **10** × 12 → 120 est multiple de **10**.
  17 n'est pas un multiple de 10 car il est compris entre 10 et 20 : je « saute » 17 lorsque je compte de 10 en 10.

Reconnaître les multiples des nombres d'usage courant

- Tous les **multiples de 2** sont des **nombres pairs**.
- Tous les **multiples de 5** se terminent par **0** ou **5**.
- Tous les **multiples de 10** se terminent par **0**.

Je m'exerce à mon rythme

Comprendre la notion de multiple

1 **Écris les multiples de 2 :**

a. * compris entre 16 et 36.

b. * inférieur à 20.

c. ** compris entre 90 et 104.

2 **Écris les multiples de 5 :**

a. * compris entre 5 et 50.

b. ** compris entre 65 et 100.

c. ** compris entre 505 et 550.

3 **Écris les multiples de 10 :**

a. * compris entre 11 et 99.

b. ** compris entre 201 et 299.

c. ** compris entre 400 et 600.

4 **100 est-il un multiple des nombres suivants ? Réponds comme dans l'exemple.**

Exemple : 100 est un multiple de 2 car 100 = 2 × 50

a. * 4 ; 5 ; 10 ; 20

b. ** 20 ; 25 ; 40 ; 50

Reconnaître les multiples des nombres d'usage courant

5 **Recopie les multiples de 2, de 5 et de 10. Quels sont les nombres que tu retrouves dans les trois listes ?**

a. * 4 ; 10 ; 25 ; 30 ; 34 ; 37 ; 45 ; 48 ; 50 ; 55 ; 70

b. ** 80 ; 85 ; 41 ; 25 ; 64 ; 65 ; 90 ; 37 ; 42 ; 61 ; 100

6 **Recopie les multiples de 25.**

a. * 25 ; 60 ; 75 ; 50 ; 55 ; 85 ; 100

b. ** 115 ; 125 ; 175 ; 190 ; 200 ; 225

7 **Recopie les multiples de 50.**

a. * 51 ; 75 ; 100 ; 125 ; 150 ; 210 ; 250

b. ** 125 ; 200 ; 250 ; 280 ; 300 ; 350

TEST

8 **Pour chaque question, recopie la réponse A, B ou C qui convient.**

Vérifie tes réponses page 56.

	A	B	C
1. Quel nombre est un multiple de 10 ?	21	20	35
2. Quel nombre est un multiple de 20 ?	141	120	890
3. Quel nombre est à la fois un multiple de 5 et de 10 ?	85	475	350

Je résous des problèmes

9 * a. Explique pourquoi 91 n'est pas un multiple de 10.

b. Explique pourquoi 55 n'est pas un multiple de 20.

Tu peux t'aider du « Je retiens ».

10 * Zoé la puce saute de 25 cm en 25 cm.

Pourra-t-elle parcourir exactement :

a. 100 cm ?

b. 240 cm ?

c. 250 cm ?

d. 300 cm ?

Si tu réponds oui, précise combien de sauts elle devra faire.

11 * **Jeu du portrait**

Retrouve chaque nombre.

a. Je suis un multiple de 5, je suis aussi un multiple de 2, je suis compris entre 52 et 65.
Qui suis-je ?

b. Je suis un multiple de 50, je suis compris entre 100 et 200, je ne suis pas un multiple de 100.
Qui suis-je ?

12 ** À la poste, on peut acheter des carnets de dix timbres.

a. Combien de carnets faut-il acheter si l'on a besoin de 50 timbres ? 80 timbres ? 100 timbres ?

b. Et si on a besoin de 125 timbres, combien faudra-t-il acheter de carnets ? Combien restera-t-il de timbres ?

Tout dans la tête

Justifie tes réponses par une multiplication.

a. 100 est-il multiple de 50 ? 25 ? 20 ? 10 ?

b. 50 est-il multiple de 25 ? 20 ? 10 ?

c. 25 est-il multiple de 20 ? 10 ? 5 ? 2 ?

Question Express

10 a-t-il plusieurs multiples ?

Fractions et partage

EXERCICES SUPPLÉMENTAIRES

POUR DÉMARRER

Voici la recette du quatre-quarts :
– 250 g de farine
– 250 g de sucre
– 250 g de beurre ramolli
– 250 g d'œufs (environ 4 œufs)

a. Combien pèse ce gâteau ?

b. À ton avis, pourquoi s'appelle-t-il ainsi ?

Je retiens

Utiliser les fractions pour représenter un partage

Une fraction permet de représenter un **partage**.

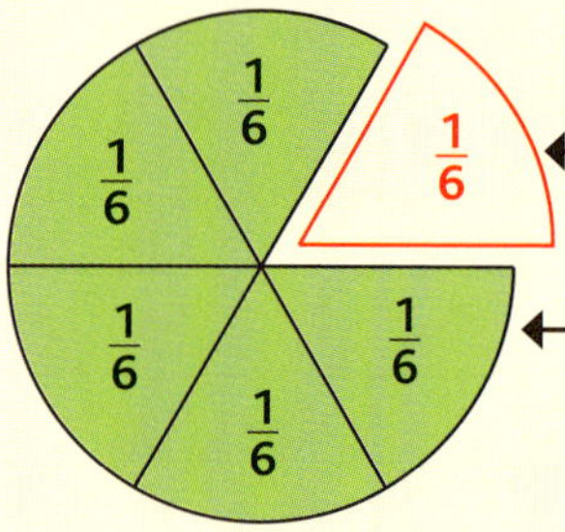

Ce gâteau (l'**unité**) a été partagé en **six parts égales**.

← Chaque part représente $\frac{1}{6}$ (**un sixième**) de l'unité.

← La partie coloriée représente **cinq parts** ou « **cinq sixièmes** » : c'est la fraction $\frac{5}{6}$.

$\frac{5}{6}$
5 ← 5 est le **numérateur** (combien de parts on prend).
6 ← 6 est le **dénominateur** (en combien de parts on a partagé l'unité).

Nommer les fractions simples

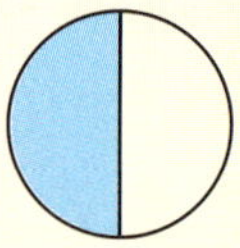

$\frac{1}{2}$: un demi ou la moitié

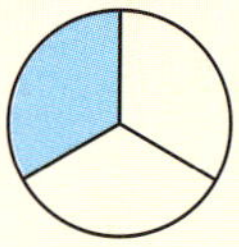

$\frac{1}{3}$: un tiers

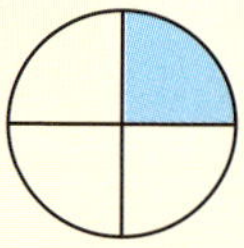

$\frac{1}{4}$: un quart

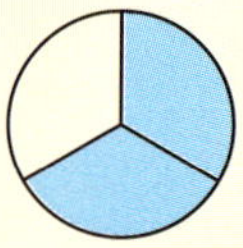

$\frac{2}{3}$: deux tiers

Je m'exerce à mon rythme

Utiliser les fractions pour représenter un partage

1 Trouve une fraction correspondant à la partie coloriée.

a. *

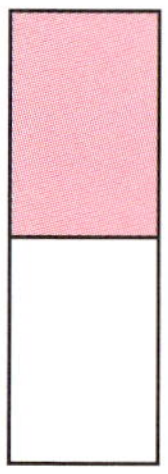

b. *

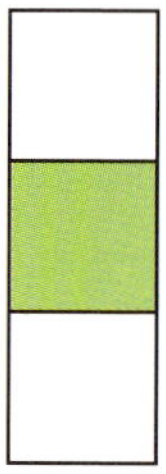

c. *

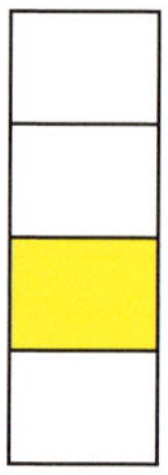

d. **

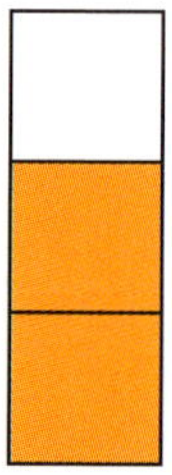

e. **

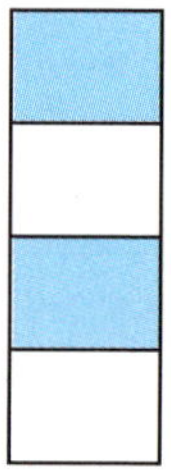

f. **

2 **Trace deux cercles sur ton cahier.**

a. (*) Partage le premier en 2 parts égales et colorie en jaune la partie correspondant à $\frac{1}{2}$.

b. (**) Partage l'autre en 4 parts égales et colorie en vert la partie correspondant à $\frac{3}{4}$.

3 **Recopie les fractions et entoure le numérateur en vert et le dénominateur en bleu.**

a. (*) $\frac{1}{4}$; $\frac{1}{2}$; $\frac{2}{4}$; $\frac{7}{10}$

b. (**) $\frac{3}{4}$; $\frac{1}{3}$; $\frac{2}{3}$; $\frac{4}{5}$

Nommer les fractions simples

4 **Écris ces fractions en chiffres.**

a. (*) un quart ; deux tiers ; un demi ; trois dixièmes ; quatre quarts

b. (**) trois quarts ; deux demis ; sept centièmes ; quatre cinquièmes ; sept dixièmes

5 **Écris ces fractions en lettres.**

a. (*) $\frac{1}{2}$; $\frac{2}{3}$; $\frac{1}{4}$

b. (**) $\frac{3}{2}$; $\frac{7}{8}$; $\frac{3}{4}$

TEST

6 **Pour chaque question, recopie la réponse A, Bou C qui convient.**

Vérifie tes réponses page 56.

	A	B	C
1. Trois quarts, c'est…	$\frac{4}{3}$	3×4	$\frac{3}{4}$
2. La partie coloriée, c'est… 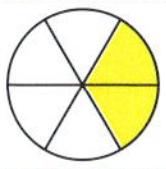	$\frac{6}{2}$	$\frac{2}{6}$	$\frac{1}{6}$

Je résous des problèmes

7 (*) Combien y a-t-il de quarts d'heure dans :
- une heure ?
- une demi-heure ?
- trois quarts d'heure ?

8 (*) Recopie ce texte en écrivant en chiffres tous les mots surlignés.

« L'homme, dont la vie entière est de quatre-vingt-seize ans, dort le tiers de sa carrière, c'est juste trente-deux ans. Ajoutons pour maladies, procès, voyages, accidents au moins un quart de sa vie, c'est encore deux fois douze ans. »

Nicolas Boileau, 1674

9 (**) a. Écris 3 fractions ayant le même numérateur mais pas le même dénominateur.

b. Écris une fraction dont le dénominateur est le double du numérateur.

10 (**) Lorène a fait une tarte pour le dîner. Elle la partage avec ses invités.

a. Combien d'invités attend-elle ?

b. Quelle fraction de tarte représente chaque part ? Écris ta réponse en chiffres et en lettres.

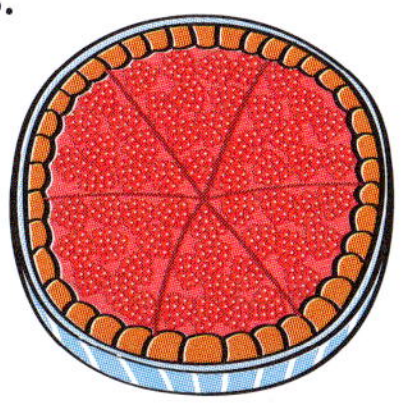

Tout dans la tête

Que vaut…

a. la moitié de 20 ?
b. le quart de 20 ?
c. le tiers de 30 ?
d. le double de 5 ?
e. le triple de 10 ?
f. la moitié de 100 ?

Question Express

Qu'est-ce que le double de la moitié ?

Fractions et mesure de longueurs

EXERCICES SUPPLÉMENTAIRES

POUR DÉMARRER

Julie et Ruben mesurent des ficelles avec un bâton partagé en **quatre parties égales.** Ce bâton leur sert d'**unité**.

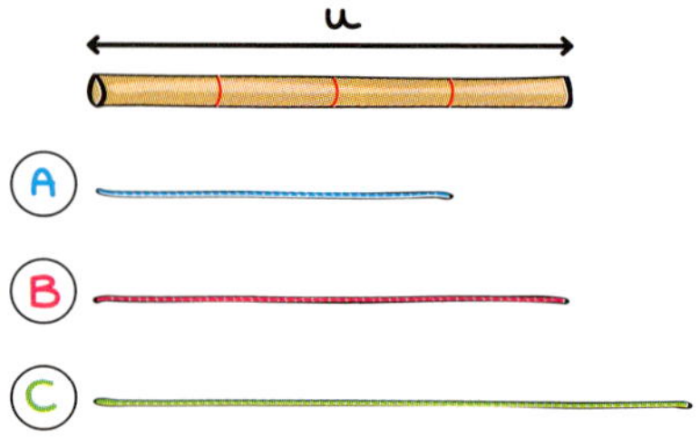

a. Julie pense que la ficelle A correspond à $\frac{3}{4}$ u et Ruben à $\frac{1}{2}$ u.
Qui a raison ? Pourquoi ?

b. Julie pense que la ficelle B correspond à 1 u et Ruben à $\frac{4}{4}$ u.
Qui a raison ? Pourquoi ?

c. Julie pense que la ficelle C correspond à $\frac{5}{4}$ u et Ruben à 1 u + $\frac{1}{4}$ u. Qui a raison ? Pourquoi ?

Je retiens

Utiliser les fractions pour mesurer des longueurs

Les fractions permettent de donner la mesure d'une **longueur** en fonction d'une **unité**.

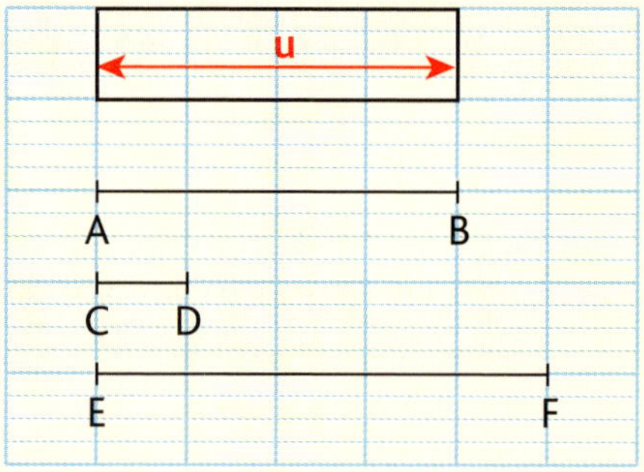

- **u**, c'est l'**unité de longueur**.
- AB = 1 u
- CD = $\frac{1}{4}$ u (**un quart** de u).
- EF = $5 \times \frac{1}{4} = \frac{5}{4}$ u = 1 u + $\frac{1}{4}$ u.

Remarque : une fraction peut être **inférieure à 1** (par exemple $\frac{1}{4}$), **égale à 1** ($\frac{4}{4}$) ou **supérieure à 1** ($\frac{5}{4}$).

Je m'exerce à mon rythme

Utiliser les fractions pour mesurer des longueurs

1 Écris la longueur de chaque segment à l'aide d'une fraction de u.

a. *

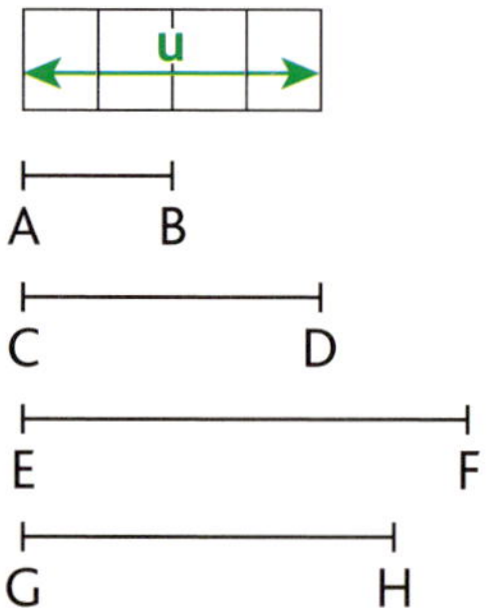

b. **

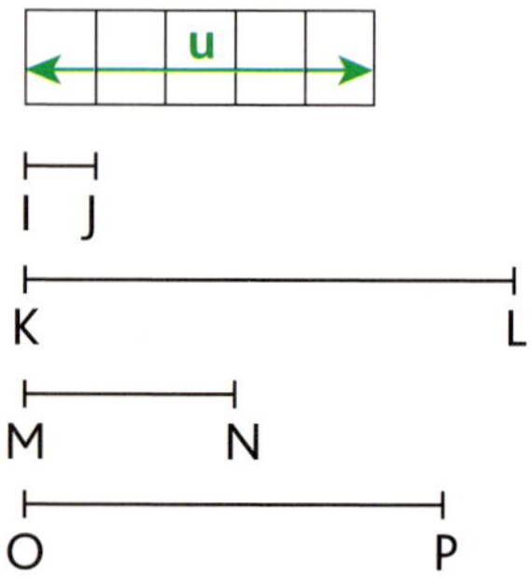

2 Trouve la fraction qui correspond à la longueur de chaque segment.

a. *

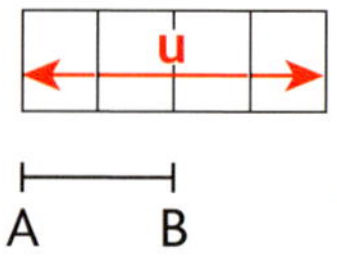

AB → $\frac{1}{2}$ u | 1 u + $\frac{1}{2}$ u

b. **

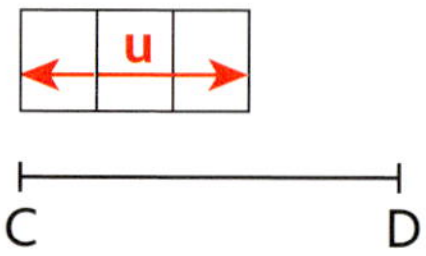

CD → $\frac{5}{3}$ u | 1 u + $\frac{1}{3}$ u | $\frac{2}{3}$ u

3 **Complète avec des fractions.**

a. * AB = ... u
DE = ... u
GH = ... u

b. ** AC = ... u
EF = ... u
HI = ... u

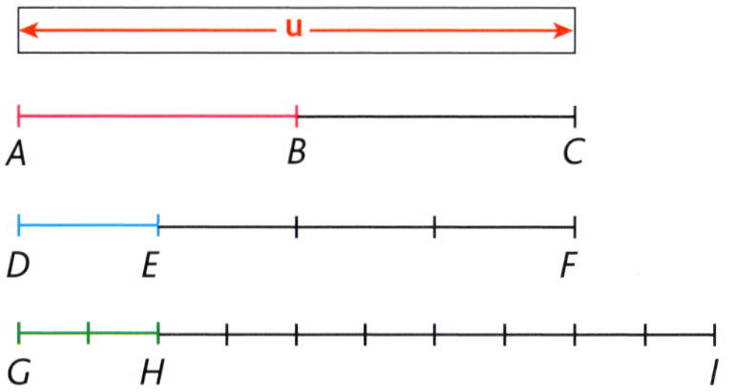

TEST **4** **Pour chaque question, recopie la réponse A, B ou C qui convient.**
Vérifie tes réponses page 56.

		A	B	C
1. La longueur de AB est...	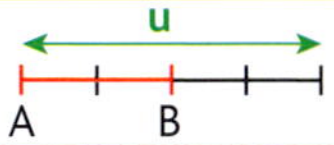	$\frac{1}{2}$ u	$\frac{2}{3}$ u	$\frac{3}{2}$ u
2. La longueur de CD est...	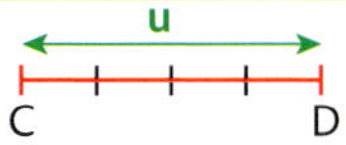	$\frac{1}{4}$ u	$\frac{1}{2}$ u	1 u

Je résous des problèmes

5 * Trace sur ton cahier un segment unité de 8 carreaux.
a. Que vaut, en carreaux, la moitié de 8 ? le quart de 8 ?
b. Trace un segment [AB] de longueur $\frac{1}{2}$ u.
c. Trace un segment [CD] de longueur $\frac{1}{4}$ u.
d. Trace un segment [EF] de longueur 1 u + $\frac{3}{4}$ u.

6 * Reproduis deux fois cette bande unité sur ton cahier.

Colorie en jaune une bande de longueur $\frac{1}{4}$ u et en vert une autre bande de longueur $\frac{5}{4}$ u.
Quelle bande est plus grande que la bande unité ?

7 ** Une coccinelle, une fourmi, une guêpe et un scarabée font un concours de saut en longueur.

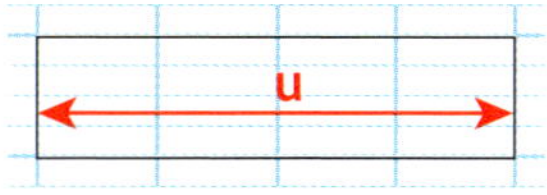

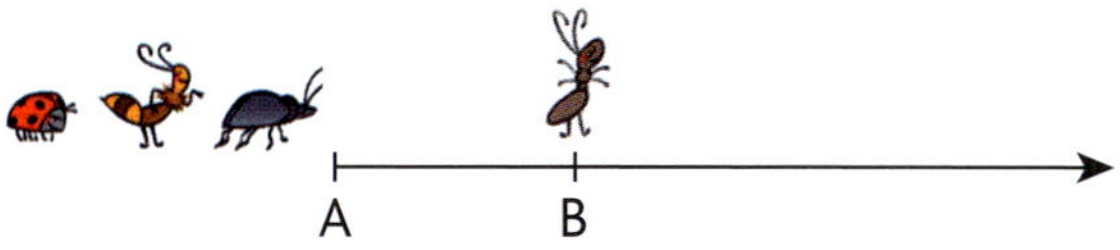

Reproduis la droite ci-dessus sur ton cahier.
a. La fourmi arrive en B. Complète : AB = ... u
b. La coccinelle arrive au point C. AC = $\frac{3}{4}$ u. Place C.
c. La guêpe arrive en D. AD = 2 u. Place D.
d. Le scarabée arrive en E. AE = 1 u + $\frac{1}{4}$ u. Place E.
e. Qui a gagné ?

Tout dans la tête

Complète avec 2, 4 ou 8.
a. Dans une unité, il y a ... demis.
b. Dans un demi, il y a ... quarts.
c. Dans une unité, il y a ... quarts.
d. Dans une unité, il y a ... huitièmes.

Question Express

Une fraction de l'unité est-elle toujours plus petite que l'unité ?

Fractions et mesure d'aires

EXERCICES SUPPLÉMENTAIRES

POUR DÉMARRER

Ce tapis représente l'unité d'aire.

a. À quelle fraction du tapis correspond la partie coloriée ?

b. À quelle fraction correspond la partie non coloriée ?

c. Peut-on dire que la moitié du tapis a été coloriée ?

d. Complète avec une fraction :
Aire coloriée = ... u

Je retiens

■ Utiliser les fractions pour mesurer des aires

Une fraction permet de mesurer une **aire** en fonction d'une **unité**.

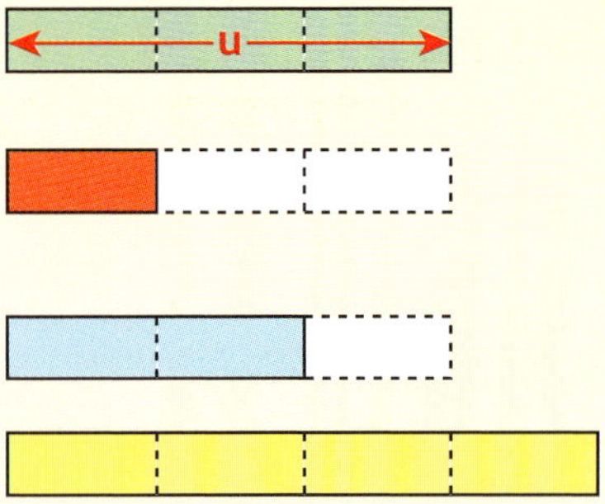

- L'**unité d'aire** est la bande verte : c'est 1 **u**.
- L'aire de la bande rouge, c'est le **tiers** de la bande unité, c'est $\frac{1}{3}$ u.
- L'aire de la bande bleue, c'est $2 \times \frac{1}{3}$ u $= \frac{2}{3}$ u.
- L'aire de la bande jaune, c'est 1 u $+ \frac{1}{3}$ u $= \frac{4}{3}$ u.

Je m'exerce à mon rythme

■ Utiliser les fractions pour mesurer des aires

1 **Écris la fraction qui correspond à l'aire de la surface coloriée puis à l'aire de la surface non coloriée.**

a. *

L'unité d'aire est l'aire du carré vert.

A B C

b. **

L'unité d'aire est l'aire du carré rose.

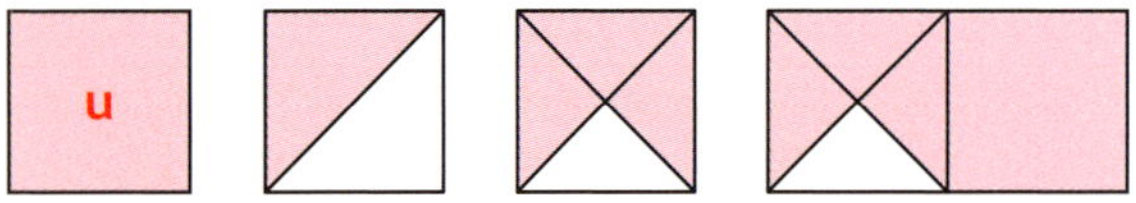

D E F

2 **Pour chaque disque, écris :**
– la fraction qui correspond à l'aire coloriée en rouge, en bleu, en jaune et en vert.
– la fraction qui correspond à la partie non coloriée.

a. *

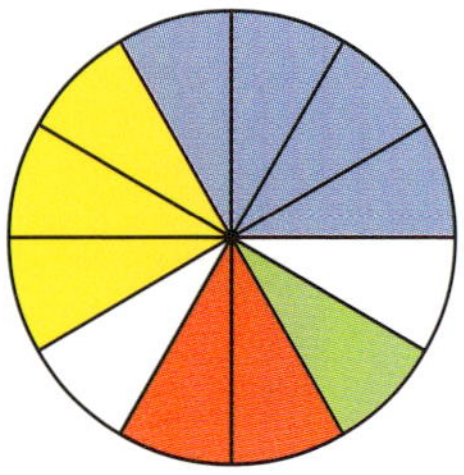

b. **

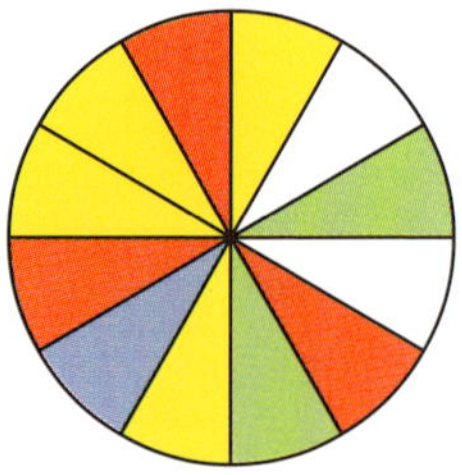

TEST

3 **Pour chaque question, recopie la réponse A, B ou C qui convient.**
Vérifie tes réponses page 56.

		A	B	C
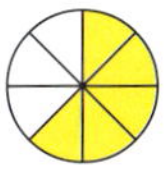	**1.** L'aire de la surface coloriée est...	$\frac{5}{8}$	$\frac{8}{5}$	$\frac{3}{8}$
	2. L'aire de la surface non coloriée est...	$\frac{2}{8}$	$\frac{8}{3}$	$\frac{3}{8}$

Je résous des problèmes

4 * Max met un quart d'heure pour aller à l'école et autant pour le retour.

a. Combien de temps dure un aller-retour ?

b. Complète : $\frac{1}{4} + \frac{1}{4} = \ldots$

5 * Observe ces deux rectangles.

a. Écris la fraction qui correspond à la partie coloriée de chaque rectangle.

b. Complète avec une fraction :

$\frac{2}{4} = \frac{\ldots}{\ldots}$

6 * Reproduis ce rectangle.

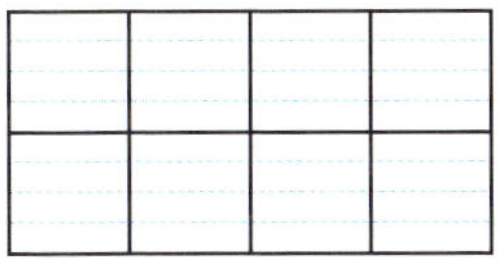

a. Colorie $\frac{1}{4}$ du rectangle en rouge, puis $\frac{1}{4}$ en vert sans repasser sur la couleur précédente.

b. Quelle fraction représente la partie non coloriée ?

7 ** Complète avec la fraction qui correspond à l'aire de la partie coloriée.

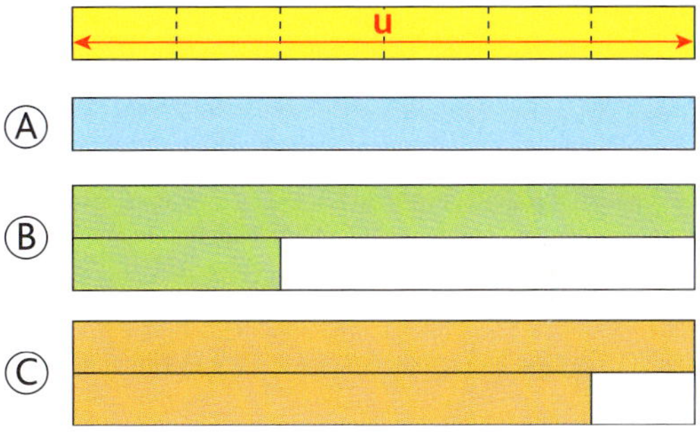

a. A $= \frac{\ldots}{6}$ u $= \ldots$

b. B $= \frac{\ldots}{6}$ u $=$ 1 u $+ \frac{\ldots}{6}$ u

c. C $= \frac{\ldots}{6}$ u $=$ 1 u $+ \frac{\ldots}{6}$ u

8 ** Lucas a mangé 7 carrés de cette tablette de chocolat, Samya en a mangé 9.
Quelle fraction de la tablette n'a pas été mangée ?

Tout dans la tête

a. Mon verre est à moitié vide. Quelle fraction représente la partie remplie de mon verre ?

b. Mon verre est rempli aux $\frac{3}{4}$. Quelle fraction représente la partie vide de mon verre ?

Question Express

Les Égyptiens appelaient les fractions les « nombres rompus ».
Qu'en penses-tu ?

Les fractions décimales

EXERCICES SUPPLÉMENTAIRES

POUR DÉMARRER

a. Quelle fraction d'euro représentent 10 centimes d'euro ?

b. Complète :
20 centimes d'euro = $2 \times \frac{\dots}{10}$ d'euro = $\frac{\dots}{10}$.

c. Quelle fraction d'euro représente 1 centime d'euro ?

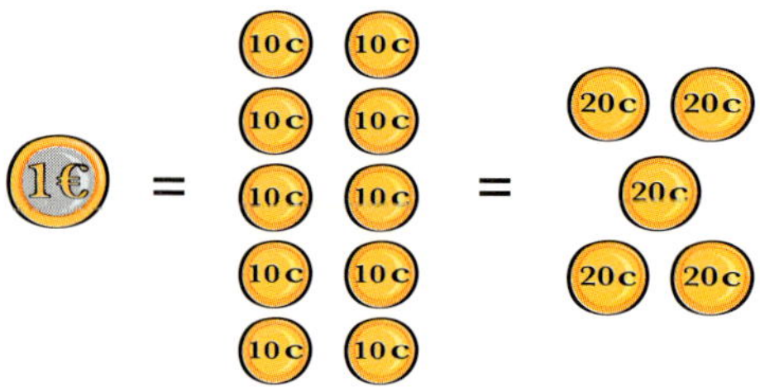

JE RETIENS

Nommer les fractions décimales

Les fractions de dénominateur **10, 100, 1 000**... sont des fractions **décimales**.

- $\frac{5}{10}$ se lit « cinq **dixièmes** »
- $\frac{15}{100}$ se lit « quinze **centièmes** ».

Utiliser les fractions décimales

- Pour obtenir **un dixième**, il faut partager l'unité en **10**.

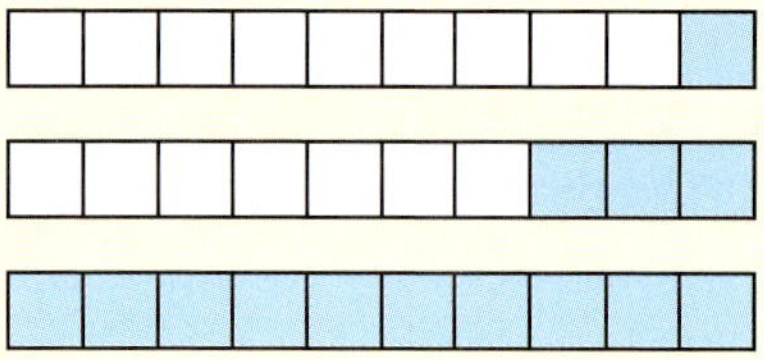

$\frac{1}{10}$ = un dixième

$\frac{3}{10} = 3 \times \frac{1}{10}$ = trois dixièmes

$\frac{10}{10} = 1$ ➜ Dix dixièmes, c'est l'unité.

- Pour obtenir **un centième**, il faut partager l'unité en **100**.

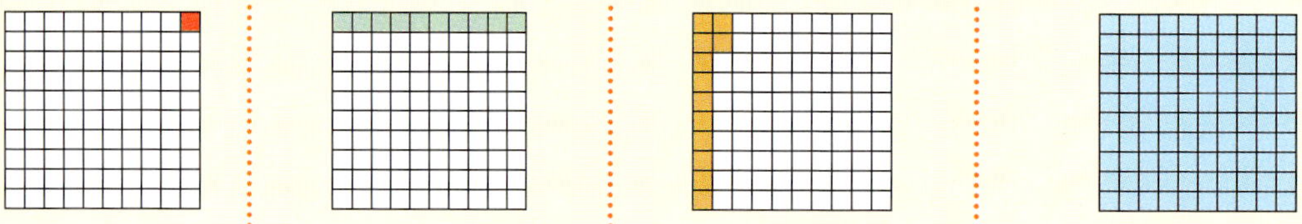

$\frac{1}{100}$ | $\frac{10}{100} = 10 \times \frac{1}{100} = \frac{1}{10}$ | $\frac{12}{100}$ | $\frac{100}{100} = 1$

JE M'EXERCE À MON RYTHME

Nommer les fractions décimales

1 Écris en lettres.

a. (*) $\frac{1}{10}$; $\frac{2}{100}$; $\frac{15}{100}$; $\frac{7}{10}$; $\frac{5}{10}$; $\frac{1}{100}$

b. (**) $\frac{64}{10}$; $\frac{47}{100}$; $\frac{91}{100}$; $\frac{18}{10}$; $\frac{100}{100}$

2 Écris en chiffres.

a. (*) deux dixièmes ; cinq dixièmes ; dix centièmes ; vingt centièmes ; huit centièmes

b. (**) douze dixièmes ; trente-deux dixièmes ; soixante-douze centièmes ; cent trente centièmes

Utiliser les fractions décimales

3 **Écris la fraction qui correspond à la partie coloriée. Puis recopie les fractions en lettres.**

a. *
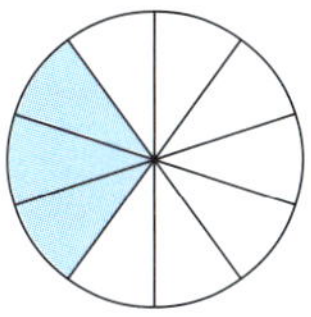

b. *

c. *
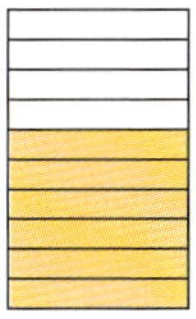

d. **
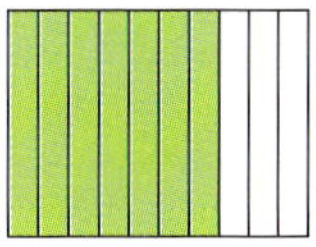

e. **
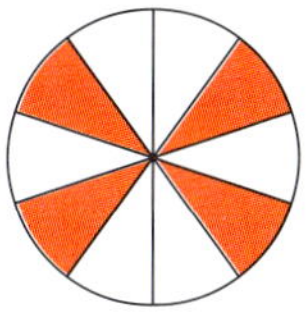

f. **
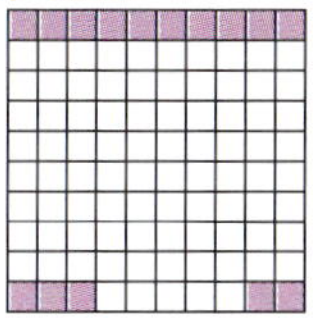

TEST

4 **Pour chaque question, recopie la réponse A, B ou C qui convient.**
Vérifie tes réponses page 56.

	A	B	C
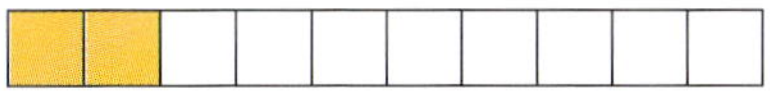 1. La partie coloriée correspond à…	$\frac{2}{10}$	$\frac{10}{2}$	2
2. $\frac{8}{100}$ c'est…	huit centaines	huit centièmes	huit unités

Je résous des problèmes

5 * a. Pour chaque couleur, écris la fraction du carré qui correspond à la partie coloriée.

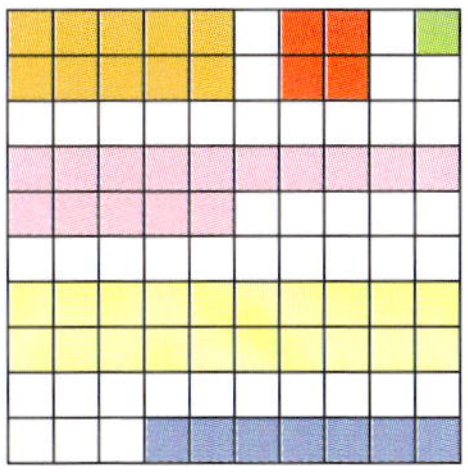

b. Quelle fraction du carré n'est pas coloriée ?

6 * Pour obtenir 1, combien faut-il :
a. de demis ?
b. de quarts ?
c. de dixièmes ?
d. de centièmes ?

7 ** Combien faut-il de centièmes pour obtenir :

$\frac{1}{10}$ 2 $\frac{3}{10}$

8 ** Complète.

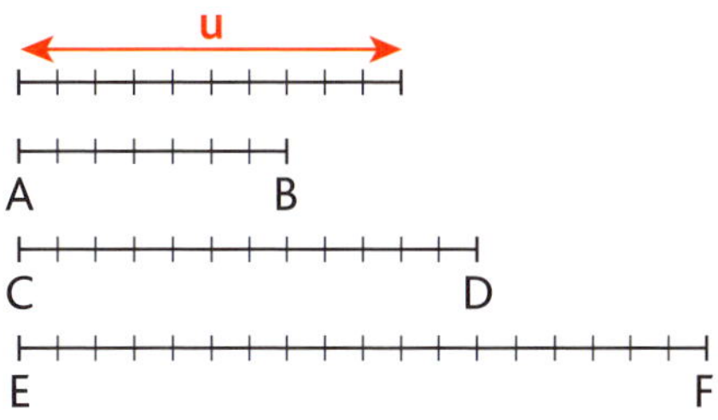

AB = $\frac{\dots}{\dots}$ u CD = $\frac{\dots}{\dots}$ u

EF = $\frac{\dots}{\dots}$ u = 1 u + $\frac{\dots}{\dots}$ u

Tout dans la tête

Que représente chaque fraction : 1 ? plus que 1 ? moins que 1 ?
$\frac{5}{10}$; $\frac{10}{10}$; $\frac{1}{10}$; $\frac{15}{10}$; $\frac{8}{10}$; $\frac{20}{10}$; $\frac{100}{100}$; $\frac{50}{100}$

Question Express

Comment appelle-t-on un centième de mètre ?

Fractions décimales et graduations

EXERCICES SUPPLÉMENTAIRES

POUR DÉMARRER

Robby le robot se déplace sur une droite graduée. À chaque fois qu'il s'arrête, une ampoule s'allume.

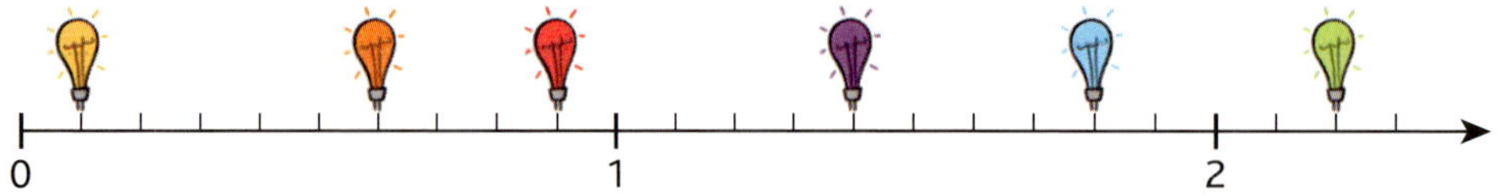

a. Écris la fraction qui correspond à chaque ampoule.

b. Où est le point correspondant à la fraction $\frac{10}{10}$?

Je retiens

■ Utiliser les fractions décimales pour se repérer sur une ligne droite

Une fraction permet de repérer un point sur une droite graduée.

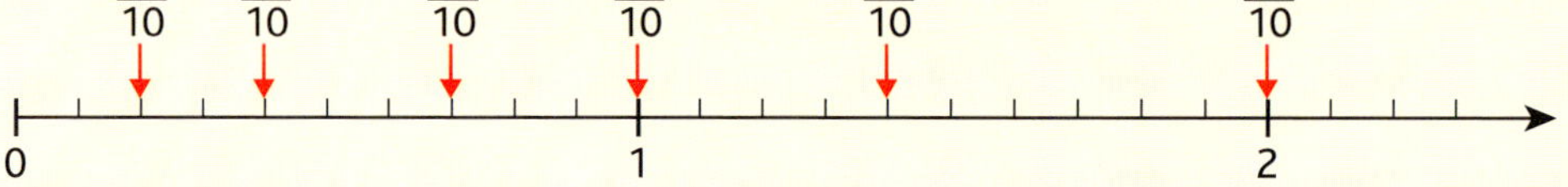

Remarque : $\frac{10}{10} = 1$ $\frac{14}{10} = 1 + \frac{4}{10}$ $\frac{20}{10} = 2$

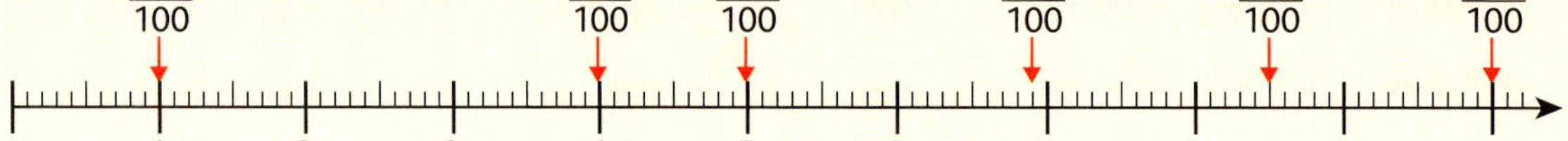

Remarque : $\frac{100}{100} = 1$ $\frac{10}{100} = \frac{1}{10}$ $\frac{20}{100} = \frac{2}{10}$

Je m'exerce à mon rythme

■ Utiliser les fractions décimales pour se repérer sur une ligne droite

1 Reproduis chaque droite graduée, puis place les fractions en face de leur repère.

a. * $\frac{5}{10}$; $\frac{9}{10}$; $\frac{10}{10}$; $\frac{3}{10}$; $\frac{13}{10}$

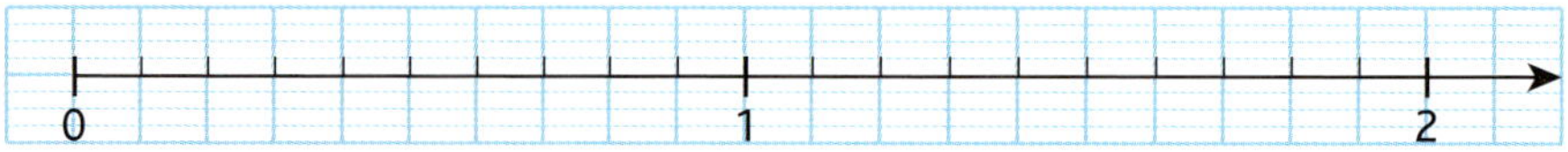

b. ** $\frac{23}{100}$; $\frac{28}{100}$; $\frac{39}{100}$; $\frac{35}{100}$; $\frac{30}{100}$; $\frac{20}{100}$

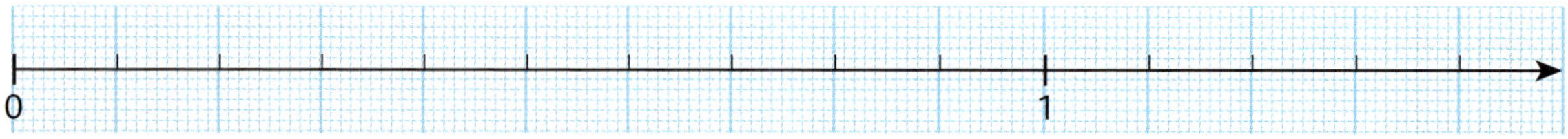

2 Complète les égalités.

Tu peux t'aider des droites graduées des exercices précédents.

a. * $\frac{10}{10} = \dots$ $\frac{15}{10} = 1 + \frac{\dots}{10}$ $\frac{20}{10} = \dots$ $\frac{18}{10} = 1 + \frac{\dots}{10}$

b. ** $\frac{30}{100} = \frac{\dots}{10}$ $\frac{50}{100} = \frac{5}{\dots}$ $\frac{100}{100} = \frac{\dots}{10} = \dots$ $\frac{110}{100} = \frac{\dots}{10} = 1 + \frac{\dots}{10}$

TEST

3 Pour chaque question, recopie la réponse A, B ou C qui convient.

Vérifie tes réponses page 56.

	A	B	C
1. A correspond à... (droite graduée de 0 à 1, point Ⓐ)	$\frac{6}{10}$	$\frac{10}{6}$	6
2. $\frac{15}{10}$ c'est...	$1 + \frac{10}{5}$	$\frac{10}{15}$	$1 + \frac{5}{10}$
3. $\frac{100}{100}$ c'est...	$\frac{10}{100}$	$\frac{100}{10}$	1

Je résous des problèmes

4 * Pour chaque lettre, indique une fraction décimale qui correspond.

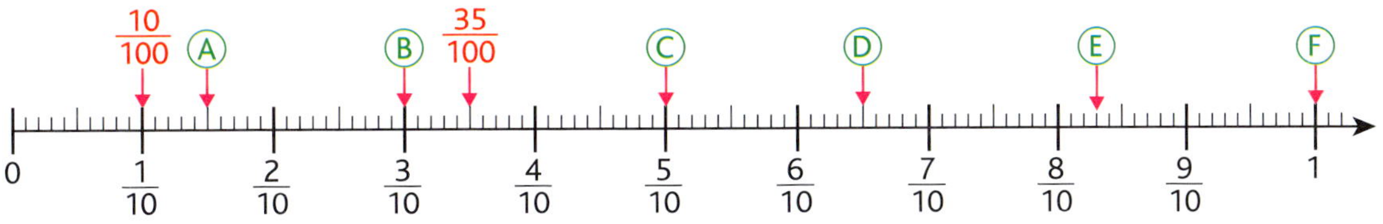

5 ** Reproduis cette droite graduée sur ton cahier.

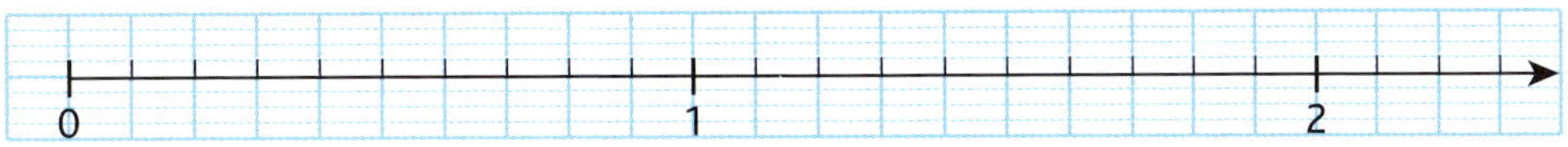

Place les points suivants.

a. A → $\frac{3}{10}$; B → $\frac{8}{10}$; C → $\frac{10}{10}$; D → $\frac{18}{10}$

b. E → $1 + \frac{1}{10}$; F → $2 + \frac{3}{10}$

Tout dans la tête

a. Trouve les nombres entiers qui correspondent aux fractions suivantes.

$\frac{10}{10} = \dots$; $\frac{200}{100} = \dots$; $\frac{50}{10} = \dots$

b. Complète avec une fraction décimale.

4 = ... ; 5 = ... ; 1 = ... ; 10 = ...

Question Express

Plusieurs fractions décimales peuvent-elles représenter la même unité ?

Fractions décimales et nombres décimaux

EXERCICES SUPPLÉMENTAIRE

POUR DÉMARRER

Voici les résultats du 400 mètres femmes lors des championnats d'Europe d'athlétisme de 2010 à Barcelone.

a. Complète le tableau.

b. Écris chaque performance sous forme de fraction.

Exemple : $49{,}89 = 49 + \frac{89}{100}$

Rang	Athlète	Performance
1	Tatyana FIROVA	49,89 secondes ou 49 secondes 89 centièmes
2	Kseniya USTALOVA	49,92 secondes ou ...
3	Antonina KRIVOSHAPKA	... secondes ou 50 secondes 10 centièmes

JE RETIENS

Lire et écrire les nombres décimaux

Pour écrire une fraction décimale, je peux utiliser une virgule :

- $\frac{12}{10} = 1 + \frac{2}{10}$ → Je lis « une unité et deux dixièmes ».

  $\frac{12}{10} = \mathbf{1{,}2}$ → J'écris « un virgule deux ».
- $\frac{235}{100} = 2 + \frac{35}{100}$ → Je lis « deux unités et trente-cinq centièmes ».

  $\frac{235}{100} = \mathbf{2{,}35}$ → J'écris « deux virgule trente-cinq ».

1,2 et **2,35** sont des **nombres décimaux**.

Passer d'une écriture fractionnaire à une écriture décimale

Le nombre de chiffres après la virgule du nombre décimal est égal **au nombre de zéros** du dénominateur de la fraction.

$\frac{4}{10} = 0{,}4$ (1 zéro → 1 chiffre) $\frac{325}{100} = 3{,}25$ (2 zéros → 2 chiffres) $\frac{1}{10} = 0{,}1$ $\frac{1}{100} = 0{,}01$

JE M'EXERCE À MON RYTHME

Lire et écrire les nombres décimaux

1 **Écris en lettres.**

Exemple : 2,54 → « deux unités et cinquante-quatre centièmes »

a. * 8,6 ; 2,7 ; 2,31 ; 10,5 ; 5,42

b. ** 20,35 ; 0,49 ; 9,02 ; 50,13 ; 1,7

2 **Donne une écriture à virgule.**

Exemple : dix-huit centièmes → 0,18

a. * deux unités et quarante-cinq centièmes

b. * vingt unités et trois dixièmes

c. ** vingt unités et douze centièmes

d. ** vingt-cinq centièmes

Passer d'une écriture fractionnaire à une écriture décimale

3 Donne une écriture à virgule.

Exemple : $\frac{125}{100} = 1{,}25$

a. * $\frac{17}{10}$; $\frac{37}{10}$; $\frac{58}{10}$; $\frac{147}{100}$

b. ** $\frac{7}{10}$; $\frac{50}{100}$; $\frac{305}{100}$; $\frac{800}{100}$

4 Écris sous forme de fraction.

Exemple : $2{,}37 = \frac{237}{100}$

a. * 78,6 ; 2,3 ; 85,67 ; 96,38

b. ** 3,17 ; 120,3 ; 80,21 ; 471,03

5 Décompose.

Exemple : $2{,}58 = 2 + \frac{58}{100}$

a. * 5,23 ; 18,4 ; 40,2 ; 89,31

b. ** 0,45 ; 5,02 ; 410,26 ; 0,50

6 Donne une écriture à virgule.

Exemple : $3 + \frac{25}{100} = 3{,}25$

a. * $4 + \frac{1}{10}$; $7 + \frac{21}{100}$; $11 + \frac{4}{10}$

b. ** $10 + \frac{18}{100}$; $100 + \frac{7}{10}$; $18 + \frac{41}{100}$

TEST

7 Pour chaque question, recopie la réponse A, B ou C qui convient.

Vérifie tes réponses page 56.

	A	B	C
1. $\frac{35}{10}$ c'est…	3,05	35	3,5
2. 13,45 c'est…	$\frac{1\,345}{10}$	$\frac{1\,345}{1\,000}$	$\frac{1\,345}{100}$

Je résous des problèmes

8 * Recopie ces phrases en écrivant les nombres en lettres.

- Cette robe coûte 23,95 €.
- Un castor peut abattre un arbre de 0,5 m de diamètre.
- Antonin pèse 40,6 kg et mesure 1,45 m.

9 * Un professeur a dicté le nombre « soixante-quatre unités et cinq centièmes ».
Voici les réponses de trois élèves :

Qui a bien répondu ?

10 ** Recopie et complète le tableau.

Écriture décimale	Écriture fractionnaire	Décomposition
1,35	$\frac{135}{100}$	$1 + \frac{35}{100}$
3,2		
		$7 + \frac{6}{10}$
	$\frac{45}{100}$	

11 ** Recopie les égalités suivantes en plaçant la virgule au bon endroit.

$45 = \frac{45}{10}$ $28 = 2 + \frac{8}{10}$ $135 = 1 + \frac{35}{100}$

Tout dans la tête

Écris sous forme de nombre décimal.

$\frac{51}{10}$; $\frac{23}{10}$; $\frac{450}{100}$; $\frac{30}{10}$; $\frac{45}{100}$; $\frac{98}{100}$; $\frac{10}{10}$; $\frac{200}{100}$

Question Express

Où se trouve la virgule sur une calculatrice ?

Les nombres décimaux

EXERCICES SUPPLÉMENTAIRES

POUR DÉMARRER

Alex a 1 billet de 10 €, 7 pièces de 1 €, 8 pièces de 10 centimes.

a. Complète : Alex a … , … €.

Combien lui manque-t-il pour acheter le DVD ?

Complète : $17{,}85 = 17 + \frac{\dots}{10} + \frac{\dots}{100}$

b. S'il donne 1 billet de 10 €, 5 pièces de 1 € et une pièce de 10 centimes pour acheter le CD, combien recevra-t-il de monnaie ?

Complète : $12{,}05 = \dots + \frac{\dots}{100}$

JE RETIENS

Connaître la valeur des chiffres dans un nombre décimal

14,25 = **14** + **0,25** → **14** est la **partie entière** ;
→ **0,25** est la **partie décimale**.
→ **2** est le chiffre des **dixièmes** ; **5** est le chiffre des **centièmes**.

Décomposer la partie décimale

Je peux écrire un nombre décimal dans un **tableau de numération** :

Partie entière				Partie décimale	
centaines	dizaines	unités		dixièmes	centièmes
				$\frac{1}{10}$	$\frac{1}{100}$
	1	4	,	2	5

$$14{,}25 = 14 + \frac{2}{10} + \frac{5}{100} = 14 + \frac{25}{100}$$

Remarque : attention, certains zéros peuvent être supprimés, d'autres pas.

$5{,}0 = 5 + \frac{0}{10} = 5$

$4{,}30 = 4 + \frac{3}{10} + \frac{0}{100} = 4{,}3$

$4{,}03 = 4 + \frac{3}{100}$

$0{,}25 = \frac{2}{10} + \frac{5}{100}$

JE M'EXERCE À MON RYTHME

Connaître la valeur des chiffres dans un nombre décimal

1 **Indique la partie entière puis la partie décimale de chaque nombre.**

Exemple : 17,5 → la partie entière est 17
→ la partie décimale est 0,5.

a. * 34,6 ; 18,65 ; 402,45 ; 5,1

b. ** 3,4 ; 15,85 ; 0,92 ; 1,05 ; 8,20

2 **Recopie ces nombres, puis entoure en rouge le chiffre des dizaines et en vert le chiffre des dixièmes.**

Tu peux utiliser un tableau de numération.

a. * 18,53 ; 25,09 ; 58,6 ; 128,53 ; 203,01

b. ** 9 543,28 ; 905,82 ; 1 985,06 ; 10 925,7

3 **Que représente le chiffre 3 dans les nombres suivants ?**

Exemple : Dans 135,8, le chiffre 3 est le chiffre des dizaines.

a. * 15,3 ; 9,83 ; 13,9 ; 3,65 ; 0,3

b. ** 930,02 ; 813,45 ; 9 542,31

4 **Recopie en bleu les nombres dont le chiffre des centaines est 1 et en vert ceux dont le chiffre des centièmes est 4.**

a. * 14,5 ; 153,25 ; 76,34 ; 127,03

b. ** 2 745,8 ; 15 135,02 ; 3 985,24

Décomposer la partie décimale

5 **Décompose.**

Exemple : $45{,}61 = 45 + \frac{6}{10} + \frac{1}{100}$

a. * 3,2 ; 8,6 ; 9,1 ; 10,7

b. * 5,23 ; 18,4 ; 40,2 ; 89,31

c. ** 0,45 ; 5,02 ; 410,26 ; 0,50

6 **Recopie les nombres égaux.**

a. * 10,0 ; 10 ; 010 ; 0,10 ; 10,00

b. ** 1,0 ; 0,1 ; 01 ; 1 ; 1,00

c. ** 0,10 ; 1,1 ; 0,01 ; 01 ; 0,1

TEST

7 **Pour chaque question, recopie la réponse A, B ou C qui convient.**

Vérifie tes réponses page 56.

	A	B	C
1. Dans 24,68, 6 est le chiffre des...	dizaines	centièmes	dixièmes
2. $3 + \frac{1}{10} + \frac{3}{100}$, c'est...	3,31	0,313	3,13

Je résous des problèmes

8 * Écris en chiffres et en lettres trois nombres décimaux dont le chiffre des centaines est 1 et le chiffre des centièmes est 4.

9 ** Recopie et complète le tableau.

5,23	$\frac{523}{100}$	$5 + \frac{2}{10} + \frac{3}{100}$
	$\frac{78}{10}$	
		$3 + \frac{5}{100}$
8,02		

10 ** Rémi a 10 € et 54 centimes.

a. Exprime cette somme à l'aide d'un nombre décimal.

b. Décompose-la en utilisant des fractions décimales.

11 ** Recopie ces égalités en plaçant la virgule au bon endroit.

$2 + \frac{8}{10} = 28$; $18 + \frac{4}{10} + \frac{5}{100} = 1845$

12 ** a. Reproduis cette bande-unité sur ton cahier.

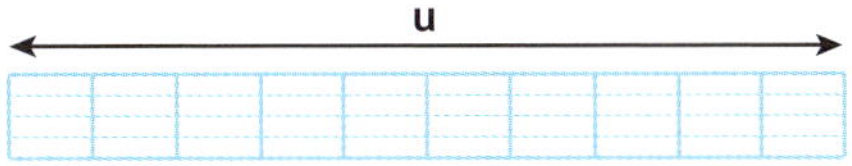

b. Trace :

– une bande A de longueur $\frac{3}{10}$ u ;

– une bande B de longueur 0,2 u ;

– une bande C de longueur 0,8 u ;

– une bande D de longueur $1 \text{ u} + \frac{2}{10}$ u ;

– une bande E de longueur 1,2 u.

c. Que peux-tu dire des bandes D et E ?

Tout dans la tête

Décompose.

a. 42,56 ; 15,32

b. 78,5 ; 97,45

c. 0,75 ; 1,28

d. 98,2 ; 9,82

Question Express

À quoi correspond le chiffre situé juste avant la virgule ?

Comparer des nombres décimaux

EXERCICES SUPPLÉMENTAIRES

POUR DÉMARRER

La taille d'une sauterelle varie entre 1 et 2 cm.

a. Donne cinq tailles possibles pour une sauterelle.

b. Range-les de la plus petite à la plus grande :

1 < ... < ... < ... < ... < ... < 2

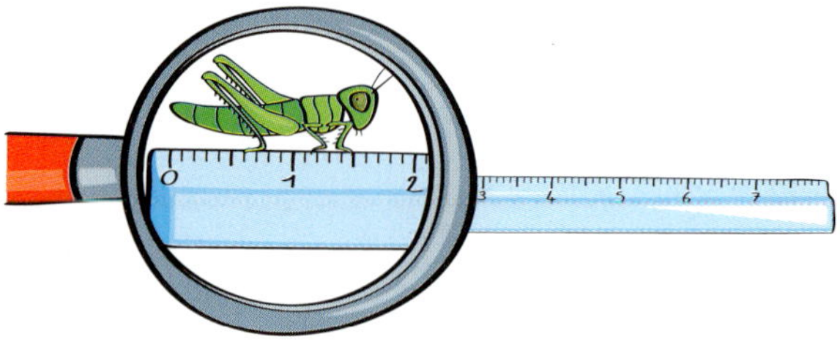

Je retiens

■ Placer des nombres décimaux sur une droite graduée

Je peux placer des nombres décimaux sur une droite graduée :

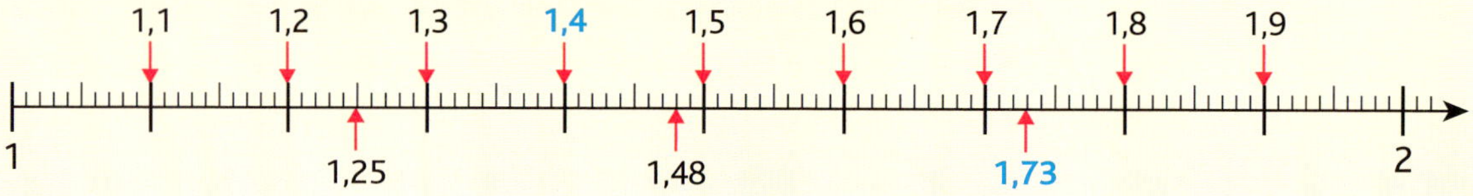

1 < 1,4 < 2   1 < 1,73 < 2

■ Comparer deux nombres décimaux

1. Je compare d'abord les **parties entières**.
   Exemple : **7**,35 > **3**,2 car **7** > **3**
2. Si les deux nombres ont la même partie entière, je compare les chiffres de leurs **parties décimales** (d'abord les dixièmes, puis les centièmes).
   Exemples : 7,**3**5 > 7,**1**5 car **3** > **1** (comparaison des dixièmes)
   7,3**5** > 7,3**3** car **5** > **3** (comparaison des centièmes)

Je m'exerce à mon rythme

■ Placer des nombres décimaux sur une droite graduée

1 **Associe à chaque lettre l'un des nombres décimaux suivants.**

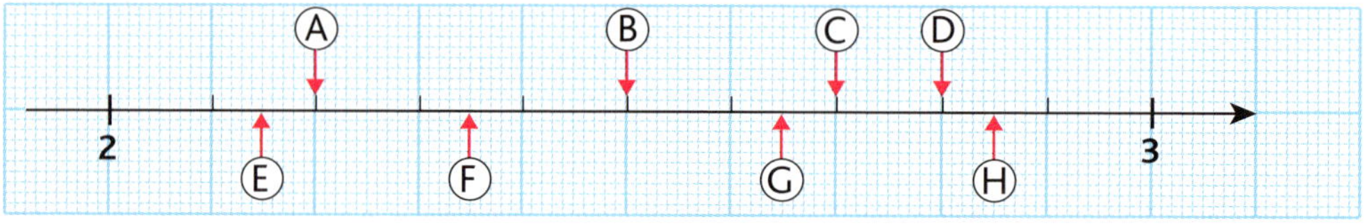

a. * 2,5 ; 2,8 ; 2,7 ; 2,2

b. ** 2,65 ; 2,35 ; 2,15 ; 2,85

■ Comparer, ranger des nombres décimaux

2 **Recopie et complète avec < ou >.**

a. *	1,5 ... 1,8	0,4 ... 1,1	1,5 ... 1,2	12,43 ... 12,4	32,13 ... 33,3
b. **	10,23 ... 10,2	10,23 ... 10,3	10,23 ... 10,24	10,23 ... 10,32	85,6 ... 85,06

3 Complète avec le nombre entier qui précède et le nombre entier qui suit.
Exemple : 0 < 0,5 < 1

a. *
… < 1,6 < …
… < 2,5 < …
… < 2,7 < …
… < 3,6 < …
… < 4,8 < …

b. **
… < 2,15 < …
… < 2,35 < …
… < 3,25 < …
… < 4,75 < …
… < 5,32 < …

4 Range en ordre croissant.
Utilise le signe <.
a. * 10 ; 9,8 ; 10,5 ; 9,2 ; 10,1 ; 9
b. ** 7,8 ; 6,5 ; 6 ; 6,7 ; 7,1 ; 7 ; 7,3

5 Range en ordre décroissant.
Utilise le signe >.
a. * 8 ; 8,5 ; 9 ; 9,1 ; 8,7 ; 8,1
b. ** 58,1 ; 58,3 ; 58 ; 58,15 ; 58,27

TEST

6 Pour chaque question, recopie la réponse A, B ou C qui convient.
Vérifie tes réponses page 56.

	A	B	C
1. Quel nombre est plus grand que 10,5 ?	10,48	10,6	10,27
2. Quel nombre est plus petit que 2,88 ?	2,8	2,9	2,89

Je résous des problèmes

7 * En un an, les cheveux de Kiran ont poussé de 12,3 cm, ceux de Lola de 12,75 cm, ceux de Zoé de 12,55 cm et ceux de Tim de 12,9 cm.
a. Reproduis cette droite, puis place ces nombres sur la droite.

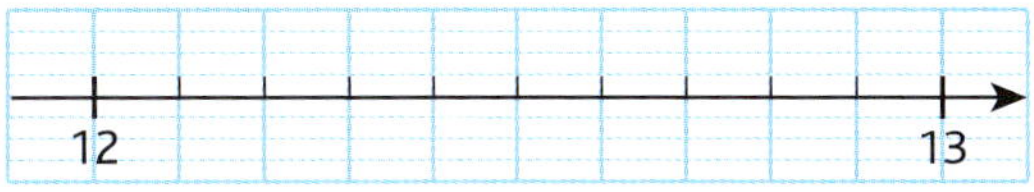

b. Range ces nombres en ordre croissant.

8 * Aux jeux Olympiques de Mexico de 1968, Jim Hines a été le premier athlète à franchir la ligne d'arrivée en 9,95 secondes à l'épreuve du 100 m. A-t-il parcouru cette distance en moins de 10 secondes ?

9 ** Complète chaque nombre en écrivant un chiffre qui convient.
Il peut y avoir plusieurs solutions.
6,■ < 6,5 ; 8,■ > 8,1 ; 5,■2 < 5,12 ;
6,3 > 6,■5 ; 45,71 < 45,■1

10 ** Voici des tunnels creusés par des taupes.

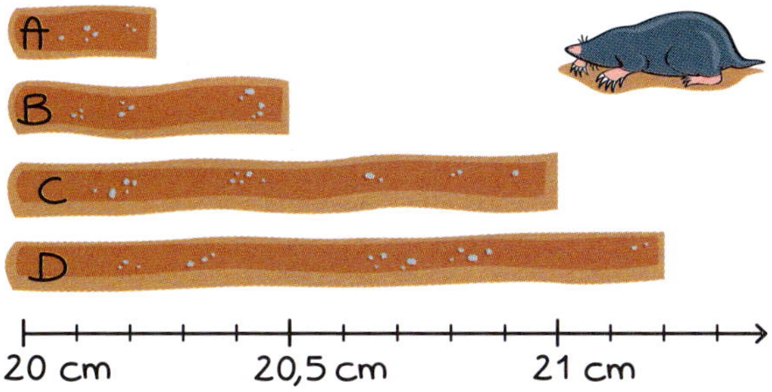

Retrouve leur longueur parmi les nombres décimaux suivants :
20,5 cm ; 21,2 cm ; 21 cm ; 20,25 cm

Tout dans la tête

Quel nombre est le plus petit ? et le plus grand ?
a. 10 ; 10,1 ; 10,01 ; 10,11 ; 10,101
b. 5 ; 5,5 ; 0,5 ; 0,05 ; 5,55

Question Express

Un nombre ayant 2 chiffres après la virgule est-il plus grand qu'un nombre ayant un seul chiffre après la virgule ?

Les nombres entiers

BILAN

Écrire, décomposer

Écrire en chiffres et en lettres

1 Recopie et complète le tableau.

Écriture en chiffres	Écriture en lettres
102	
	deux cent cinquante et un
3 240	
	cent vingt mille six cent cinquante-trois
635 143	
40 020	
	trois millions deux cent mille cinq cent trente-deux
3 254 781	
16 000 000	

Connaître la signification des chiffres dans un nombre

2 Dans 628, le chiffre 2 est le chiffre des dizaines.
Que représente-t-il dans les nombres suivants ?

a. 2 ; 121 ; 208 ; 29
b. 12 ; 324 ; 102
c. 2 000 ; 12 475
d. 84 216 ; 125 178 ; 2 154 013

3 Dans chaque nombre, indique quel est le chiffre des centaines.

a. 710 ; 486
b. 1 258 ; 8 974 ; 12 475
c. 254 163 ; 58 794 ; 542 103
d. 780 038 ; 1 425 789

4 Dans chaque nombre, indique quel est le chiffre des dizaines de mille.

a. 10 000 b. 280 587 c. 897 456 d. 5 000 000

Décomposer un nombre entier

5 Recopie et complète les décompositions.

a. 1 254 = (… × 1 000) + (… × 100) + (… × 10) + …
b. 35 972 = (… × 10 000) + (… × 1 000) + (… × 100) + (… × 10) + …
c. 28 413 = (… × 10 000) + (8 × …) + (4 × …) + (… × 10) + …

6 Retrouve les nombres.

a. (6 × 1 000) + (3 × 100) + (1 × 10) + 5 = …
b. (4 × 10 000) + (2 × 1 000) + (1 × 100) + 3 = …
c. (1 × 100 000) + (1 × 10 000) + (5 × 100) + 1 = …

7 Recopie et complète.

a. 563 = (56 × 10) + …
Dans 563, il y a … dizaines et … unités.
b. 784 = (… × 10) + …
Dans 784, il y a … dizaines et … unités.
c. 3 789 = (… × …) + 89
Dans 3 789, il y a … centaines et … unités.
d. 27 481 = (27 × …) + …
Dans 27 481, il y a 27 … et 481 … .

COMPARER, RANGER, ENCADRER

Comparer des nombres entiers

8 **Complète en utilisant $<$ ou $>$.**

a. 21 … 35
b. 100 … 10
c. 154 … 15
d. 205 … 561
e. 999 … 1 000
f. 3 857 … 3 859
g. 8 200 … 8 820
h. 10 000 … 100 000

Ranger en ordre croissant ou décroissant

9 **Range les nombres en ordre croissant.**
423 ; 9 262 ; 18 ; 9 654 ; 102 458

10 **Range les nombres en ordre décroissant.**
100 000 ; 34 ; 2 578 ; 340 ; 25 ; 78 001

Encadrer un nombre entier

11 **Recopie et complète avec le nombre entier qui convient.**
Exemple : $33 < 34 < 35$

a. $8 < \dots < 10$
b. $54 < \dots < 56$
c. $97 < \dots < 99$
d. $105 < \dots < 107$

12 **Encadre avec des nombres qui se terminent par 0 (à la dizaine).**
Exemple : $110 < 116 < 120$

42 — 123 — 84 — 368

13 **Encadre avec des nombres qui se terminent par 00 (à la centaine).**
Exemple : $100 < 116 < 200$

189 — 239 — 836 — 3 269

MULTIPLES

Comprendre la notion de multiple

14 **Écris les multiples de 2 :**
a. de 10 à 20.
b. de 90 à 100.

15 **Écris les multiples de 5 :**
a. de 15 à 40.
b. de 75 à 100.

16 **Écris les multiples de 10 :**
a. de 10 à 110.
b. de 200 à 310.

17 **50 est-il un multiple de :**
2 ? 4 ? 5 ? 10 ? 20 ? 25 ?
Justifie ta réponse, comme dans l'exemple.
Exemple :
50 est un multiple de 2 car $50 = 2 \times 25$.

Reconnaître les multiples d'usage courant

18 **Parmi ces nombres, recopie les multiples de 2, puis ceux de 5, puis ceux de 10.**
5 ; 20 ; 25 ; 40 ; 26 ; 38 ; 45 ; 50
Quels sont les nombres que tu retrouves dans les trois listes ?

19 **Quel nombre est un multiple de 5 ?**
a. 75 b. 474 c. 37

20 **Quel nombre est un multiple de 10 ?**
a. 11 b. 50 c. 101.

21 **Quel nombre est un multiple de 20 ?**
a. 14 b. 40 c. 85

Les fractions et les nombres décimaux

BILAN

Les fractions

Nommer les fractions simples

1 **Écris ces fractions en chiffres, puis entoure leur numérateur.**

a. un demi
b. trois demis
c. un quart
d. deux tiers
e. trois huitièmes
f. cinq tiers

2 **Écris ces fractions en lettres.**

$\frac{1}{4}$; $\frac{2}{3}$; $\frac{3}{4}$; $\frac{5}{6}$

Utiliser les fractions pour mesurer des longueurs

3 **Complète avec des fractions.**

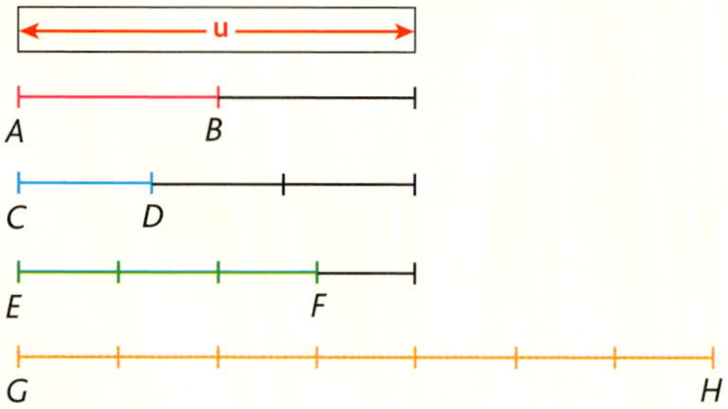

AB = … u
CD = … u
EF = … u
GH = … u

Utiliser les fractions pour mesurer des aires

4 **Voici une bande partagée en parts égales.**

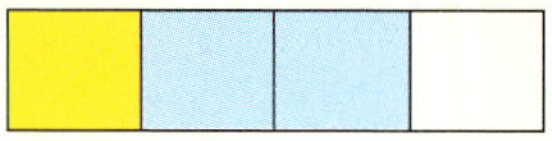

a. Quelle fraction de la bande est coloriée en jaune ?
b. Quelle fraction de la bande est coloriée en bleu ?
c. Quelle fraction de la bande n'est pas coloriée ?

5 **Écris la fraction du disque qui correspond à l'aire de la surface coloriée en rouge, puis en jaune, puis en bleu, puis en rose.**

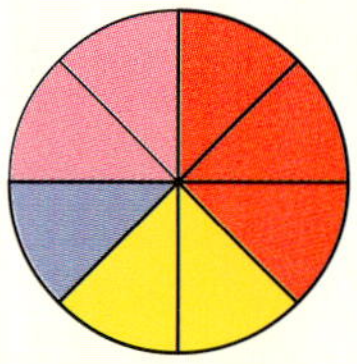

6 **Reproduis ce rectangle.**

a. Colorie $\frac{3}{6}$ de ce rectangle en vert.
b. Quelle fraction de ce rectangle représente la partie non coloriée ?

Nommer les fractions décimales

7 **Écris ces fractions en lettres.**

$\frac{2}{10}$; $\frac{5}{10}$; $\frac{4}{100}$; $\frac{28}{100}$

8 **Écris ces fractions en chiffres.**

a. un dixième
b. trois centièmes
c. vingt dixièmes
d. cinq centièmes

Utiliser les fractions décimales

9 **Voici une bande unité.**

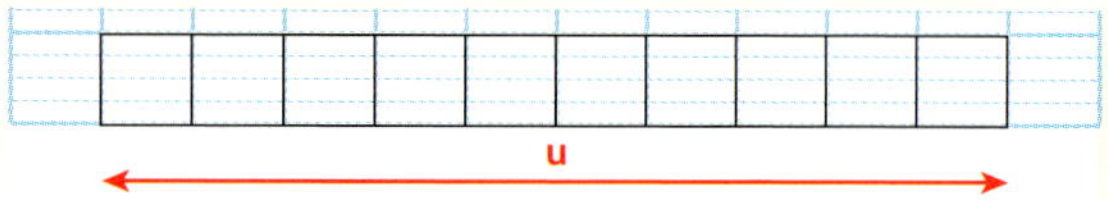

a. Quelle fraction de l'unité représente la longueur d'un carreau ? de 2 carreaux ?
b. Sur ton cahier, place A et B tel que AB = $\frac{3}{10}$ u.

10 **Dans quels cas a-t-on colorié la fraction $\frac{4}{10}$ du disque?**

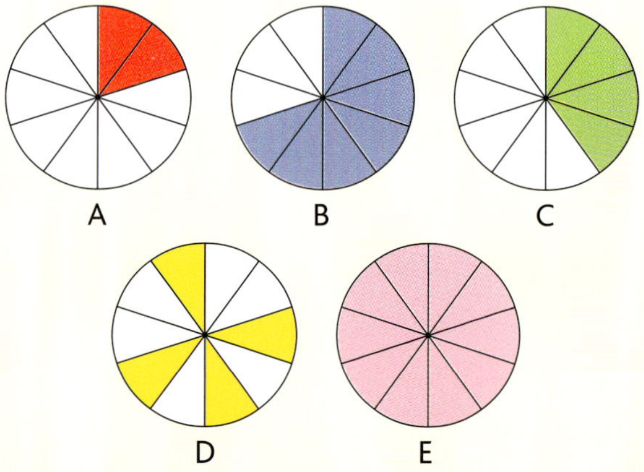

11 Reproduis cette droite graduée et place chaque fraction en face de son repère.

$\frac{3}{10}$; $\frac{7}{10}$; $\frac{8}{10}$; $\frac{10}{10}$; $\frac{11}{10}$

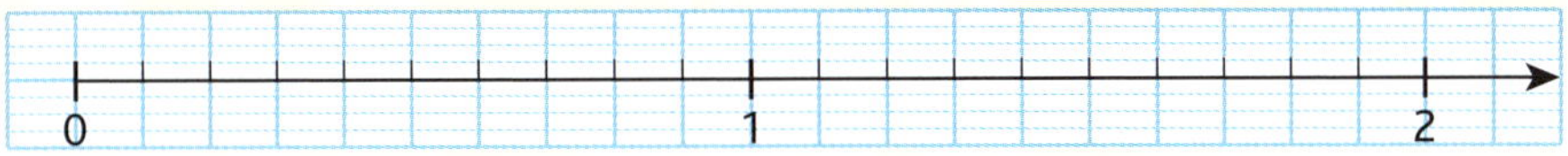

12 Pour chaque lettre, indique la fraction qui correspond.

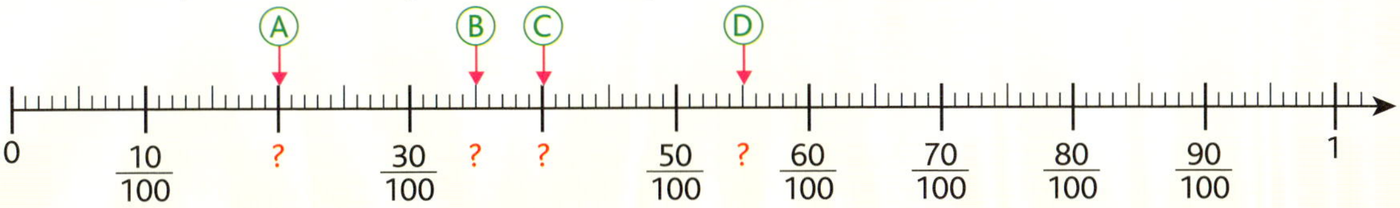

Les nombres décimaux

Lire et écrire les nombres décimaux

13 Écris en lettres.

Exemple :
1,6 → « une unité et six dixièmes »

a. 2,3 ; 4,5 ; 7,8
b. 3,21 ; 1,54 ; 14,56

14 Donne une écriture à virgule.

Exemple :
quinze centièmes → 0,15

a. une unité et cinq dixièmes
b. douze unités et sept dixièmes
c. quinze unités et trente-deux centièmes

Passer d'une écriture fractionnaire à une écriture décimale

15 Donne une écriture à virgule.

$\frac{49}{10}$; $\frac{218}{100}$; $\frac{25}{10}$; $\frac{54}{100}$

16 Quelle fraction est égale au nombre 25,1 ?

$\frac{25}{10}$; $\frac{250}{10}$; $\frac{251}{10}$; $\frac{251}{100}$

Connaître la signification des chiffres

17 Pour chaque nombre, indique la partie entière puis la partie décimale.

18,4 ; 45,23 ; 12,3

18 Que représente le chiffre 8 dans les nombres suivants ?

Exemple : Dans 7,85, 8 est le chiffre des dixièmes.

58,2 ; 81,34 ; 12,68

Décomposer la partie décimale

19 Décompose.

Exemple : $34{,}65 = 34 + \frac{6}{10} + \frac{5}{100}$

15,2 ; 4,23 ; 85,64 ; 23,04

Placer des nombres décimaux sur une droite graduée

20 Associe chaque nombre à la lettre qui convient.

3,3 | 3,1 | 3,8 | 3,2 | 4,2

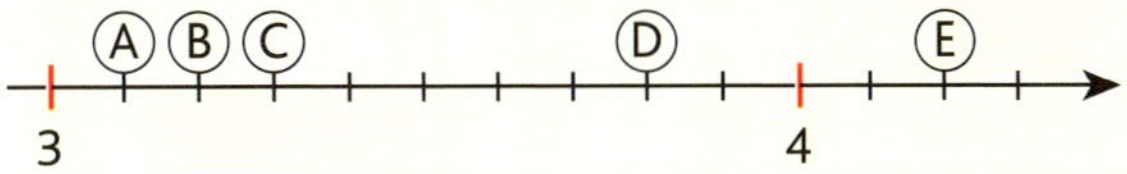

Comparer, ranger

21 Complète avec le signe < ou >.

a. 1,2 … 1,5
b. 10,8 … 10,2
c. 5,23 … 5,2
d. 4,2 … 4,18

22 Range les nombres en ordre croissant.

2 ; 1,5 ; 1,75 ; 2,3 ; 1,32 ; 2,5

23 Range en ordre décroissant.

3,7 ; 2,75 ; 2,31 ; 4 ; 3,2 ; 4,1

Problèmes de synthèse

Notre planète

1 * Que d'eau !

Les fleuves sont des cours d'eau qui se jettent toujours dans la mer ou l'océan. Certains sont si longs qu'ils traversent parfois plusieurs pays. En voici quelques-uns situés dans différentes régions du monde.

Fleuve	Zone géographique	Longueur en km
Amazone	Amérique du Sud	6800
Colorado	Amérique du Nord	2317
Danube	Europe	2857
Gange	Asie	2510
Mékong	Asie	4023
Mississippi	Amérique du Nord	3779
Nil	Afrique	6671
Volga	Europe	3701

a. Quel est le fleuve le plus long ?

b. Range ces longueurs de la plus petite à la plus grande.

c. Écris en lettres la longueur du Danube.

d. Quel fleuve mesure quatre mille vingt-trois kilomètres ?

e. Cite un fleuve plus long que la Volga et plus petit que le Mékong.

2 * Que de place !

Seulement un dixième des terres de notre planète est habité ! Les pays du monde se répartissent de la façon suivante sur cinq continents.

Afrique	Amérique	Asie	Europe	Océanie
53 pays 30 281 812 km²	35 pays 42 189 120 km²	47 pays 43 807 785 km²	44 pays 10 392 855 km²	14 pays 9 008 458 km²

a. Combien y a-t-il de pays en tout dans le monde ?

b. Quel est le continent le plus grand ? Écris sa superficie en chiffres et en lettres.

c. Écris en lettres la superficie de l'Europe.

d. Le continent qui contient le plus de pays est-il le plus grand ?

e. Il existe un 6e continent, l'Antarctique, situé au pôle Sud. Sa superficie est de 14107637 km², mais personne n'y habite car il y fait trop froid pour y vivre. Range les 6 continents dans l'ordre décroissant de leurs superficies.

Devinette

As-tu déjà entendu parler du « vieux continent » et du « nouveau monde » ? Sais-tu ce qu'ils désignent ?

3 ** QUE D'AIR !

L'air est une couche de gaz qui entoure la Terre. On l'appelle l'atmosphère. Elle nous permet de respirer et nous protège des rayons du Soleil. Elle est divisée en quatre parties : la troposphère, la stratosphère, la mésosphère et la thermosphère.

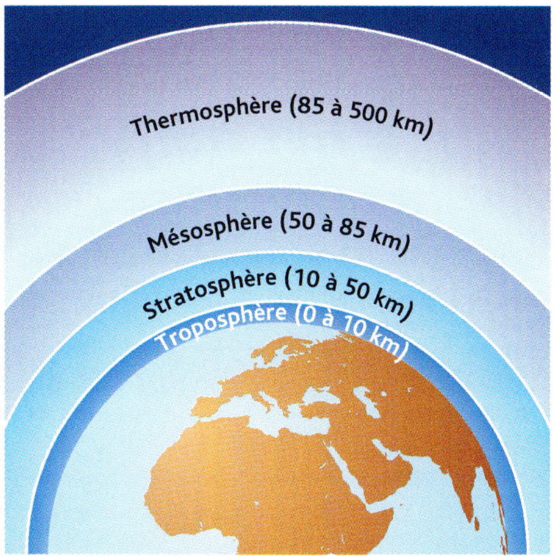

- La **troposphère** se situe entre 0 et 10 km. C'est là que la température est la plus supportable et que l'air est respirable.
- La **stratosphère** se situe entre 10 et 50 km au-dessus de la Terre.
- La **mésosphère** entre 50 et 85 km au-dessus de la Terre.
- La **thermosphère** entre 85 et 500 km au-dessus de la Terre.

a. Comment s'appelle la couche « respirable » ?
b. Quelles sont les deux couches les plus élevées ?
c. Recopie et complète le tableau.

Altitude	Couche	Encadrement
120 km	thermosphère	$85 < 120 < 500$
8 km		
75 km		
42 km		

4 ** QUE DE MONDE !

Les villes sont de plus en plus peuplées : la moitié de l'humanité vit en ville.

Ville	Population (en millions d'habitants)
Pékin	10,8
Tokyo	35,2
Moscou	10,7
Londres	7,5
Mexico	19,4
Paris	8,4

a. Range ces villes de la plus peuplée à la moins peuplée.
b. En 2015, Pékin aura deux millions d'habitants de plus. Quelle sera la population de Pékin en 2015 ? Écris ce nombre en lettres.

5 ** QUE D'ARBRES EN MOINS !

**Plus de cent dix mille km² de forêts disparaissent chaque année dans le monde.
Cela représente un cinquième de la superficie de la France.
La déforestation entraîne la disparition de nombreuses espèces car c'est dans les forêts que vivent les deux tiers des espèces vivantes (animaux et végétaux).**

- En Russie, il y avait 11,7 millions de km² de forêts. Il n'en reste que 8 millions.
- En Asie, il y avait 15,1 millions de km² de forêts ; aujourd'hui il en reste 4,2 millions.

a. Écris en chiffres les nombres surlignés en jaune.
b. Écris en lettres les nombres surlignés en bleu.
c. Où y avait-il le plus de forêts : en Russie ou en Asie ? Où en reste-t-il le moins ?

TeST

Voici les réponses des exercices **TeST** de la partie « Nombres ».

Page 25
1. B
2. C

Page 27
1. C
2. B

Page 29
1. C
2. B

Page 31
1. B
2. C
3. B

Page 33
1. B
2. B
3. C

Page 35
1. C
2. B

Page 37
1. A
2. C

Page 39
1. A
2. B

Page 41
1. A
2. B

Page 43
1. A
2. C
3. C

Page 45
1. C
2. C

Page 47
1. C
2. C

Page 49
1. B
2. A

Calcul

L'addition de nombres entiers

EXERCICES SUPPLÉMENTAIRES

POUR DÉMARRER

Voici Yin, un éléphant d'Asie.

Voici Nono, un éléphant d'Afrique.

Yin pèse 4453 kg. Nono pèse 2867 kg de plus que Yin. Combien pèse Nono ?

JE RETIENS

■ Trouver l'ordre de grandeur d'une somme de nombres entiers

Pour vérifier la vraisemblance d'un résultat, je calcule un **ordre de grandeur** :
je remplace chaque nombre par la dizaine, la centaine ou le millier le plus proche.

Exemple :

2 696 + 837 + 28 → Je remplace 2 696 par 3000 ; 837 par 800 et 28 par 30.

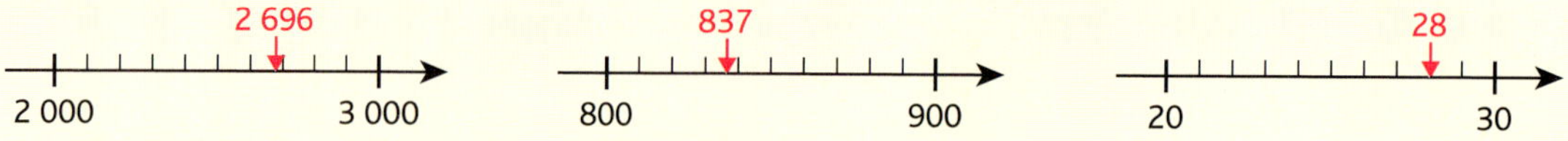

Un ordre de grandeur de 2696 + 837 + 28 est 3000 + 800 + 30 = 3830.

■ Additionner en colonnes des nombres entiers

Pour calculer la somme de deux nombres,
je pose une addition en colonnes.
Je place le chiffre des unités sous les unités,
des dizaines sous les dizaines, etc.
Je n'oublie pas les **retenues**.

	m	c	d	u
	1	1	2	
	2	6	9	6
+		8	3	7
+			2	8
	3	5	6	1

JE M'EXERCE À MON RYTHME

■ Trouver l'ordre de grandeur d'une somme

1 **Calcule de tête.**

a. * 100 + 1000 + 20
50 + 800 + 4000
800 + 20000 + 7000 + 20

b. ** 100 000 + 9 + 400 + 80
500000 + 70000 + 90 + 7
500 + 500000 + 8000 + 1

2 **Trouve un ordre de grandeur.**

a. *
59 + 32
67 + 19
126 + 79
362 + 39
1467 + 2761

b. **
564 + 98 + 31
789 + 34 + 17
1895 + 3675 + 578
21456 + 7658 + 895
36251 + 982 + 101

Additionner en colonnes

3 Pose et effectue les additions.

a. *

279 + 178
1035 + 658
4352 + 1209
75627 + 876

b. **

108 + 624 + 32
12 + 453 + 786
98 + 342 + 8956
541127 + 673 + 9834

4 Recopie et complète.

```
   5 6 . 8
 +   . 2 4
 ---------
   . 2 1 .
```

```
     3 . 5
 +   5 6 .
 ---------
     . 3 4
```

TEST

5 Pour chaque exercice, choisis la réponse A, B ou C qui convient.
Vérifie tes réponses page 90.

	A	B	C
1. L'ordre de grandeur de 47786 + 983 est...	40000	51000	60000
2. Quelle addition est posée correctement ?	763 + 1954	763 + 1954	763 + 1954

Je résous des problèmes

Dans les problèmes suivants, tu peux vérifier tes résultats avec une calculatrice.

6 * Aurélien est né en 1984. En quelle année a-t-il eu 26 ans ?
Natacha est née en 1991. En quelle année a-t-elle eu 19 ans ?
Serge est né en 1954. En quelle année a-t-il eu 56 ans ?
Et toi, quel âge avais-tu cette année-là ?

7 * Joe, le chauffeur de taxi, a effectué 1245 km la première semaine, 1515 km la deuxième, 1078 km la troisième et 1467 km la quatrième semaine.

a. A-t-il parcouru plus de 10000 km en un mois ? Réponds sans poser d'opération.
b. Calcule la distance parcourue par le chauffeur de taxi en un mois.

8 ** Diego a acheté un ballon de foot à 27 € et un tee-shirt à 13 €.
Il lui reste 45 € dans son porte-monnaie.
Quelle somme avait-il avant de faire ses achats ?

9 ** Voici le nombre de personnes inscrites dans différents clubs sportifs français en 2009 et 2010.

Sport	2009	2010
Football	2162349	2143688
Basket-ball	448144	451781
Hand-ball	364429	350079
Rugby	240495	252523
Volley-ball	101870	101037

a. Combien de personnes en tout pratiquaient un sport de ballon en 2009 ?
b. Combien de personnes en tout pratiquaient un sport de ballon en 2010 ?
c. Compare ces deux résultats et trouve en quelle année il y avait le plus d'inscrits.

Tout dans la tête

Lou met la table. Ses quatre frères, sa sœur, son père et sa mère déjeuneront avec elle. Combien doit-elle mettre de fourchettes, de verres et de couteaux ?

Question Express

Quelle est la différence entre les mots « addition » et « somme » ?

La soustraction de nombres entiers

EXERCICES SUPPLÉMENTAIRES

Pour démarrer

Voici les diamètres en km de quelques planètes du système solaire :

a. Calcule l'écart entre le diamètre de Mercure et celui de Pluton.

b. Calcule l'écart entre le diamètre de la Terre et celui d'Uranus.

Je retiens

■ Trouver l'ordre de grandeur d'une différence de nombres entiers

Je remplace chaque nombre par la dizaine, la centaine, le millier le plus proche.

Exemple : 6678 – 479 → je remplace 6678 par 7000 et 479 par 500.

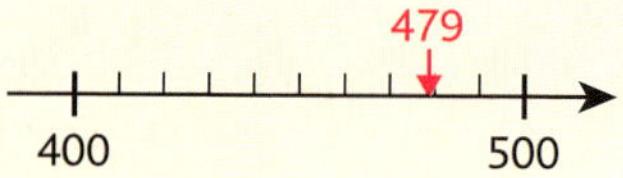

Un ordre de grandeur de 6678 – 479 est 7000 – 500 = 6500.

■ Soustraire en colonnes des nombres entiers

- Calculer l'écart entre deux nombres, c'est calculer **la différence entre le plus grand et le plus petit.**
  Exemple : L'écart entre 479 et 6 678, c'est 6 678 – 479.
- Pour calculer la différence entre deux nombres, je pose une soustraction en colonnes. Je place le chiffre des unités sous les unités, des dizaines sous les dizaines, etc. Je n'oublie pas les **retenues**.

	m	c	d	u
	6	6	1 7	1 8
–		4 +1	7 +1	9
	6	1	9	9

Je m'exerce à mon rythme

■ Trouver l'ordre de grandeur

1 Calcule de tête.

a. *
100 – 40
800 – 10
1300 – 500

b. **
4000 – 700
7000 – 70
60000 – 5000

2 Trouve un ordre de grandeur.

a. *
78 – 56
132 – 92
346 – 167

b. **
4397 – 432
7123 – 1786
57432 – 19034

Soustraire en colonnes

3 Pose et effectue les soustractions.

a. *

672 – 456
948 – 283
724 – 276

b. **

1 098 – 456
34 056 – 1 896
28 967 – 5 643

4 Écris la soustraction qui correspond à l'écart entre les deux nombres, puis calcule.

a. *

87 et 64
109 et 87
78 et 67

b. **

1 989 et 508
4 567 et 8 975
564 et 1 387

TEST

5 Pour chaque exercice, choisis la réponse A, B ou C qui convient.

Vérifie tes réponses page 90.

	A	B	C
1. Le résultat de 678 – 259, c'est…	419	409	309
2. Quelle soustraction est posée correctement ?	504 – 1678	1678 – 504	1678 – 504

Je résous des problèmes

Dans les problèmes suivants, tu peux vérifier tes résultats avec une calculatrice.

6 * Nino mesure 149 cm.
Jean mesure 35 cm de moins que Nino.
Combien mesure Jean ?

7 * Rachel mesure 178 cm.
Anouk mesure 125 cm.
Quel est l'écart entre ces deux tailles ?

8 * Il existe 1 000 espèces différentes de mille-pattes. Le mille-pattes qui a le plus de pattes en possède 752.
Combien lui en manque-t-il pour en avoir mille ?

9 * En arrivant à l'école, José avait 78 billes.
À la récré du matin, il en a perdu 8.
Après la cantine, il en a gagné 12, puis encore 9 à la récré de l'après-midi.
Avec combien de billes est-il reparti chez lui ?

10 ** a. Le croissant a été inventé à Vienne en 1683.
Depuis combien d'années existe-t-il ?

b. En 2010, le chewing-gum a fêté ses 141 ans.
En quelle année a-t-il été inventé ?
Quel âge a-t-il aujourd'hui ?

11 ** Un menuisier découpe un morceau dans une planche de 225 cm de long.
Maintenant, la planche ne mesure plus que 183 cm de long.
Quelle est la longueur de la partie découpée ?

Tout dans la tête

Dans la classe de Laura, il y a 28 élèves, dont 15 filles.
15 élèves ne portent pas de jupe.
Combien de filles ne portent pas de jupe ?
Attention, aucun garçon n'est en jupe !

Question Express

Que peut-on dire de deux nombres dont la différence est nulle ?

La multiplication de nombres entiers (1)

EXERCICES SUPPLÉMENTAIRE

POUR DÉMARRER

a. Combien de carreaux ce carrelage contient-il en tout ?
Complète : 3 × 8 = …

b. Dessine sur ton cahier 4 quadrillages rectangulaires ayant le même nombre de carreaux que celui-ci. Écris les produits correspondants.

JE RETIENS

Connaître le sens de la multiplication

Quand j'ajoute plusieurs fois le même nombre, j'effectue une **multiplication**.
Exemple : Ce quadrillage comporte 20 carreaux.
Chaque ligne contient 5 carreaux. Il y a 4 lignes.
Je compte : 5 + 5 + 5 + 5 = 5 × 4
Chaque colonne contient 4 carreaux. Il y a 5 colonnes.
Je compte : 4 + 4 + 4 + 4 + 4 = 4 × 5.
5 × 4 = 4 × 5 = 20
20 est le **produit** de 4 par 5.

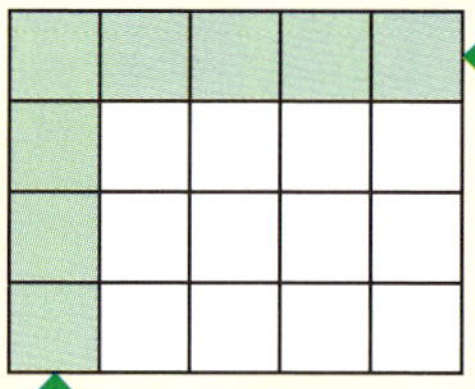

5 carreaux

4 carreaux

Multiplier par un nombre à un chiffre

- J'utilise les **résultats des tables de multiplication**.
- Je calcule en ligne : 253 × 6 = (200 + 50 + 3) × 6 = 1 200 + 300 + 18 = 1 518
- Je pose la multiplication :

	c	d	u	
	2	5	3	~~1~~ ~~3~~
×			6	
1	5	1	8	

Je multiplie d'abord les **unités** → **3** × 6 = 18.
Je pose 8 et je retiens 1 dizaine.
Puis les **dizaines** → **5** × 6 = 30. 30 + 1 = 31.
Je pose 1 et je retiens 3 centaines.
Puis les **centaines** → **2** × 6 = 12. 12 + 3 = 15. J'écris 15.

JE M'EXERCE À MON RYTHME

Connaître le sens de la multiplication

1 **Retrouve les additions correspondant aux produits, comme dans l'exemple.**
Exemple : 78 × 2 = 78 + 78

a. * 56 × 3 — 99 × 7 — 108 × 5

b. ** 45 × 9 — 1 167 × 3 — 800 × 7

2 **Écris les additions et les produits correspondants pour chaque dessin.**

a. *

b. **

Multiplier par un nombre à un chiffre

3 **Effectue les multiplications en ligne.**

a. (*) 42 × 3 ; 31 × 5 ; 14 × 6 ; 23 × 4

b. (**) 101 × 2 ; 75 × 4 ; 35 × 5 ; 182 × 6

4 **Pose et effectue les multiplications.**

a. (*) 25 × 6 ; 18 × 3 ; 76 × 4 ; 123 × 5

b. (**) 46 × 9 ; 104 × 7 ; 1 457 × 6 ; 2 908 × 8 ; 5 143 × 9

TeST

5 **Pour chaque exercice, choisis la réponse A, B ou C qui convient.**

Vérifie tes réponses page 90.

	A	B	C
1. 34 + 34 + 34 + 34, c'est…	34 × 34	34 × 4	34 × 5
2. Pose et effectue 56 × 7. Quel est le bon résultat ?	382	392	492

Je résous des problèmes

Dans les problèmes suivants, tu peux vérifier tes résultats avec une calculatrice.

6 (*) Un maître a acheté pour sa classe de CM1 28 livres de lecture.
Chaque livre coûte 9 €.
Quel est le montant de sa dépense ?

7 (*) Peut-on obtenir 100 € uniquement avec des pièces de 2 € ? Et uniquement avec des billets de 5 € ? de 10 € ? de 50 € ?
Combien en faudra-t-il de chaque ?

8 (*) Pour faire une brochette, Yves met 6 morceaux de viande et 3 morceaux de tomate.
Combien de morceaux de viande et de morceaux de tomates doit-il préparer s'il veut faire 18 brochettes ?

9 (*) Une allumette mesure environ 5 cm.
Quelle est la longueur d'une série de 25 allumettes mises bout à bout ?

10 (**) Jack le pirate a volé 35 diamants et des pièces d'or. Il a volé trois fois plus de pièces d'or que de diamants.
Une pièce d'or vaut 5 €. Un diamant vaut deux fois plus qu'une pièce d'or.
Quel est le montant de son butin en euros ?

11 (**) Jusqu'à l'âge de 6 mois, un bébé agite ses paupières environ 3 fois par minute.
Combien de fois un bébé remue-t-il ses paupières en une heure ?
Un adulte agite ses paupières en moyenne 5 fois plus souvent qu'un bébé.
Combien de fois un adulte remue-t-il ses paupières en une heure ?
Rappel : une heure = 60 minutes

Tout dans la tête

a. **Calcule le plus rapidement possible.**
34 × 7 ; 52 × 3 ; 45 × 6 ; 98 × 5

b. **Complète.**
… × 6 = 48 ; 9 × … = 54
… × 4 = 24 ; … × 12 = 72

Question Express

À quel produit correspond trois fois rien ?

La multiplication de nombres entiers (2)

EXERCICES SUPPLÉMENTAIRE

POUR DÉMARRER

Le directeur d'un club de VTT achète :
– 5 nouveaux vélos à 125 € ;
– 25 casques à 15 €.
Calcule le montant de sa dépense en euros.

Je retiens

Multiplier par 10, 20, 30… Multiplier par 100, 200, 300…

8 × **10**, c'est 8 **dizaines**. C'est 8**0**.
8 × **100**, c'est 8 **centaines**. C'est 8**00**.

8 × **20**, c'est 8 × 2 × 10, c'est 16**0**.
8 × **200**, c'est 8 × 2 × 100, c'est 16**00**.

- Multiplier par **10**, **100**… c'est écrire **un zéro, deux zéros** à droite du nombre entier, car chaque chiffre devient 10 fois, 100 fois plus grand.
- Multiplier par 20, 200… c'est multiplier par 2, puis par 10, 100…

Trouver l'ordre de grandeur d'un produit

Je remplace chaque nombre par **la dizaine, la centaine ou le millier le plus proche.**

Exemple :
278 × 28
➜ Je remplace 278 par 300 et 28 par 30.
Un ordre de grandeur de 278 × 28 est
300 × 30 = 9 000.

Multiplier par un nombre à deux chiffres

Exemple : 278 × 28
On utilise 28 = 20 + 8.

m	c	d	u		
	2	7	8	~~6~~ ~~6~~	
×		2	8	~~1~~ ~~1~~	
2	2	2	4	←	278 × 8
5	5	6	**0**	←	278 × 2**0**
7	7	8	4		

Je m'exerce à mon rythme

Multiplier par 10, 20, 30… Multiplier par 100, 200, 300…

1 Calcule de tête.

a. *
6 × 10
6 × 20
15 × 30
23 × 10
15 × 100
52 × 20

b. **
104 × 10
45 × 20
40 × 300
31 × 200
32 × 50
52 × 200

2 Recopie et complète.

a. *
… × 20 = 400
23 × … = 230
… × 100 = 3 400
567 × … = 56 700
… × 30 = 90

b. **
… × 300 = 15 000
789 × … = 7 890
… × 200 = 4 400
480 × … = 48 000

Trouver l'ordre de grandeur d'un produit

3 Sans poser d'opération, trouve le nombre le plus proche du résultat. Puis effectue la multiplication avec une calculatrice.

a. * 19 × 21 → 4 000 | 400 | 40
b. * 49 × 9 → 500 | 600 | 200
c. * 108 × 39 → 400 | 4 000 | 40 000
d. ** 88 × 999 → 90 000 | 50 000 | 9 000
e. ** 303 × 62 → 18 000 | 20 000 | 1 800
f. ** 8 975 × 58 → 400 000 | 540 000

4 Trouve un ordre de grandeur pour chaque produit.

a. * 32 × 12 ; 69 × 22 ; 98 × 34 ; 586 × 9
b. ** 208 × 29 ; 97 × 19 ; 1 243 × 12

Multiplier par un nombre à deux chiffres

5 Pose et effectue les multiplications.

a. * 25 × 12 ; 54 × 23 ; 67 × 45 ; 92 × 38
b. ** 123 × 34 ; 865 × 32 ; 905 × 25

TEST

6 Pour chaque exercice, choisis la réponse A, B ou C qui convient.
Vérifie tes réponses page 90.

	A	B	C
1. Pose et effectue 128 × 15. Quel est le bon résultat ?	192 000	19 200	1 920
2. 35 × 200, c'est...	7 000	35 200	700

Je résous des problèmes

Dans les problèmes suivants, tu peux vérifier tes résultats avec une calculatrice.

7 * La piscine fait 25 m de long.
a. Si un nageur fait 4 longueurs, quelle distance parcourt-il ? Et s'il fait 6 longueurs ?
b. Combien devra-t-il faire de longueurs pour parcourir 250 m ? 500 m ?

8 * Yann le berger a 40 vaches dans son troupeau.
Une vache fournit en moyenne 24 litres de lait par jour.
Combien son troupeau produit-il de litres de lait par jour ? Et par semaine ?

9 ** 35 × 7 = 245
Déduis-en, sans poser les multiplications, le résultat des calculs suivants.
a. 35 × 70
b. 350 × 70
c. 350 × 7
d. 35 × 700

10 ** Un pilote doit effectuer 23 tours d'un circuit de 83 km. Quelle distance va-t-il parcourir ?

Tout dans la tête

Complète.

a. 20 × ... = 40
30 × ... = 60
100 × ... = 300

b. 100 × ... = 900
10 × ... = 400
180 × ... = 18 000

Question Express

Tu as 10 €. Si on te propose 5 € de plus ou 5 fois plus d'euros, que choisis-tu ?

La division de nombres entiers (1)

EXERCICES SUPPLÉMENTAIRES

POUR DÉMARRER

Lors d'un tournoi de basket-ball, un t-shirt est remis à chaque participant.
Les t-shirts sont livrés par paquets de 8.

a. L'année dernière, il y avait 165 participants.
Les organisateurs avaient commandé 21 paquets de t-shirts.
Combien de t-shirts restaient-ils en trop ?

b. Cette année, ils ont commandé 18 paquets.
Il reste 5 t-shirts. Combien y a-t-il de participants ?

Je retiens

Encadrer un nombre entier entre deux multiples consécutifs

Je peux encadrer un nombre par deux multiples consécutifs.

Exemple : Pour encadrer 32 entre deux multiples de 5, je cherche les multiples de 5 les plus proches de 32.

$6 \times 5 = \mathbf{30}$
$7 \times 5 = \mathbf{35}$ → **32**

$\mathbf{30} < \mathbf{32} < \mathbf{35}$
$\mathbf{6 \times 5} < \mathbf{32} < \mathbf{7 \times 5}$

Calculer en ligne le quotient et le reste d'une division

- Quand je divise 32 par 5, je cherche **combien de fois 5 est contenu dans 32 et ce qu'il reste.**

  $32 = 6 \times 5 + 2$

  6 est le **quotient** et 2 est le **reste**. 5 est le **diviseur**.
  $2 < 5$ → **Le reste est toujours inférieur au diviseur.**

- Si le reste est **nul**, on dit que la division « tombe juste » et que le quotient est **exact**.
  $35 = 7 \times 5$ → $35 : 5 = 7$ ou $35 : 7 = 5$
  Le symbole « : » ne s'utilise que pour des quotients exacts.

Je m'exerce à mon rythme

Encadrer un nombre entier entre deux multiples consécutifs

1 **Recopie et complète les tables et les encadrements.**

a. *

$5 \times 4 = 20$
$5 \times 5 = 25$ → $5 \times 4 < 21 < 5 \times ...$
$5 \times 6 = ...$
$5 \times 7 = ...$
$5 \times 8 = ...$ → $5 \times ... < 39 < 5 \times ...$

b. **

$8 \times 5 = 40$
$8 \times 6 = 48$
$8 \times 7 = 56$ → $8 \times ... < 51 < 8 \times 7$
$8 \times 8 = ...$
$8 \times 9 = ...$ → $8 \times ... < 71 < 8 \times ...$

2 **Encadre chaque nombre entre deux multiples consécutifs de 5 et de 8, comme dans les exemples.**

Exemple : $\mathbf{5} \times 4 < 22 < \mathbf{5} \times 5$

a. * 23 ; 27 ; 34 ; 37 ; 41

b. ** 53 ; 57 ; 74 ; 91 ; 101

Exemple : $\mathbf{8} \times 6 < 52 < \mathbf{8} \times 7$

c. * 54 ; 58 ; 61 ; 74 ; 84

d. ** 161 ; 164 ; 169 ; 175 ; 180

Tu peux utiliser les résultats de l'exercice précédent pour t'aider.

Calculer en ligne le quotient et le reste d'une division

3 Recopie et complète les produits. Déduis-en les quotients exacts.

a. * … × 5 = 20 → 20 : 5 = …
… × 4 = 24 → 24 : 4 = …

b. ** … × 4 = 100 → 100 : 4 = …
9 × … = 81 → 81 : 9 = …

4 Recopie et complète les tableaux.

a. *

Encadrements	Divisions par 5	Quotient	Reste
5 × 4 < 22 < 5 × 5	22 = (5 × 4) + 2	4	2
… < 27 < …	27 = (5 × …) + …	…	…
… < 34 < …	34 = (5 × …) + …	…	…

b. **

Encadrements	Divisions par 8	Quotient	Reste
8 × 6 < 51 < 8 × 7	51 = (8 × 6) + 3	6	3
… < 84 < …	…	…	…
… < 161 < …	…	…	…

TEST **5** Pour chaque exercice, choisis la réponse A, B ou C qui convient.
Vérifie tes réponses page 90.

	A	B	C
1. Encadre 29 entre deux multiples consécutifs de 5.	5 × 4 < 29 < 5 × 5	5 × 5 < 29 < 5 × 6	5 × 4 < 29 < 5 × 7
2. Dans la division de 29 par 5…	quotient → 5 reste → 0	quotient → 6 reste → 1	quotient → 5 reste → 4

Je résous des problèmes

Dans les problèmes suivants, tu peux vérifier tes résultats avec une calculatrice.

* **6** Un vautour est trois fois plus rapide qu'un épervier. Sa vitesse peut atteindre 120 km/h.
Quelle est la vitesse de l'épervier ?
Le lion est deux fois plus rapide que l'épervier.
Quelle est la vitesse du lion ?

* **7** Peut-on partager un segment de 32 cm en 8 morceaux identiques ?
Quelle sera la longueur de chaque partie ?

** **8** À la cantine, il y a 15 tables de 6 places.
a. Le lundi, 12 tables sont remplies. 3 enfants déjeunent sur une treizième table. Combien d'enfants restent à la cantine ce jour-là ?
b. Le mardi, 82 enfants restent à la cantine.
Combien de tables sont remplies ?
Combien d'enfants déjeunent sur la table non remplie ?

Tout dans la tête

Calcule.

a.	b.	c.
20 : 2	30 : 3	40 : 4
30 : 2	60 : 3	32 : 4
50 : 2	15 : 3	44 : 4

Question Express

Deux de moins, est-ce moins que deux fois moins ?

La division de nombres entiers (2)

EXERCICES SUPPLÉMENTAIRE

Pour démarrer

a. Comment partager équitablement 135 cartes entre 3 joueurs ? 5 joueurs ? 6 joueurs ? Combien de cartes recevra chaque joueur dans chaque cas ? Restera-t-il des cartes en trop ?

b. 90 cartes ont été partagées équitablement.
Chacun en a reçu 10.
Entre combien de personnes a été effectué le partage ?
Aide : un partage est équitable lorsque toutes les parts sont identiques.

Je retiens

■ Prévoir le nombre de chiffres au quotient d'une division

Exemple : Je cherche le nombre de chiffres du quotient de 275 divisé par 4.

$4 \times \underline{10} < 275 < 4 \times 100$

➜ Le quotient sera compris entre 10 et 100. Le quotient aura **2 chiffres**.

■ Effectuer une division posée avec un diviseur à un chiffre

1. Je divise les **centaines** : impossible car $2 < 4$.
   Je transforme 2 centaines en 20 dizaines.
2. Je divise les **dizaines** : il y a $20 + 7$ dizaines en tout.
   En 27 combien de fois 4 ?
   $4 \times \mathbf{6} = 24$ ➜ j'écris **6** dizaines au quotient.
   $27 - 24 = 3$. Il reste 3 dizaines, soit 30 unités.
3. Je divise les **unités** : j'abaisse le 5. Il y a 35 unités en tout.
   En 35 combien de fois 4 ?
   $4 \times \mathbf{8} = 32$ ➜ j'écris **8** au quotient.
   $35 - 32 = 3$. Il reste **3**.

```
dividende
   c  d  u
   2  7  5 | 4   ← diviseur
 − 2  4    |------
 ---------   6  8  ← quotient
      3  5   d  u
    − 3  2
    ------
reste → 3
```

$275 = (4 \times 68) + 3$ ➜ Dans la division de 275 par 4, le quotient est 68 et le reste est 3.

Calcul

Je m'exerce à mon rythme

■ Trouver le nombre de chiffres du quotient

1 **Trouve le nombre de chiffres du quotient de chaque division.**
Écris une phrase, comme dans l'exemple.

Exemple : Dans la division de 123 par 7 :
$7 \times \underline{10} < 123 < 7 \times 100$
➜ Le quotient est compris entre 10 et 100.
Le quotient aura deux chiffres.

a. *
51 divisé par 5
243 divisé par 4
63 divisé par 8

b. **
56 divisé par 10
567 divisé par 9
654 divisé par 8

2 **Dans chaque cas, trouve le seul quotient possible. Explique pourquoi.**

a. *
75 divisé par 4 ➜ 18 180 1 800
145 divisé par 2 ➜ 720 72 7

b. **
689 divisé par 7 ➜ 98 980 396
656 divisé par 8 ➜ 28 182 882
263 divisé par 4 ➜ 65 560 164

Effectuer une division posée

3 Recopie et complète les égalités correspondant à chaque division.

a. *

d	u	
2	9	4
− 2	8	7
	1	

29 = (4 × …) + …

b. **

c	d	u	
2	9	7	8
− 2	4		3 7
	5	7	
	− 5	6	
		1	

297 = (… × …) + …

4 Recopie et complète les divisions.

a. *

d	u	
7	1	4
− 4		1 .
3	1	d u
− .	.	
	.	

b. **

7	0	8	8
− .	.		. .
	.	.	
	− .	.	
		.	

5 Pose et effectue chaque division.

a. * 245 par 3 ; 128 par 5 ; 232 par 4

b. ** 678 par 7 ; 479 par 9 ; 286 par 4

TEST

6 **Pour chaque exercice, choisis la réponse A, B ou C qui convient.**

Vérifie tes réponses page 90.

	A	B	C
1. Le quotient de 47 divisé par 3 est…	3	2	15
2. Si je divise 87 par 5, le quotient aura…	1 chiffre	2 chiffres	3 chiffres

Je résous des problèmes

Dans les problèmes suivants, tu peux vérifier tes résultats avec une calculatrice.

7 * a. Dans un zoo, il y a 8 éléphants. Joe ramasse chaque jour 70 litres de crottes par éléphant ! Quelle quantité de crottes est ramassée chaque jour ?

b. Chaque jour, on distribue en tout 40 kg de carottes aux éléphants. Tous les éléphants reçoivent la même ration. Combien chaque éléphant consomme-t-il de kilos de carottes par jour ?

8 * Maïko a 154 perles. Combien peut-elle faire de bracelets de 8 perles ? Restera-t-il des perles ? Combien lui en manque-t-il pour faire un autre bracelet ?

9 ** Avant la Révolution française, on utilisait le pas ou le pied pour mesurer les longueurs.
1 pas valait 3 pieds.
Combien de pas devait parcourir un fermier pour aller au puits situé à 36 pieds de sa maison ?

10 ** M. Laitue veut planter 196 salades.
Il voudrait les aligner en plusieurs rangées.

a. Est-ce que 6 rangées suffisent s'il veut mettre le même nombre de salades par rangées ?

b. Combien y aura-t-il de salades dans la septième rangée ?

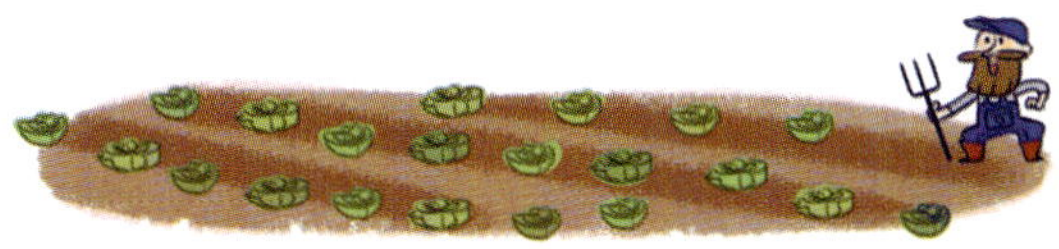

Tout dans la tête

a. Dans la division de 76 par 5, trouve la seule égalité possible :
76 = 5 × 10 + 26 5 × 15 + 2 15 × 5 + 1

b. Dans la division de 765 par 8, élimine les restes impossibles : 11 ; 9 ; 5 ; 10 ; 8

Question Express

Cette façon de poser une division en colonnes s'appelle « poser une potence ». À ton avis, pourquoi ?

La division de nombres entiers (3)

EXERCICES SUPPLÉMENTAIRES

POUR DÉMARRER

Edgar range sa collection de timbres. Il en a 620.
Dans son album, il peut ranger 15 timbres par page.

a. Combien de pages pourra-t-il remplir ?

b. Combien de timbres mettra-t-il sur la dernière page ?

c. Combien de timbres pourra-t-il ranger en tout dans son album sachant qu'il a 50 pages ?

Je retiens

Prévoir le nombre de chiffres au quotient d'une division

Exemple : Je cherche le nombre de chiffres du quotient de 5 425 divisé par 12.

$12 \times \underline{100} < 5\,425 < 12 \times 1\,000$

➜ Le quotient sera compris entre 100 et 1 000. Le quotient aura **3 chiffres**.

Effectuer une division posée avec un diviseur à deux chiffres

1. Je divise les **milliers** : impossible car $5 < 12$.
   Je transforme 5 milliers en 50 centaines.
2. Je divise les **centaines** : il y a 50 + 4 centaines en tout.
   En 54 combien de fois 12 ?
   $12 \times \mathbf{4} = 48$ ➜ j'écris **4** centaines au quotient.
   $54 - 48 = 6$. Il reste 6 centaines, soit 60 dizaines.
3. Je divise les **dizaines** : j'abaisse le 2. Il y a 60 + 2 dizaines en tout.
   En 62 combien de fois 12 ?
   $12 \times \mathbf{5} = 60$ ➜ j'écris **5** dizaines au quotient.
   $62 - 60 = 2$. Il reste 2 dizaines, soit 20 unités.
4. Je divise les **unités** : j'abaisse le 5. Il y a 20 + 5 unités.
   En 25 combien de fois 12 ?
   $12 \times \mathbf{2} = 24$ ➜ j'écris **2** au quotient.
   $25 - 24 = 1$. Il reste 1.

m	c	d	u	diviseur : 12
5	4	2	5	1 2
− 4	8	↓		4 5 2 (c d u) quotient
	6	2		
	− 6	0		
		2	5	
		− 2	4	
reste ➜			1	

$5\,425 = 12 \times 452 + 1$

Le quotient est 452 et le reste est 1 ($1 < 12$).

Je m'exerce à mon rythme

Trouver le nombre de chiffres du quotient

1 **Trouve le nombre de chiffres du quotient de chaque division. Écris une phrase, comme dans l'exemple.**

Exemple : 2 341 divisé par 15

➜ $15 \times \underline{100} < 2\,341 < 15 \times 1\,000$

➜ Le quotient aura trois chiffres.

a. * 51 par 15 ; 363 par 18 ; 8 632 par 14

b. ** 645 par 25 ; 7 876 par 32

2 **Dans chaque cas, trouve le seul quotient possible. Explique pourquoi.**

a. * 1 250 divisé par 25 ➜ 5 50 500

b. * 278 divisé par 15 ➜ 18 180 8

c. ** 134 par 36 ➜ 30 3 300

d. ** 2 675 par 79 ➜ 3 33 330

■ Effectuer une division posée

3 **Recopie et complète les divisions.**
Aide-toi des produits encadrés.

a. *

```
 c d u
 7 6 5 | 1 5
– . .  |------
-----  | 5 .
   . . | d u
 – . . |
 ----- |
     . |
```

15 × 3 = 45
15 × 4 = 60
15 × 5 = 75
15 × 6 = 90

b. **

```
 m c d u
 5 7 3 7 | 3 5
– 3 5    |------
-----    | 1 6 .
   2 2 3 | c d u
 – . . . |
 ------- |
     . . . |
   – . . . |
   ------- |
       . . |
```

35 × 2 = 70
35 × 3 = 105
35 × 4 = 140
35 × 5 = 175
35 × 6 = 210
35 × 7 = 245

4 **Pose et effectue chaque division.**

a. * 518 divisé par 12 ; 765 divisé par 35 ; 916 divisé par 15

b. ** 619 divisé par 18 ; 1 385 divisé par 11 ; 4 767 divisé par 20

TEST

5 **Pour chaque exercice, choisis la réponse A, B ou C qui convient.**
Vérifie tes réponses page 90.

	A	B	C
1. Le quotient de 4 565 divisé par 13 est…	2	351	4 565
2. Si je divise 87 par 5, le quotient aura…	1 chiffre	2 chiffres	3 chiffres

Je résous des problèmes

Dans les problèmes suivants, tu peux vérifier tes résultats avec une calculatrice.

6 * Les Français consomment en moyenne 160 kg de chocolat dans une vie de 80 ans. Quelle quantité de chocolat consomment-ils en moyenne par an ?

7 * Peut-on obtenir exactement 1 375 € uniquement avec des billets de 20 euros ?
Peut-on obtenir exactement 1 375 € uniquement avec des billets de 5 euros ?

8 * Un chat champion de chasse à la souris a attrapé 29 000 souris en 29 ans. Combien de souris a-t-il attrapées en moyenne par an ?

9 ** Au temps des dinosaures, une libellule mesurait 70 cm, soit 14 fois plus qu'aujourd'hui !
Combien mesure une libellule aujourd'hui ?

Tout dans la tête

Quel sera le plus grand quotient ?

a. 1 786 divisé par 12 ou 1 786 divisé par 25 ?
b. 3 452 divisé par 24 ou 3 452 divisé par 16 ?
c. 8 325 divisé par 88 ou 8 325 divisé par 95 ?

Question Express

Tous les partages sont-ils équitables ?

La calculatrice

EXERCICES SUPPLÉMENTAIRES

POUR DÉMARRER

Observe ta calculatrice.

a. Quels chiffres apparaissent sur les touches ?

b. Quel est le plus grand nombre entier que tu peux afficher ?

c. Quelles touches utilises-tu pour effectuer des opérations ?

JE RETIENS

■ Utiliser les touches opérations de la calculatrice

Les **touches opérations** servent à effectuer ou à vérifier des calculs : + − × ÷ =.
Une calculatrice n'empêche pas les erreurs : je peux me tromper en tapant les chiffres ou le signe de l'opération.
Je dois donc toujours **vérifier que le résultat est possible en calculant de tête un ordre de grandeur**.

■ Connaître quelques fonctionnalités de la calculatrice

Les **touches mémoire** servent à effectuer des calculs comportant des parenthèses.

M+ ajoute à la mémoire le nombre affiché.

M− soustrait de la mémoire le nombre affiché.

MRC affiche le nombre qui est en mémoire.

Exemple : Pour calculer (23 × 7) − (18 × 5), j'effectue chaque calcul entre parenthèses, puis je tape M+ ou M−.

Je tape	2	3	×	7	M+	1	8	×	5	M−	MRC
Je lis	2	23	23	7	161	1	18	18	5	90	71

Pour remettre la mémoire à zéro, je tape deux fois sur MRC.

JE M'EXERCE À MON RYTHME

■ Utiliser les touches opérations de la calculatrice

1 **Effectue ces opérations avec ta calculatrice.
Puis vérifie ton calcul à l'aide d'un ordre de grandeur.**

a. * 1 020 + 354 — 1 457 − 652 — 974 × 87 — 789 × 36 — 7 654 − 362

b. ** 157 + 908 + 543 — 567 × 43 — 875 − 69 − 87 — 9 745 + 369 — 4 165 × 8

■ Connaître quelques fonctionnalités de la calculatrice

2 **Effectue les calculs en utilisant les touches mémoire.**

a. * (13 × 7) + (6 × 12) — (14 + 53) − (31 + 25)

b. * (6 × 15) − (8 × 11) — (45 + 27) − (32 + 28)

c. ** (18 × 27 × 31) − (175 + 25) — (37 + 28) − (15 + 47) + (108 − 35)

3 **Recopie et complète le tableau à l'aide de ta calculatrice. Puis retrouve le calcul correspondant et son résultat, comme dans l'exemple.**

Exemple :

Je tape	4	5	+	6	7	M+	3	4	+	2	3	M–	MRC
Je lis	4	45	45	6	67	112	3	34	34	2	23	57	55

(45 + 67) – (34 + 23) = 112 – 57 = 55

a. *

Je tape	1	2	3	+	4	M+	4	+	9	8	M–	MRC
Je lis												

b. **

Je tape	5	2	×	2	M+	3	×	1	8	M–	MRC
Je lis											

N'oublie pas d'effacer la mémoire entre deux programmes !

TEST

4 **Pour chaque exercice, choisis la réponse A ou B qui convient.**

Vérifie tes réponses page 90.

	A	B
1. Pour calculer (81 – 13) – (44 + 24), je tape :	81 – 13 M+ 44 + 24 M+ MRC	81 – 13 M+ 44 + 24 M– MRC
2. Calcule 879 × 45 × 12.	474 660	47 466

Je résous des problèmes

5 * Dans un groupe scolaire de 755 élèves, 129 enfants pratiquent le football, 85 la danse, 78 divers autres sports.

Combien d'élèves ne font pas de sport ?

a. Écris les calculs à faire en ligne. Utilise des parenthèses.

b. Effectue le calcul à l'aide des touches mémoire de ta calculatrice.

6 ** Le 1er janvier, le compteur de la voiture de M. Bielle indique 153 782 km.

Au premier trimestre, il parcourt 525 km, au deuxième 437 km, au troisième 653 km et au quatrième 282 km.

Qu'indiquera le compteur le 31 décembre ?

7 ** M. Clic achète un ordinateur à 600 €.

Il règle en plusieurs fois. Il verse un premier montant de 87 €. Il effectue ensuite 9 versements de 48 €. Quelle somme lui reste-t-il à payer ?

Écris les calculs en ligne puis effectue le calcul avec les touches mémoire de ta calculatrice.

Tout dans la tête

Joue avec ton voisin. L'un calcule de tête, l'autre utilise sa calculatrice.

Le premier qui trouve le résultat a gagné.

a. (5 + 5) × (5 + 5) × (5 + 5)

b. (5 × 5) × (5 × 2) × 100

Question Express

Tape le nombre 713 705 sur ta calculatrice. Retourne-la. Quel mot lis-tu ?

L'addition de nombres décimaux

EXERCICES SUPPLÉMENTAIRES

POUR DÉMARRER

Voici la carte du restaurant *Les Gloutons*.
Lucas prend 1 entrée, 1 plat et 1 dessert.
Adèle prend 1 plat et 1 dessert.
Luisa prend 1 entrée, 1 plat, 1 fromage et 1 dessert.

a. Combien chacun va-t-il payer ?

b. Calcule le montant total de l'addition.

Je retiens

■ Trouver l'ordre de grandeur d'une somme de nombres décimaux

Je remplace chaque nombre décimal par la dizaine ou la centaine entière la plus proche.

Exemple : 12,89 + 38,3 ➜ je remplace 12,89 par 10 et 38,3 par 40.

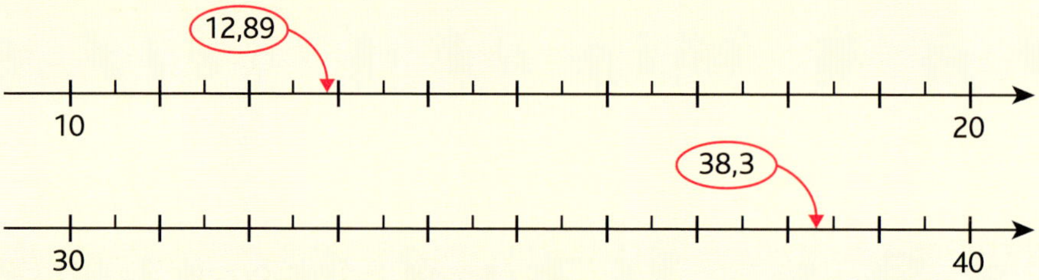

Un ordre de grandeur de 12,89 + 38,3 est 10 + 40 = 50.

■ Additionner en colonnes des nombres décimaux

- J'aligne bien les virgules pour que les chiffres de même rang soient dans la même colonne.
- Je peux écrire zéro dans les rangs des dixièmes ou des centièmes s'ils sont vides.
- Je commence par ajouter les centièmes, puis les dixièmes, puis les unités, etc.
- Je n'oublie pas les retenues.

Exemple : 12,89 + 38,3

	d	u	$\frac{1}{10}$	$\frac{1}{100}$
	1	1		
	1	2,	8	9
+	3	8,	3	0
	5	1,	1	9

Je m'exerce à mon rythme

■ Trouver un ordre de grandeur

1 **Trouve l'ordre de grandeur pour chaque somme, comme dans l'exemple.**

Exemple :
46,82 + 9,5 ➜ 50 + 10 ➜ 60

a. *
6,7 + 13,2
11,77 + 9,1
34,76 + 18,3

b. **
56,78 + 90,17
95,3 + 18,7
342,7 + 100,27

2 **Sans poser d'opération, trouve le nombre le plus proche du résultat, comme dans l'exemple.**

Exemple : 12,3 + 20,9 ➜ 10 + 20 ➜ 30

a. * 9,1 + 11,8 ➜ 10 20 30
b. * 10,2 + 42,3 ➜ 20 30 50
c. ** 75,6 + 10,01 ➜ 90 80 70
d. ** 189,76 + 98,5 ➜ 100 200 300

Additionner en colonnes

3 Recopie et effectue les additions.

a. *

```
  1 6 , 2 1
+ 3 2 , 3 7
  . . , . .
```

```
  4 5 , 6 3
+     8 , 2 4
  . . , . .
```

b. **

```
    3 0 , 7
+ 6 5 , 2 3
  . . , . .
```

```
  2 3 4 , 0 8
+     5 6 , 7
  . . . , . .
```

4 Pose et effectue les additions.

a. * 5,32 + 2,47 21,3 + 0,41

b. ** 345,08 + 5,23 567,9 + 34,06

TEST

5 Pour chaque exercice, choisis la réponse A, B ou C qui convient.
Vérifie tes réponses page 90.

	A	B	C
1. Quelle addition est posée correctement ?	35,78 + 9,5	35,78 + 9,6	35,78 + 9,5
2. Un ordre de grandeur de 56,8 + 34,3 est…	100	90	60

Je résous des problèmes

Dans les problèmes suivants, tu peux vérifier tes résultats avec une calculatrice.

6 * M. Bio a acheté 2,3 kg de bananes, 3,5 kg de pommes et 1,6 kg de poires.
Quelle quantité de fruits en kilos a-t-il dans son panier ?

7 * En 2009, M. Boulot a gagné 12 547,60 €.
En 2010, il a gagné 125,30 € de plus.
Combien d'euros a-t-il gagnés en 2010 ?

8 * Un triangle a trois côtés de longueurs 13,21 cm, 14,6 cm et 18,93 cm.
Calcule son périmètre.
Rappel : le périmètre d'un polygone est la somme des longueurs de ses côtés.

9 ** Dans 100 g de pain, il y a 3,5 g de fibres.
Dans 100 g de pain complet, il y a 8,8 g de fibres.
M. Levain a mangé 100 g de pain et 100 g de pain complet.
Quelle masse de fibres a-t-il mangée ?

10 ** Voici ce que Mme Mainverte a acheté pour son jardin.

a. Sans poser d'opération, trouve si sa dépense dépasse 1 000 €.

b. Calcule le montant exact de la dépense.

Tout dans la tête

Calcule.

a. 0,1 + 0,5
0,01 + 0,5
0,1 + 0,05

b. 1,1 + 1,5
1,01 + 1,5
1,1 + 1,05

c. 10,1 + 10,5
10,01 + 10,5
10,1 + 10,05

Question Express

L'addition de deux décimaux peut-elle donner un nombre entier ?

La soustraction de nombres décimaux

EXERCICES SUPPLÉMENTAIRES

POUR DÉMARRER

Chloé a acheté 8,50 m de tissu pour réaliser deux rideaux. Pour confectionner le premier rideau, elle a utilisé 4,35 m. Quelle longueur de tissu lui reste-t-il pour le deuxième ?

Je retiens

■ Trouver l'ordre de grandeur d'une différence de nombres décimaux

Je remplace chaque nombre décimal par la dizaine ou la centaine entière la plus proche.

Exemple : 76,8 – 67,83 → je remplace 76,8 par 80 et 67,83 par 70.

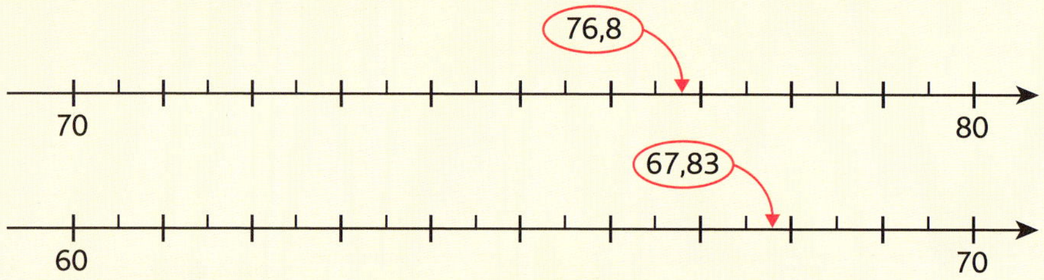

Un ordre de grandeur de 76,8 – 67,83 est 80 – 70 = 10

■ Soustraire en colonnes des nombres décimaux

- J'aligne bien les virgules pour que les chiffres de même rang soient dans la même colonne.
- Je peux écrire zéro dans les rangs des dixièmes ou des centièmes s'ils sont vides.
- Je commence par ajouter les centièmes, puis les dixièmes, puis les unités, etc.
- Je n'oublie pas les retenues.

Exemple : 76,8 – 67,83

	d	u	1/10	1/100
	7	1 6,	1 8	0
–	6 +1	7, +1	8 +1	3
		8,	9	7

Je m'exerce à mon rythme

■ Trouver l'ordre de grandeur

1 **Trouve un ordre de grandeur pour chaque différence, comme dans l'exemple.**

Exemple : 27,6 – 12,3 → 30 – 10 → 20

a. *

19,6 – 9,8
47,2 – 12,3
98,51 – 56,9

b. **

154,78 – 57,3
762,8 – 176,25
2 569,8 – 1 570,05

2 **Sans poser d'opération, trouve le nombre le plus proche du résultat, comme dans l'exemple.**

Exemple : 16,9 – 8,4 → 20 – 10 → 10

a. * 28,8 – 12,3 → 100 30 20

b. * 56,4 – 33,78 → 50 30 10

c. ** 47,8 – 30,9 → 20 2 200

d. ** 67,93 – 36,41 → 30 3 300

Soustraire en colonnes

3 **Recopie et effectue les soustractions.**

a. *

```
    1 2 , 4 3          5 6 , 7 2
 −      6 , 5 4      − 3 4 , 8 7
 ______________      ___________
      . , . .          . . , . .
```

b. **

```
   5 6 7 , 8 9          3 0 5 , 6
 −     3 4 , 2 5      −     4 5 , 7 8
 _______________      _______________
   . . . , . .          . . . , . .
```

4 **Pose et effectue les soustractions.**

a. * 15,98 − 11,52 45,87 − 13,67

b. ** 45,87 − 12,9 1670,45 − 452,6

TEST

5 **Pour chaque exercice, choisis la réponse A, B ou C qui convient.**

Vérifie tes réponses page 90.

	A	B	C
1. Quelle soustraction est posée correctement ?	2 5 4, 8 − 6 7, 9 8	2 5 4, 8 − 6 7, 9 8	2 5 4, 8 − 6 7, 9 8
2. Un ordre de grandeur de 91,2 − 78,83 est…	100	10	50

Je résous des problèmes

Dans les problèmes suivants, tu peux vérifier tes résultats avec une calculatrice.

6 * À sa naissance, Martin pesait 3,40 kg.
À un an, il pèse 10 kg.
Combien de kilos a-t-il pris en un an ?

7 * **a.** Aya a deux rubans, un rouge et un bleu. Le rouge mesure 14,5 cm. Mis bout à bout, leur longueur totale est de 25,7 cm.
Quelle est la longueur du ruban bleu ?
b. Un ruban blanc mesure 8,6 cm de moins que le ruban bleu. Quelle est la longueur du ruban blanc ?

8 * Oleg achète un CD à 15,75 € et une BD à 12,80 €. Il paie avec un billet de 50 €.
Combien de monnaie lui rend la caissière ?

9 ** En janvier, M. Dupond a été augmenté.
Il a gagné 275,50 € de plus qu'en décembre.
Son salaire de décembre s'élevait à 1677,85 €.
Quel est le montant de son salaire en janvier ?

10 ** La dernière étape du Tour de France 2010 entre Longjumeau et Paris était longue de 102,5 km : 41,5 km jusqu'à Paris, suivis d'un parcours dans la capitale. Combien de km les cyclistes ont-ils parcourus dans Paris ?

Tout dans la tête

Calculé.

a. 1 − 0,1
2 − 0,1
5 − 0,1
10 − 0,1

b. 100 − 10,1
200 − 10,1
500 − 10,1
1000 − 10,1

Question Express

La soustraction de deux nombres entiers peut-elle donner un nombre décimal ?

La multiplication d'un nombre décimal par 10, 100, 1 000

EXERCICES SUPPLÉMENTAIRES

POUR DÉMARRER

Hugo achète 10 bonbons et 10 sucettes.
Combien va-t-il payer en tout ?

Je retiens

■ Multiplier un nombre décimal par 10, 100, 1 000

- Lorsque je multiplie un nombre décimal par 10, chaque chiffre devient dix fois plus grand.
  1 devient le chiffre des milliers,
  0 celui des centaines,
  5 celui des dizaines,
  6 celui des unités,
  7 celui des dixièmes.

Exemple : 105,67 × 10 = 1056,7

m	c	d	u	$\frac{1}{10}$	$\frac{1}{100}$
	1	0	5 ,	6	7
1	0	5	6 ,	7	

- Lorsque je multiplie un nombre décimal par 100, chaque chiffre devient cent fois plus grand.
  7 devient le chiffre des milliers,
  6 celui des centaines,
  8 celui des dizaines,
  0 celui des unités.

Exemple : 76,8 × 100 = 7 680

m	c	d	u	$\frac{1}{10}$	$\frac{1}{100}$
		7	6 ,	8	0
7	6	8	0		

- Pour multiplier un nombre décimal par 10, 100, 1 000, **je décale la virgule vers la droite** d'un, deux ou trois rangs. Lorsqu'on ne peut plus la décaler, **j'écris un, deux ou trois zéros.**

3,5 × 10 = 35
3,5 × 100 = 350
3,5 × 1 000 = 3500

Je m'exerce à mon rythme

■ Multiplier par 10, 100, 1 000

1 **Recopie et complète les opérations et les tableaux.**

a. ✱ 76,05 × 10 = ...

m	c	d	u	$\frac{1}{10}$	$\frac{1}{100}$
		7	6 ,	0	5
	...	...	... ,	...	

b. ✱✱ 76,05 × 100 = ...

m	c	d	u	$\frac{1}{10}$	$\frac{1}{100}$
		7	6 ,	0	5
...	...	...	...		

c. ✱ 643,42 × ... = ...

m	c	d	u	$\frac{1}{10}$	$\frac{1}{100}$
	6	4	3 ,	4	2
...	...	...	... ,	...	

d. ✱✱ ... × 100 = ...

m	c	d	u	$\frac{1}{10}$	$\frac{1}{100}$
			1 ,	5	
	...	...	...		

2 Recopie et calcule sans poser l'opération.

a. * 56,5 × 10 ; 95,32 × 100 ; 685,5 × 10
b. * 9,76 × 100 ; 15,32 × 10 ; 78,54 × 100
c. ** 405,2 × 10 ; 0,432 × 10 ; 1,45 × 100
d. ** 407,3 × 100 ; 2,19 × 1 000 ; 3,5 × 100

3 Recopie et complète.

a. *
3,5 × … = 35
… × 10 = 854
60 × … = 600
6,54 × … = 65,4
32,78 × … = 3 278

b. **
0,8 × … = 80
… × 10 = 8
… × 10 = 2
… × 100 = 20
… × 1 000 = 200

TEST

4 Pour chaque exercice, choisis la réponse A, B ou C qui convient.
Vérifie tes réponses page 90.

	A	B	C
1. 426,4 × 10	42,64	4 264	4,264
2. 1 987,5 × 100	19 875	19,875	198 750

Je résous des problèmes

Dans les problèmes suivants, tu peux vérifier tes résultats avec une calculatrice.

5 * Mamie a 155 €. Elle veut les partager entre ses 10 petits-enfants.
Quelle sera la part de chacun ?

6 * 10 amis se partagent équitablement une somme gagnée au loto.
Chacun touche 75,30 €.
Quelle somme ont-ils gagnée en tout ?

7 * 10 sacs de farine pèsent 25,6 kg.
Combien pèse chaque sac ?
Aide : tous les sacs ont la même masse.

8 ** M. Verger mange 10 mirabelles par jour.
Une barquette de 10 mirabelles coûte 2,50 €.
Combien dépense-t-il dans un mois de 30 jours ?

9 ** 100 tours de circuit de train électrique représentent 522 m.
Quelle est la longueur d'un tour ?
Quelle est la longueur de 10 tours ?

10 ** Noa le boa parcourt 0,36 km en une heure.
Nanette la tortue avance à la même vitesse.
Lino le lapin court cent fois plus vite que Nanette.
Lulu le lièvre court deux fois plus vite que Lino le lapin.
Quelle distance parcourt Lino en une heure ?
Et Lulu ?
À quelle fable ce problème te fait-il penser ?

Tout dans la tête

Calcule.
a. 10 × 0,25 ; 10 × 0,5 ; 10 × 0,75
b. 100 × 0,25 ; 100 × 0,5 ; 100 × 0,75
c. 1 000 × 0,25 ; 1 000 × 0,5 ; 1 000 × 0,75
d. 10 × 0,1 ; 100 × 0,1 ; 1 000 × 0,1

Question Express

Qu'est-ce que dix dixièmes ? Et cent centièmes ?

La multiplication d'un décimal par un entier

EXERCICES SUPPLÉMENTAIRES

POUR DÉMARRER

À la pâtisserie, Anaïs achète 6 tartelettes, 5 éclairs et 4 mille-feuilles.
Elle a 20 € dans son porte-monnaie.
Aura-t-elle assez d'argent pour payer ?

JE RETIENS

■ Comprendre la multiplication d'un décimal par un entier

4,5 + **4,5** + **4,5** = **4,5** × **3**
4,5 × **3** = (**4** × **3**) + (**0,5** × **3**)
3 × **0,5** = 3 fois 5 dixièmes = **15 dixièmes**
➜ Je pose **5 dixièmes** et je retiens **1 unité**.
3 × **4** = 12 ; 12 + 1 = **13**

	4	, 5	~~1~~
×		3	
1	3	, 5	

	4	, 5
+	4	, 5
+	4	, 5
1	3	, 5

■ Multiplier en colonnes un nombre décimal par un entier

1. Je pose et j'effectue la multiplication sans tenir compte de la virgule.
2. Je compte le nombre de chiffres après la virgule du nombre décimal : le résultat aura le même nombre de chiffres après la virgule.
3. Je place la virgule du produit.

Exemple :

	7	, 5	4	⟵ 2 chiffres après la virgule
×			6	
4	5	, 2	4	⟵ 2 chiffres après la virgule

JE M'EXERCE À MON RYTHME

■ Comprendre la multiplication d'un décimal par un entier

1 **Recopie et complète, comme dans les exemples.**

Exemple : 6,2 + 6,2 + 6,2 + 6,2 = 6,2 × 4

a. * 4,35 + 4,35 + 4,35 = … × 3
9,8 + 9,8 = 9,8 × …
5,2 + 5,2 + 5,2 + 5,2 + 5,2 = 5,2 × …

Exemple : 4,7 × 3 = 4,7 + 4,7 + 4,7

b. ** 308,9 × 5 = …
453,89 × 4 = …
10,21 × 6 = …

2 **Recopie et complète, comme dans l'exemple.**

Exemple : 2 × 0,06 = 2 fois six centièmes = 12 centièmes = 0,12

a. * 2 × 0,4 = 2 fois 4 dixièmes
2 × 0,4 = … dixièmes = …

b. * 3 × 0,08 = 3 fois 8 centièmes
3 × 0,08 = … centièmes = …

c. * 5 × 0,2 = … fois … dixièmes
5 × 0,2 = … dixièmes = …

d. ** 2 × 0,5 = … fois … …
2 × 0,5 = … … = …

e. ** 4 × 0,03 = … fois … …
4 × 0,03 = … … = …

f. ** 5 × 0,02 = … fois … …
5 × 0,02 = … … = …

Multiplier en colonnes

3 **Pose et effectue les multiplications.**

a. (*) 2,31 × 4 ; 45,76 × 9 ; 18,5 × 12

b. (**) 10,5 × 13 ; 507,87 × 12 ; 342,06 × 34

4 **Calcule 634 × 5 et déduis-en les résultats des multiplications suivantes sans poser d'opération.**

a. (*) 63,4 × 5 ; 6,34 × 5 ; 634,0 × 5

b. (**) 634 × 50 ; 63,4 × 50 ; 6,34 × 50

TEST

5 **Pour chaque exercice, choisis la réponse A, B ou C qui convient.**

Vérifie tes réponses page 90.

	A	B	C
1. Pose et calcule 45,46 × 17	7 728,2	772,82	772,51
2. 7 × 0,03	0,21	2,1	0,021

Je résous des problèmes

Dans les problèmes suivants, tu peux vérifier tes résultats avec une calculatrice.

6 (*) M. Dumarché achète 5 kg d'oranges et 10 kilos de carottes.

Combien va-t-il payer ?

7 (*) Axel mesure la hauteur d'une marche de l'escalier de sa maison. Il trouve 18,32 cm. Quelle est la hauteur de 16 marches ?

Aide : toutes les marches ont la même hauteur.

8 (*) Un euro vaut environ 1,39 dollar. Que valent, en dollars, 5 euros ? 10 euros ? 15 euros ? 50 euros ? 100 euros ?

9 (*) Un marathon est une course à pied d'environ 42,19 km. Tony a participé à 5 marathons cette année. Combien de km a-t-il parcourus ?

10 (**) Le scarabée-rhinocéros est un petit animal très résistant.
Il ne pèse que 0,25 g mais peut supporter jusqu'à 850 fois son poids ! Quelle charge maximale peut-il supporter ? Donne la réponse en g, puis en kg.

11 (**) Un chien consomme en moyenne 1,5 kg de croquettes par mois.
Combien en mange-t-il par an ?

Rappel : un an = 12 mois

12 (**) Le rotifère est le plus petit animal de la planète. C'est un ver de 0,01 mm. Il est cent fois plus petit qu'une puce.
Quelle est la taille d'une puce en mm, puis en cm ?

Tout dans la tête

Calcule.

a. 3 fois 8 centièmes
b. 5 fois 9 dixièmes
c. 10 fois 5 centièmes
d. 10 fois 10 centièmes
e. 10 fois 1 dixième
f. 100 fois 1 centième

Question Express

Qui est plus grand : deux fois un dixième ou cinq fois un centième ?

La division décimale de deux entiers

EXERCICES SUPPLÉMENTAIRES

POUR DÉMARRER

a. Si l'on partage 122 bonbons entre 5 enfants, quelle sera la part de chacun ? Y aura-t-il un reste ?

b. Peut-on partager équitablement 122 € entre 5 personnes ?

Je retiens

■ Connaître le sens du quotient décimal

Je calcule un quotient décimal quand je continue une division qui ne tombe pas juste : après avoir partagé les unités, **je partage les dixièmes, les centièmes**, etc.
Je peux calculer le quotient décimal exact ou un quotient décimal approché.

■ Calculer le quotient décimal exact

Exemple : 95 divisé par 4

d u $\frac{1}{10}$ $\frac{1}{100}$	
9 5 , 0 0	4
− 8	2 3 , 7 5
1 5	d u $\frac{1}{10}$ $\frac{1}{100}$
− 1 2	
3 0	
− 2 8	
2 0	
− 2 0	
0	

• 23,75 est le **quotient décimal exact** de 95 divisé par 4.

■ Calculer un quotient décimal approché

Exemple : 17 divisé par 3

d u $\frac{1}{10}$ $\frac{1}{100}$	
1 7 , 0 0	3
− 1 5	5 , 6 6
2 0	u $\frac{1}{10}$ $\frac{1}{100}$
− 1 8	
2 0	
− 1 8	
2	

• 5,6 est un **quotient décimal approché au dixième près** de 17 divisé par 3.
• 5,66 est un **quotient décimal approché au centième près** de 17 divisé par 3.

Calcul

Je m'exerce à mon rythme

■ Calculer le quotient décimal exact

1 Recopie et complète les divisions et les égalités.

a. *

u $\frac{1}{10}$ $\frac{1}{100}$	
7	4
− 4	1 , 7 .
3 0	
− 2 8	
. 0	
− . .	
0	

7 : 4 = …

b. *

d u $\frac{1}{10}$	
1 1	5
− 1 0	2 , .
. 0	
− . .	
0	

11 : 5 = …

c. **

2 1 1	4
− 2 0	5 2 , . .
1 1	
− .	
. 0	
− . .	
. 0	
− . .	
0	

211 : 4 = …

d. **

1 0 6	8
− 8	1 3 , . .
. .	
− . .	
. 0	
− . .	
. 0	
− . .	
0	

106 : 8 = …

2 **Pose et effectue les divisions pour calculer les quotients décimaux exacts.**

a. * 18 : 5 24 : 5 50 : 4 64 : 5

b. ** 33 : 4 14 : 8 50 : 8 70 : 8

Calculer un quotient décimal approché

3 **Pose et effectue les divisions au dixième près.**

a. * 44 divisé par 6 ; 71 divisé par 8 ; 49 divisé par 3

b. ** 2 divisé par 3 ; 2 785 divisé par 7

4 **Pose et effectue les divisions au centième près.**

a. * 22 divisé par 7 ; 10 divisé par 6 ; 13 divisé par 9

b. ** 5 divisé par 6 ; 1015 divisé par 3

TEST

5 **Pour chaque exercice, choisis la réponse A, B ou C qui convient.**

Vérifie tes réponses page 90.

	A	B	C
1. Pose et effectue 21 divisé par 4.	5	5,5	5,25
2. 13 divisé par 7 = 1,85 1,85 est un…	quotient décimal approché au centième près	quotient décimal approché au dixième près	quotient décimal exact

Je résous des problèmes

Dans les problèmes suivants, tu peux vérifier tes résultats avec une calculatrice.

6 * Au self Miam, Matt a pris un menu à 4,20 €. Au self Trop-Bon, Greg et ses amis ont pris 6 menus pour 33 €. Quel est le self le moins cher ?
Résous ce problème de deux façons :
– par une multiplication,
– par une division.

7 * Aglaé pèse 39 kg. C'est 5 fois plus que sa petite sœur Luce. Combien pèse Luce ?
Luce pèse 6 fois moins que sa maman.
Combien pèse la maman de Luce et Aglaé ?

8 ** Une girafe parcourt 27 mètres en 2 secondes.
Quelle distance parcourt-elle en 1 seconde ?
En une minute ?
Rappel : une minute = 60 secondes.

9 ** Sous Louis XIV, il fallait 5 jours pour parcourir en diligence les 458 km de Paris à Lyon.
Combien de km parcourait-on en moyenne par jour ?

10 ** Le footballeur Pelé a marqué 1 285 buts en 20 ans ! Combien cela fait-il de buts en moyenne par an ?

Tout dans la tête

Quel nombre faut-il diviser par 2 pour obtenir ces quotients exacts ?

a. 1,5 c. 3,5 e. 12,5

b. 0,5 d. 4,25 f. 16,25

Question Express

Pourquoi peut-on dire que lorsqu'on divise 13 par 3 « la division ne s'arrête jamais » ?

Addition et soustraction

BILAN

ADDITION

Trouver l'ordre de grandeur d'une somme de nombres entiers

1 Sans poser l'opération, trouve le nombre le plus proche du résultat.

a. 427 + 382 → 600 800 900

b. 138 + 987 → 900 1 100 10 000

c. 2 589 + 5 002 → 5 000 10 000 8 000

2 Sans poser l'opération, trouve un ordre de grandeur du résultat.

621 + 258
1 601 + 741
3 897 + 2 302
18 648 + 3 104

Additionner en colonnes des nombres entiers

3 Pose et effectue les opérations.

128 + 692
302 + 145
897 + 1 605
452 + 367 + 28

4 Recopie et complète avec les chiffres qui manquent.

	2	.	1
+	.	8	7
	9	1	.

	4	.	5	.
+		6	.	1
	.	0	2	0

		.	3	.	9
+		1	8	1	5
+	1	2	5	4	.
		.	8	.	0 8

Estimer un ordre de grandeur d'une somme de nombres décimaux

5 Sans poser l'opération, trouve le nombre le plus proche du résultat.

a. 17,5 + 8,2 → 40 10 30

b. 45,9 + 23 → 50 70 100

c. 187,62 + 12,17 → 110 210 310

d. 887,4 + 900,25 → 1 000 3 000 2 000

6 Trouve un ordre de grandeur du résultat.

84,2 + 6,3
128,49 + 31,06
485,9 + 240,23
789,23 + 161,4

Additionner en colonnes des nombres décimaux

7 Recopie et effectue les additions.

	1	8	,	5
+	3	2	,	4
	.	.	,	.

		4	2	,	3	8
+	1	0	6	,	5	1
	.	.	.	,	.	.

	1	2	3		
+	2	4	7	,	9
	.	.	.	,	.

	8	7	4	,	0	2
+		7	3	,	7	
	.	.	.	,	.	.

8 Pose et effectue les additions.

11,34 + 8,94
218,6 + 131,27
145,38 + 96
7 447,23 + 56,8

Résoudre un problème

9 Le car de ramassage scolaire part de l'école avec 27 élèves à bord. Il s'arrête trois fois : 16 élèves montent au premier arrêt, 11 au deuxième et 7 au troisième.
Combien y a-t-il d'élèves dans l'autocar après le troisième arrêt ?

10 Quel est le montant des achats de M. Vitamines ?

11 Bilel s'entraîne pour une course de vélos.
Lundi, il parcourt 12,6 km.
Mardi, il parcourt 8,80 km, et mercredi 7,6 km.
Quelle distance a-t-il parcourue en tout ?

SOUSTRACTION

Trouver l'ordre de grandeur d'une différence de nombres entiers

12 **Sans poser l'opération, trouve le nombre le plus proche du résultat.**

a. 168 – 12 → 160 | 100 | 50

b. 421 – 89 → 200 | 100 | 300

c. 2 486 – 1 367 → 600 | 1 000 | 500

d. 88 587 – 30 204 → 60 000 | 130 000

13 **Pour chaque soustraction, trouve un ordre de grandeur du résultat.**

a. 128 – 43

b. 875 – 623

c. 1 243 – 562

d. 12 741 – 6 145

Soustraire en colonnes des nombres entiers

14 **Pose et effectue les soustractions.**

a. 942 – 308

b. 2 854 – 456

c. 13 087 – 2 842

Trouver l'ordre de grandeur d'une différence de nombres décimaux

15 **Sans poser l'opération, trouve le nombre le plus proche du résultat.**

a. 8,7 – 3,4 → 9 | 6 | 20

b. 62,5 – 8,75 → 40 | 50 | 80

c. 36,5 – 19 → 10 | 30 | 20

d. 148,7 – 98,71 → 100 | 10 | 50

16 **Pour chaque soustraction, trouve un ordre de grandeur du résultat.**

18,27 – 3,98
7,03 – 1,99
95,8 – 67,32

72,8 – 10,1
456,32 – 85,6
895,8 – 193,45

Soustraire en colonnes des nombres décimaux

17 **Recopie et effectue les soustractions.**

	6	4	,	5
–	3	0	,	2
	•	•	,	•

	3	9	,	2
–	1	8		
	•	•	,	•

	1	3	4	,	7	5
–		4	2	,	1	
	•	•	,	•	•	

18 **Pose et effectue les soustractions.**

24,32 – 3,21
45,7 – 5,8

213,74 – 25,8
780,3 – 105,17

Résoudre un problème

19 Marc a 22 ans. Pavel a 3 ans de plus que Marc. Amelle a cinq ans de moins que Pavel. Quel âge ont Marc et Amelle ?

20 Merlin a réalisé une potion avec 200 g de poudre magique, 136 g de bave de crapaud et de la poudre d'escampette. Sa potion pèse 500 g en tout. Quelle masse de poudre d'escampette contient-elle ?

21 Au marché, Mme Ratatouille a acheté 2,75 kg d'aubergines et des courgettes. En tout, elle a dans son panier 5 kg de légumes. Combien pèsent les courgettes ?

22 Ousmane avait 100 € d'économies. Il a dépensé 25,50 €. Combien lui reste-t-il ?

23 Un camion rempli de marchandises pèse 2,3 tonnes. Après la livraison, il ne pèse plus que 1,83 tonne.
Combien pesaient les marchandises ?

Multiplication et division

BILAN

Multiplication

Connaître le sens de la multiplication

1 Complète les additions ou les produits.

a. 15 + 15 + 15 + 15 = 15 × ...
b. 91 + 91 + 91 + 91 + 91 = ... × 5
c. 102 + 102 + 102 + 102 + 102 = ... × ...
d. 18 × 6 = 18 + ...
e. 54 × 5 = 54 + ...
f. 1 105 × 3 = 1 105 + ...

Multiplier par un nombre à un chiffre

2 Calcule en ligne.

12 × 2
25 × 2
15 × 3
11 × 6
10 × 5
100 × 2
250 × 2
40 × 3

3 Pose et effectue ces multiplications.

57 × 5
142 × 4
223 × 6
450 × 5

Trouver l'ordre de grandeur d'un produit

4 Trouve un ordre de grandeur pour chaque produit.

Exemple : 12 × 27 → 10 × 30 = 300

a. 8 × 18
b. 13 × 87
c. 26 × 9
d. 387 × 29

Multiplier par un nombre à deux chiffres

5 Pose et effectue ces multiplications.

a. 85 × 12
b. 654 × 25
c. 65 × 41
d. 732 × 36

Multiplier un nombre décimal par 10, 100, 1 000

6 Calcule en ligne.

8,5 × 10
54,7 × 10
98,32 × 10
7,45 × 100
8,95 × 100
14,6 × 100

7 Complète.

4,21 × ... = 42,1
9,58 × ... = 958
41,23 × ... = 412,3
... ×10 = 98,6
... × 100 = 251,2
75,98 × ... = 759,8

Comprendre la multiplication d'un décimal par un entier

8 Complète avec des produits.

a. 4,5 + 4,5 + 4,5 = ... × ...
b. 7,81 + 7,81 = ... × ...
c. 10,5 + 10,5 + 10,5 + 10,5 + 10,5 = ... × ...

9 Complète avec des additions.

a. 6,2 × 8 = 6,2 + ...
b. 11,35 × 7 = 11,35 + ...
c. 82,1 × 6 = 82,1 + ...

10 Complète, comme dans l'exemple.

Exemple :
2 × 0,7 = 2 fois 7 dixièmes = 14 dixièmes = 1,4

4 × 0,2
2 × 0,6
5 × 0,05
3 × 0,03

Multiplier un décimal par un entier

11 Pose et effectue les multiplications.

1,25 × 3
8,36 × 4
102,3 × 6
741,25 × 12

Résoudre un problème

12 Le père de Max habite à 14,5 km de son travail. Combien fait-il de km par jour ? Et au bout de 5 jours ?

13 Un camion contient 18 caisses pesant chacune 17,63 kg. Quel est le poids du chargement du camion ?

DIVISION

Calculer un quotient exact

14 **Calcule les quotients exacts.**

12 : 2 14 : 7 20 : 5 40 : 4 63 : 7 54 : 6 81 : 9 90 : 10 54 : 9

Encadrer un entier par deux multiples consécutifs

15 **Encadre chaque nombre entre deux multiples consécutifs, comme dans l'exemple.**

Exemple :

$5 \times 7 < 37 < 5 \times 8$ → J'ai encadré 37 entre deux multiples de 5.

a. Entre deux multiples de 2 : 9 ; 11 ; 17 ; 21

b. Entre deux multiples de 5 : 12 ; 23 ; 31 ; 48

Calculer le quotient et le reste d'une division par un calcul en ligne

16 **Complète les tableaux.**

a.

Encadrement	Division par 3	Quotient	Reste
$7 \times 3 < 22 < 8 \times 3$	$22 = (3 \times 7) + 1$	7	1 avec $1 < 3$
… $\times 3 < 25 <$ … $\times 3$			
… $\times 3 < 29 <$ … $\times 3$			

b.

Encadrement	Division par 5	Quotient	Reste
… $\times 5 < 12 <$ … $\times 5$			
… $\times 5 < 32 <$ … $\times 5$			
… $\times 5 < 43 <$ … $\times 5$			

Trouver le nombre de chiffres du quotient

17 **Trouve le nombre de chiffres du quotient de chaque division.**

a. 57 par 3

b. 142 par 5

c. 251 par 11

d. 94 par 21

Effectuer une division posée

18 **Calcule le quotient et le reste en posant chaque division.**

17 divisé par 3
79 divisé par 4
65 divisé par 13
452 divisé par 13
51 divisé par 5
60 divisé par 8
58 divisé par 15
1 255 divisé par 15

Calculer un quotient décimal

19 **Calcule les quotients décimaux exacts.**

21 : 2
39 : 5
14 : 4
47 : 2
187 : 2
23 : 4
18 : 8
1 236 : 8

20 **Pose et effectue les divisions au dixième près, puis au centième près.**

47 divisé par 6
25 divisé par 3
62 divisé par 6
175 divisé par 6

Résoudre un problème

21 Clara fabrique des colliers identiques pour chacune de ses amies : Laura, Blandine, Naïma et Johanna. Elle a 67 perles.
Combien pourra-t-elle mettre de perles au maximum pour chaque collier ?
Combien lui restera-t-il de perles ?

22 Samuel fait des brochettes de bonbons. Il a 42 morceaux de guimauve. Il voudrait mettre 7 morceaux par brochette.
Combien pourra-t-il faire de brochettes ?
Combien lui restera-t-il de morceaux ?

Problèmes de synthèse

Petits tours de France

Dans les problèmes suivants, tu peux utiliser ta calculatrice.

1 * Tours et monuments

Symbole de Paris, la tour Eiffel a été le plus haut monument du monde jusqu'en 1930. À cette date, elle a été détrônée par deux célèbres gratte-ciel new-yorkais : le Chrysler Building et l'Empire State Building. Néanmoins, elle demeure, aujourd'hui encore, le monument le plus haut de France !

Monument	Hauteur en m
Tour Eiffel	324
Tour Montparnasse	210
Notre-Dame de Chartres	130
Notre-Dame de Paris	63 (flèche 81)
Arc de triomphe	49
Arche de la Défense	110
Obélisque de la Concorde	23
Obélisque de Nancy	20
Obélisque de Fontenoy	17

a. Quelle est la hauteur de la cathédrale Notre-Dame de Paris avec la flèche ?

b. Calcule l'écart entre le monument le plus haut et le plus bas.

c. La tour de Pise, en Italie, a 30 mètres de plus que l'obélisque de la Concorde, à Paris.
Quelle est sa hauteur ?

Le sais-tu ?
En 1831, le vice-roi d'Égypte offre à la France cet obélisque provenant du temple de Louxor. Quelques années plus tard, Louis-Philippe le fera installer place de la Concorde, à Paris.

2 * La tour Eiffel

La tour Eiffel accueille chaque année des millions de visiteurs. Sa construction a duré 2 ans et 2 mois. Elle s'est achevée en mai 1889.

a. À quelle date a commencé la construction de la tour Eiffel ?

b. À l'origine, sa hauteur était de 312,27 m. Depuis 1956, elle est surmontée d'une grande antenne, ce qui porte sa hauteur à 324 m.
Quelle est la hauteur de l'antenne ?

c. La charpente métallique pèse 7 300 tonnes. Avec toutes les pièces ajoutées (escaliers, ascenseurs, antennes...), la tour Eiffel atteint 10 100 tonnes. De combien sa masse a-t-elle augmenté ?

d. De récents travaux de rénovation ont allégé sa structure de 1 343 tonnes. Combien pèse la tour Eiffel aujourd'hui ?

e. Elle est repeinte tous les 7 ans. Calcule combien de fois elle est repeinte en 100 ans.

**
3 Le Tour des villes

Ce tableau montre l'évolution du nombre d'habitants dans quelques grandes villes de France de 1999 à 2007.

Ville	Population 1999	Population 2007	Écart
Paris	2 125 246	2 215 197	89 951
Marseille	798 430	860 363	
Lyon	445 452	480 660	
Toulouse	390 350	446 220	
Nice	342 738	352 388	
Nantes	270 251	290 943	
Strasbourg	264 115	276 063	
Montpellier	225 392	257 092	
Bordeaux	215 363	238 921	

a. Complète la dernière colonne du tableau.
b. Peut-on dire qu'il y a deux fois plus d'habitants à Marseille qu'à Lyon en 2007 ?
c. À Toulon, en 2007, il y avait 67 180 habitants de moins qu'à Bordeaux.
Calcule combien il y avait d'habitants à Toulon en 2007.
d. Peut-on dire qu'il y a plus d'habitants à Paris qu'à Marseille et Lyon réunis en 2007 ?

Le sais-tu ?
Cette célèbre plage de Nice s'appelle la Baie des Anges.

**
4 Le Tour de France

Le Tour de France s'appelle aussi « la grande boucle ». C'est la plus prestigieuse course cycliste de notre planète. Le premier Tour de France est parti le 1er juillet 1903 de Montgeron (Essonne). Il y avait 60 concurrents au départ. Seule la moitié est arrivée au bout ! Ils ont parcouru 2 428 km en 6 étapes.

a. Combien de coureurs ont franchi la ligne d'arrivée ?
b. Quelle distance ont-ils parcourue en moyenne par étape ? Donne ta réponse au centième près.
c. En 2010, le Tour est parti de Rotterdam, le 3 juillet. Il y avait 22 équipes de 9 coureurs chacune. Combien de coureurs ont participé au Tour en 2010 ?
d. Un coureur effectue en moyenne 100 tours de pédalier par minute. Combien effectue-t-il de tours en 1 heure ?

Devinette
De quelle couleur est le maillot porté par le cycliste qui occupe la première place du classement ?

TEST

Voici les réponses des exercices **TEST** de la partie « Calcul ».

Page 59
1. B
2. B

Page 61
1. B
2. C

Page 63
1. B
2. B

Page 65
1. C
2. A

Page 67
1. B
2. C

Page 69
1. C
2. B

Page 71
1. B
2. B

Page 73
1. B
2. A

Page 75
1. C
2. A

Page 77
1. C
2. B

Page 79
1. B
2. C

Page 81
1. B
2. A

Page 83
1. C
2. A

Organisation et gestion de données

Reconnaître un problème
Trier les informations

POUR DÉMARRER

La maîtresse demande à ses élèves d'inventer un énoncé de problème. Leila propose ce texte :
« Le petit chien de Marion, Cerbère, pèse 3 kg.
Il mange 150 g de croquettes par jour.
Marion lui achète des sacs de croquettes de 4 kg. »
Le texte de Leila est-il un énoncé de problème ?
Pourquoi ?

JE COMPRENDS

Reconnaître un énoncé de problème

Un problème réunit **des informations et des questions ou des consignes en lien avec les informations**.

Exemple :

– **Informations :**
« La ville de Nogent-sur-Marne comptait 30 985 habitants en 2009. En 2010, la population a augmenté de 291 habitants. »

– **Question :**
« Combien y a-t-il d'habitants à Nogent-sur-Marne en 2010 ? »

Trier, organiser, analyser les données

1. **Je repère les informations utiles** (surlignées en rose) pour répondre à la question.
Exemple : « Léa habite à 800 mètres de l'école. Elle met 15 minutes pour s'y rendre. L'école commence à 8 h 30. À quelle heure Léa doit-elle partir pour arriver à 8 h 30 ? »
Certaines informations ne sont pas utiles : « Léa habite à 800 mètres de l'école. »
2. **J'analyse la question posée.**
Pour savoir à quelle heure Léa doit partir, je dois savoir combien de temps elle met pour faire le trajet. Cette information est dans l'énoncé : « 15 minutes ».
Les informations utiles et l'analyse de la question posée permettent de trouver une solution au problème :
Si Léa doit être à l'école à 8 h 30 et a 15 minutes de trajet, je dois poser :
8 h 30 min – 15 min = 8 h 15 min. → Léa doit partir à 8 h 15 min.

JE RÉSOUS DES PROBLÈMES

1 * **À chaque fois, identifie l'énoncé de problème parmi les deux textes.**

a.
① Un polygone a tous ses côtés droits.
② Un roman de poche coûte 5,5 €.
Combien coûtent 28 romans ?

b.
① Le carré a quatre côtés comme le monde. On dit pourtant que la Terre est ronde, comme ma tête.
② Un fleuriste doit préparer, pour un mariage, 150 petits bouquets de 3 roses blanches.
Combien de roses doit-il prévoir ?

2 * **Lis ces informations. Rédige une question pour que l'énoncé devienne un problème.**

a. Un autocar compte 59 places assises. 36 élèves sont déjà assis.

b. Jules est malade. Le médecin lui prescrit 2 comprimés matin, midi et soir pendant 6 jours. Les comprimés sont vendus en boîtes de 10.

3 * **Voici une question de problème. Retrouve les informations auxquelles elle correspond.**

Question : Quel est l'âge du capitaine ?

a Année 2010 : le capitaine Cartier a trois ans de plus que le commandant de bord. Le lieutenant est le plus jeune de tous avec 10 ans de moins que le capitaine.

b Année 2010 : le jeune capitaine de frégate Paul le Gracieux navigue depuis 12 ans sur les mers des Caraïbes.

c Année 2010 : le capitaine Bonpiedbonœil, né en 1962, fête son anniversaire. C'est le plus âgé du bateau, il a 17 ans de plus que le plus jeune matelot.

4 ** **Pour chaque énoncé, supprime les informations inutiles pour répondre à la question.**

a. Un petit chaton gris boit chaque matin 25 cL de lait. L'après-midi, il ronronne sur le canapé. Après sa sieste, il boit 35 cL de lait. Quelle quantité de lait boit-il chaque jour de la semaine ?

b. Le petit Nicolas, élève de CM1 à l'école des Grandadets, collectionne les cartes Gigamon. Chaque matin, il part à l'école avec ses cartes. Le premier jour, il transporte 2 paquets de 12 cartes. Chaque jour, il perd 8 cartes et en gagne 9. Combien de cartes aura-t-il à la fin de la semaine ? Attention, le petit Nicolas ne va que 4 jours par semaine à l'école !

5 ** **Parmi les informations suivantes, recopie celles qui permettent de répondre à la question posée.**

a.
Question : « Combien Gaspard a-t-il dépensé ? »
Informations : « Gaspard a 22 € dans sa tirelire. Sa mamie habite à Trouville. Gaspard a 8 ans. Un livre coûte 7 €. Gaspard achète 2 livres. Gaspard aime lire, il possède 18 albums. »

b.
Question : « Combien Bob fait-il de kilomètres en voiture chaque semaine ? »
Informations : « Bob a une petite voiture grise. Son travail est à 9 km de sa maison. Il parcourt 100 km avec 5 L d'essence. Il achète de l'essence toujours au même endroit. Bob va travailler 5 jours par semaine. »

6 ** **Une information a été supprimée dans chaque problème. Retrouve-la et complète l'énoncé pour que le problème soit faisable.**

a. Johan et Lucie jouent aux fléchettes. Johan a marqué 350 points. Combien de points Lucie a-t-elle marqués ?

b. Hector mange 2 carrés de chocolat par jour. En combien de jours mange-t-il la tablette entière ?

c. Pour la kermesse de l'école les parents ont cuisiné 20 tartes aux pommes. Combien y aura-t-il de parts de tarte à la kermesse ?

Tout dans la tête

La marche d'un escalier a une hauteur de 22 cm. Quelle est la hauteur de cet escalier s'il a 300 marches ?

Question Express

Un problème a-t-il toujours une solution ?

Se poser des questions

EXERCICES SUPPLÉMENTAIRES

POUR DÉMARRER

Une girafe peut manger jusqu'à 66 kg de feuilles et boire jusqu'à 40 L d'eau par jour.
Il y a 8 girafes dans un zoo.

a. Quelle quantité de feuilles une girafe peut-elle manger par jour ?

b. Quelle quantité de feuilles une girafe peut-elle manger en une semaine ?

c. Quel âge ont les girafes du zoo ?

d. Trouve d'autres questions possibles et leurs réponses.

JE COMPRENDS

Savoir faire le lien entre la question et les informations

- En général, je peux répondre aux questions d'un problème grâce aux **informations de l'énoncé**.
- Certaines réponses **se lisent directement dans le texte**.
Exemple :
Quelle quantité de feuilles une girafe peut-elle manger par jour ?
- Certaines questions demandent de **faire un calcul**.
Exemple :
Quelle quantité de feuilles une girafe peut-elle manger en une semaine ?

Savoir reconnaître une question à laquelle on ne peut pas répondre

Parfois, je ne peux pas répondre à certaines questions car l'énoncé ne contient pas les informations nécessaires.
Exemple :
Quel âge ont les girafes du zoo ?

JE RÉSOUS DES PROBLÈMES

1 * **Complète chaque énoncé en rédigeant une question en lien avec les informations.**

a. Samy a 12 billes de couleur. À la récréation, il échange 2 rouges contre 2 bleues, en perd 4 et en gagne 3.

b. Billy avait 8 sachets de 12 sucettes. Il a mangé 4 sucettes et en a offert 8.

c. Ce tableau présente les livres dont dispose la bibliothèque de l'école Millepages.

	Romans	BD	Contes	Documentaires
De 5 à 7 ans	420	45	230	150
De 8 à 10 ans	530	35	120	245

2 * **Pour chaque problème, trouve la question qui nécessite un calcul.**

a. M. Seguin a un troupeau de 24 chèvres. Chaque chèvre a donné naissance à 3 chevreaux. Le grand méchant loup a mangé 6 chevreaux.
1) Combien M. Seguin a-t-il de chèvres ?
2) Combien reste-t-il de chevreaux à M. Seguin ?
3) Combien de chevreaux le loup a-t-il mangés ?

b. Dans un jardin, il y a 25 platanes et 18 marronniers.
1) Combien y a-t-il de platanes ?
2) Combien y a-t-il d'arbres en tout ?
3) Combien y a-t-il de marronniers ?

c. Il y a 191 garçons et 190 filles à l'école Denface.
L'école compte 14 classes.
1) Combien y a-t-il d'élèves dans l'école ?
2) Combien y a-t-il de classes dans l'école ?
3) Combien y a-t-il de garçons dans l'école ?

3 * **Voici un problème :**
Trois classes de CM1 vont au théâtre voir le spectacle « Chat vous dit ». Ils sont 81 élèves et 9 accompagnateurs. Le prix de la place est de 3 €.
Pour chaque question, indique à chaque fois si :
– on peut lire la réponse dans le texte,
– il faut faire un calcul pour répondre,
– il est impossible de répondre.

a. Combien vont-ils payer ?

Réponse dans le texte	Réponse à calculer	Réponse impossible

b. Combien de classes de CM1 vont voir le spectacle ?

Réponse dans le texte	Réponse à calculer	Réponse impossible

c. Combien de personnes vont voir le spectacle ?

Réponse dans le texte	Réponse à calculer	Réponse impossible

d. Combien de spectacles y a-t-il au théâtre ?

Réponse dans le texte	Réponse à calculer	Réponse impossible

e. Combien de temps dure le spectacle ?

Réponse dans le texte	Réponse à calculer	Réponse impossible

4 ** **Lis chaque problème et rédige pour chacun une question :**
– dont la réponse est dans le texte,
– dont la réponse nécessite un calcul,
– à laquelle on ne peut pas répondre.

a. Pour faire une compote, Mme Pom a acheté 5 kg de pommes à 2 € le kilo.

b. À la kermesse de l'école, les tickets sont vendus par carnets de 10 tickets. Chaque ticket coûte 50 centimes.

c. À Noël, les maîtresses offrent un paquet de 6 chocolats à chaque élève de l'école. Il y a 390 élèves dans l'école.

5 ** **Lis le problème, puis rédige une question qui nécessite un calcul.**
Un chercheur d'or a ramassé 3 sacs de pépites. Dans chaque sac, il y a 10 pépites. Chaque pépite a une valeur de 70 dollars et pèse 10 g.

6 ** **Lis le problème, puis rédige une question qui nécessite un calcul.**
M. Bombyx a dans sa collection 36 papillons de nuit et 48 papillons de jour. Il les range dans des boîtes en verre contenant chacune 12 papillons.

Question Express

Si Max a un problème, cela signifie-t-il qu'il fait des maths ?

Tout dans la tête

Pierre a 9 ans, son frère à 6 ans de plus que lui et sa sœur 2 ans de moins. La mère de Pierre a 25 ans de plus que lui. Trouve l'âge de chacun.

Choisir l'opération

EXERCICES SUPPLÉMENTAIRES

POUR DÉMARRER

À la récréation, David a gagné 14 cartes Dragonbille.
Lila en a gagné 8 de plus.
Carole a 6 fois plus de cartes que Lila.
Combien de cartes Lila possède-t-elle ?

a. Quelle opération faut-il faire pour répondre à la question ?

14 × 6   14 + 6   14 − 6   14 : 6

b. Quelle opération faut-il faire pour trouver le nombre de cartes de Carole ?

JE COMPRENDS

Trouver l'opération d'après l'énoncé

Certains **mots de l'énoncé** peuvent aider à se représenter la situation :
de plus, en tout, en moins, reste, chaque, fois…

Attention : quand il y a le mot « plus », il ne faut pas forcément faire une addition.

Exemple :
« Kim a 12 crayons. Elle en a 8 de plus que Lou.
Combien Lou a-t-elle de crayons ? »
Pour trouver le nombre de crayons de Lou,
je fais une soustraction : 12 − 8 = 4.

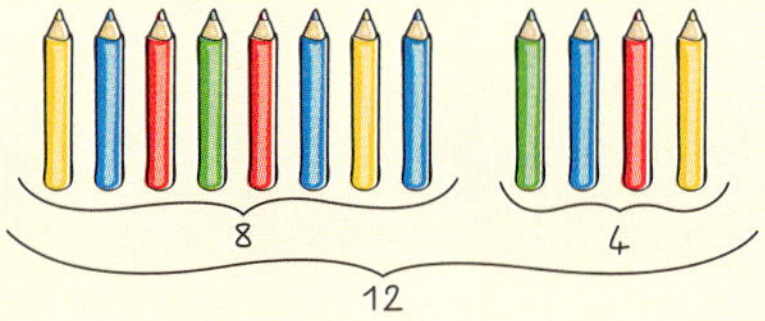

Remarque : certains problèmes peuvent se résoudre **sans faire d'opérations**.
Exemple :
« Pierre, Paul et Jacques font la course. Jacques est arrivé le premier, Paul est arrivé avant Pierre. Trouve la place de chacun. »

JE RÉSOUS DES PROBLÈMES

1 * **Pour chaque problème, choisis la bonne opération.**

a. Lili mange 4 bonbons par semaine et Lulu 2 de moins. Combien de bonbons Lulu mange-t-il ?

4 + 2   4 × 2   4 − 2

b. La reine des fourmis est 2 fois plus grande que la fourmi ouvrière qui mesure 6 mm. Combien mesure la reine des fourmis ?

2 × 6   2 + 6   6 − 2

c. Emeline a 108 billes, soit 12 de moins que Fanfan. Combien Fanfan a-t-il de billes ?

12 × 108   108 − 12   108 + 12

d. Dans la classe d'Aminata, il y a 28 élèves. 15 sont des garçons. Combien y a-t-il de filles ?

28 + 15   28 − 15   28 × 15   15 − 28

e. Chez le fleuriste, Valentin a acheté 3 bottes de 15 tulipes et 6 bottes de 5 roses.
Combien de fleurs a-t-il achetées en tout ?

3 + 15 + 6 + 5   (15 × 3) + (5 × 6)   (3 × 6) + (15 × 5)

f. Deux kilos de carottes coûtent 3 €.
Quel est le prix d'un kilo de carottes ?

3 : 2   2 : 3   3 × 2   3 + 2

2 * **Pour chaque problème, indique s'il faut faire une opération pour le résoudre.**

a. Arthur a 12 ans. Son frère Paul a 2 ans de moins que lui et sa sœur Alice a 4 ans de plus que Paul. Trouve l'âge de chacun.

b. Pour l'épreuve de course, chaque élève porte un dossard. Jules a le dossard n° 1, César a le dossard n° 2 et Rosalie le dossard n° 3. Trouve toutes les combinaisons d'ordre d'arrivée possibles.

c. Patrick est le cousin de la sœur de Caro. Sandra est la sœur de Caro. Carine est la cousine de Sandra et la sœur de Patrick. Retrouve les frères et sœurs.

3 * **Trouve l'opération qui permet de résoudre le problème.**

a. Une mère ourse pèse 100 kg. Son ourson pèse deux fois moins qu'elle. Combien pèse l'ourson ?

addition | soustraction | multiplication | division

b. La tour Eiffel a une hauteur de 324 m. Elle mesure 274 m de plus que l'Arc de triomphe. Quelle est la hauteur de l'Arc de triomphe ?

addition | soustraction | multiplication | division

c. Mimi la truite a gobé 18 mouches, soit 12 de moins que Momo le saumon. Combien de mouches Momo le saumon a-t-il gobées ?

addition | soustraction | multiplication | division

d. L'équipe des Musclés a marqué 18 panier au basket. L'équipe des Biceps en a marqué 6 de moins. Combien de paniers a marqués l'équipe des Biceps ?

addition | soustraction | multiplication | division

4 * **Complète cet énoncé de problème en trouvant la question qui correspond à chaque opération.**

Pour la kermesse, les CP ont fabriqué 55 guirlandes et les CM1 75 guirlandes. Pour faire une guirlande, il faut 2 m de papier crépon rouge et 2 m de papier crépon jaune.

$55 + 75$ | $2 + 2$ | 4×75

5 ** **Pour chaque énoncé, écris l'opération qui permet de résoudre le problème.**

a. Pour la collecte de la banque alimentaire, la classe de CM1 a collecté 12 kg de nourriture et le CM2 a collecté 14 kg de nourriture. Quelle quantité de nourriture les deux classes ont-elles collectée en tout ?

b. Il y a 381 élèves à l'école des Petites Feuilles. La directrice commande 5 cahiers par élève. Combien de cahiers commande-t-elle en tout ?

c. La voiture de Fred mesure 4 m. La voiture la plus longue du monde mesure 26 m de plus. Quelle est la longueur de la voiture la plus longue du monde ?

Dans les problèmes suivants, tu peux utiliser une calculatrice.

6 ** Le mont Blanc est le plus haut sommet d'Europe. Il mesure 4 807 m, soit 4 041 mètres de moins que le mont Everest.
Calcule la hauteur de l'Everest.

7 ** M. Sakado part en randonnée. Chaque jour, il parcourt 16 km à pied. Quelle distance parcourt-il en une semaine ?

8 ** Victoria a 18 bracelets magiques. 8 bracelets ont la forme d'un poisson, 3 ont la forme d'un éléphant, les autres ont la forme d'une girafe. Combien a-t-elle de bracelets en forme de girafe ?

Tout dans la tête

M. Zanimo a 1 chien, 1 chat, 2 perruches,
4 serpents et 10 papillons.
Combien cela représente-t-il de pattes d'animaux ?

Question Express

Lorsqu'il y a le mot « moins » dans un énoncé, faut-il toujours faire une soustraction ?

Problèmes à étapes

EXERCICES SUPPLÉMENTAIRES

Pour démarrer

La grand-mère de Noé a reçu le jour de ses 5 ans un bébé tortue.
La tortue a vécu 73 ans. Elle est morte il y a 7 ans.
Dans combien d'années, la grand-mère de Noé fêtera-t-elle ses 90 ans ?

- **Étape 1 :** calcule l'âge qu'avait la grand-mère quand la tortue est morte.
- **Étape 2 :** calcule l'âge de la grand-mère actuellement.
- **Étape 3 :** calcule dans combien d'années la grand-mère de Noé fêtera ses 90 ans.

Je comprends

Se poser des questions intermédiaires

Pour résoudre un problème, je dois comprendre la situation et mettre les informations en lien pour en déduire un raisonnement.
Parfois, **je dois procéder par étapes et me poser des questions intermédiaires**.
Exemple :
Dans le « Pour démarrer », je dois faire deux calculs intermédiaires avant de pouvoir répondre à la question posée.

Expliquer sa procédure

Pour expliquer ma procédure, **je dois écrire les calculs et rédiger une phrase-réponse**.
Exemple : Pour résoudre le problème du « Pour démarrer », je peux rédiger ainsi :

- **Étape 1 :** 73 + 5 = 78. La grand-mère de Noé avait 78 ans quand la tortue est morte.
- **Étape 2 :** 78 + 7 = 85. La grand-mère de Noé a actuellement 85 ans.
- **Étape 3 :** 90 − 85 = 5. Elle fêtera ses 90 ans dans 5 ans.

Je résous des problèmes

Résous les problèmes en suivant les étapes.

1 * Voici une autre façon de résoudre le problème du « Pour démarrer ».
Étape 1 : calcule l'âge qu'aurait la tortue actuellement si elle n'était pas morte.
Étape 2 : calcule l'écart entre l'âge de la tortue et l'âge de la grand-mère de Noé.
Étape 3 : calcule dans combien d'années la grand-mère de Noé fêtera ses 90 ans.

Dans les problèmes suivants, tu peux utiliser une calculatrice.

2 * Le parking du centre commercial contient 360 places. 75 places sont occupées au sous-sol 1 et 63 places sont occupées au sous-sol 2. Combien de voitures peuvent encore se garer ?
Étape 1 : calcule combien de places sont occupées en tout.
Étape 2 : calcule combien il reste de places pour les voitures qui arrivent.

*
3 Voici un train de marchandises. Chaque wagon transporte 40 sacs de 50 kg.
Quelle est la masse totale de marchandises transportées ?

Étape 1 : calcule la masse de marchandises par wagon.
Étape 2 : calcule la masse totale de marchandises du train.

**
4 M. et Mme Fondant et leurs 4 enfants âgés de 14 ans, 11 ans, 8 ans et 2 ans vont au salon du chocolat.
Combien vont-ils payer pour entrer ?

TARIFS	
Entrée adulte	12,50 €
Enfant de 3 à 12 ans	3 €
Moins de 3 ans	gratuit

Étape 1 : calcule le prix payé au tarif adulte par la famille.
Étape 2 : calcule le prix payé au tarif enfant.
Étape 3 : calcule le prix total payé par la famille pour entrer.

Pour résoudre chaque problème, trouve la dernière étape.

**
5 Nina achète 5 paquets de 10 cartes postales. Elle paie avec un billet de 100 € et la caissière lui rend 55 €.
Quel est le prix d'un paquet de cartes postales ?
Étape 1 : calcule le prix payé par Nina.
Étape 2 : …

**
6 M. Muscle va faire les courses. Son sac ne peut pas contenir plus de 5 000 g.
Il veut acheter les produits suivants :

Pourra-t-il tout mettre dans son sac ?
Étape 1 : calcule la masse totale des produits.
Etape 2 : …

**
7 Une famille de 4 écureuils fait ses provisions. Chaque écureuil ramasse 32 noisettes. Pendant l'hiver, la famille mangera 8 noisettes par semaine.
Pendant combien de semaines la famille écureuil pourra-t-elle se nourrir cet hiver ?
Étape 1 : calcule combien les quatre écureuils ont ramassé de noisettes ?
Étape 2 : …

**
8 Un fermier a 8 poules. Chaque poule pond 4 œufs par semaine. Combien le fermier ramasse-t-il d'œufs en un mois de 30 jours ?
Étape 1 : calcule le nombre d'œufs pondus par l'ensemble des poules en une semaine.
Étape 2 : …

Pour résoudre les problèmes suivants, tu dois procéder par étapes. Trouve-les.

**
9 La maîtresse de CM1 a acheté 12 paquets de 40 bulbes de fleurs à planter. Chaque paquet coûtait 15 €. Elle a payé avec deux billets de 100 €. Combien de monnaie lui a-t-on rendue ?

**
10 Karen et Gaël lisent chacun le même roman de 200 pages. Karen a déjà lu 157 pages. Gaël en a lu 15 de plus. Combien Gaël doit-il encore lire de pages avant de terminer son livre ?

Tout dans la tête

Six chats courent derrière six souris.
Combien de pattes sont en train de courir ?

Question Express

Peut-il y avoir plusieurs façons de résoudre un problème ?

Plans et cartes

EXERCICES SUPPLÉMENTAIRES

POUR DÉMARRER

Le Petit Poucet se promène dans la forêt. Observe le plan.

a. Dans quelle case se trouve le lac des Cygnes ?

b. Que trouvera-t-il en C3 ?

c. Le loup est caché derrière l'arbre le plus au nord. Dans quelle case se trouve-t-il ?

d. Dans quelle case se situe la cabane du forestier ? Et le cavalier bleu ?

JE COMPRENDS

Lire une carte ou un plan

Pour lire une carte ou un plan, j'utilise des **repères** :
– le quadrillage en lignes et en colonnes.
– les coordonnées (les lettres et les numéros du quadrillage) ;
– les points cardinaux : nord, sud, est, ouest.

Remarque : sur une carte, l'**échelle** permet de calculer la distance réelle.

100 m — Cette échelle signifie que 1 cm sur la carte représente 100 m dans la réalité.

JE RÉSOUS DES PROBLÈMES

1 * Observe cette carte des villes de France.

a. Écris le nom des villes situées en B2, B5, D2, D4.

b. Dans quelles cases sont situées Rennes, Le Havre, Colmar et Pau ?

c. Repère la ville la plus à l'ouest de la France et celle la plus au nord. Dans quelles cases se situent-elles ?

2 * Ben se promène à Nîmes. Il cherche les arènes. Repère-les sur le plan

a. Où Ben pourra-t-il garer sa voiture ?

b. Quel monument se trouve dans la case A2 ?

c. Donne un itinéraire pour aller du parking de la Fontaine à la cathédrale.

3 ** Voici la carte de la Corse.

a. Quelle route faut-il emprunter pour aller de Propriano à Bonifacio ?

b. Cite une ville située sur la route de bord de mer qui va de Porto-Vecchio à Bastia ?

c. Quelle est la ville située la plus au nord ? Et celle située la plus au sud ?

d. Quel aéroport dessert le sud de la Corse ?

e. Quelle ville traverse un voyageur qui va d'Ajaccio à Corte ?

f. Combien de kilomètres représentent 1 cm sur cette carte ?

Tout dans la tête

Qui est en B2 ?

Question Express

Sais-tu ce qu'est un « plan d'eau » ?

Lire et construire des tableaux

EXERCICES SUPPLÉMENTAIRES

POUR DÉMARRER

Observe ce tableau sur le vol des oiseaux.

a. Quel oiseau vole le plus vite ?

b. Quel oiseau vole le plus haut ?

c. Quelle est l'altitude de vol de l'oiseau le plus lent ?

d. La cigogne vole à 3 km d'altitude à une vitesse de 56 km/h. Recopie et complète le tableau avec ces informations.

Oiseau	Altitude	Vitesse
Oie	9 km	142 km/h
Grue	4 km	50 km/h
Vautour	11 km	150 km/h
Cygne	8 km	88 km/h
Cigogne		

JE COMPRENDS

Lire et construire un tableau

Un tableau présente des informations sur un même sujet, organisées en **lignes** et en **colonnes**.

Pour lire un tableau, je **croise les informations** données en lignes avec les informations données en colonnes.

Responsables des interclasses ← titre du tableau

	Lundi	Mardi
Cantine	Karim	Sandra
Étude	Lalou	François

← « Le mardi, François est responsable de l'étude. »

Le titre du tableau indique le sujet (thème) traité dans le tableau.
Les cases du tableau donnent les informations croisées des lignes et des colonnes.

JE RÉSOUS DES PROBLÈMES

1 * **Voici le tableau des plus vieux animaux des zoos du monde entier.**

a. Quel est le plus vieil animal vivant dans un zoo ? Quel âge a-t-il ?

b. Quels animaux vivent dans un zoo depuis 43 ans ?

c. Où vit le plus vieux koala ?

d. Quel âge a le panda ?

e. Où vit le phoque gris ?

f. Où vit le plus vieil animal ?

Animal	Pays	Âge
Phoque gris	Grande-Bretagne	43 ans
Ours polaire	Canada	40 ans
Panda	Chine	37 ans
Koala	Australie	23 ans
Buffle	Inde	43 ans
Salamandre	Pays-Bas	52 ans

2 * Ce tableau présente les plus gros poissons pêchés dans le monde.

Espèce	Poids	Lieu de pêche	Année
Espadon	536 kg	Amérique	1953
Requin	580 kg	Amérique	2006
Thon	40 kg	Allemagne	1977
Daurade	7 kg	France	2000
Barracuda	46 kg	France	2002

a. Quels sont les deux plus gros poissons pêchés ?
b. Quel poisson a été pêché en Allemagne ?
c. En quelle année le plus gros barracuda a-t-il été pêché ?
d. Où le plus gros poisson a-t-il été pêché ?

3 * Nestor et Zora consultent les menus de la cantine.

	Lundi	Mardi	Jeudi	Vendredi
Entrée	Salade parisienne	Radis	Avocat aux crevettes	Potage vert
Plat	Paupiette de veau Carottes Vichy	Rôti de dinde Courgettes	Poulet rôti Pommes de terre sautées	Filet de cabillaud Riz
Dessert	Pomme	Crème caramel	Poire	Mousse au chocolat

a. Quel est le plat du vendredi ?
b. Quel dessert est servi le lundi ?
c. Quel jour mangeront-ils du poulet rôti ?
d. Quels jours y a-t-il un fruit au dessert ?

4 ** Lors de la visite médicale, l'infirmière a noté le poids des enfants de la classe de CM1B. Construis un tableau indiquant les poids et les tailles des élèves de la classe.

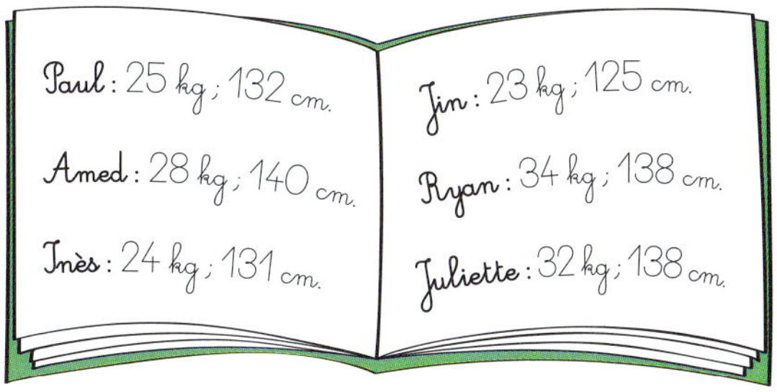

5 ** Les classes de CM de l'école Jules-Verne se sont inscrites à la bibliothèque.
Reproduis et complète le tableau pour présenter l'emploi du temps. Donne-lui un titre.

CM1A le lundi de 9 h à 10 h.
- CM1C le mardi de 9 h à 10 h.
- CM1B le jeudi de 16 h à 17 h.
- CM2A le vendredi de 11 h à 12 h.
- CM2B le jeudi de 15 h à 16 h.
- CM2C le lundi de 14 h à 15 h.

Jour / Heure	Lundi	Mardi	Jeudi	Vendredi
9 h – 10 h	CM1A			

Tout dans la tête

Calcule le nombre de points obtenus en dictée par Wassim et Céleste.

Wassim	Céleste
15	17
12	11
18	13
13	19

Question Express

Qu'est-ce qu'un tableau de maître ?

Lire et construire des graphiques

EXERCICES SUPPLÉMENTAIRES

POUR DÉMARRER

Les 29 élèves de CM1 de l'école ont voté pour élire leurs délégués de classe.
Voici le nombre de voix obtenues par chaque candidat.

a. Observe le graphique et complète le tableau.

b. Qui a obtenu le plus de voix ?

c. Qui a obtenu le moins de voix ?

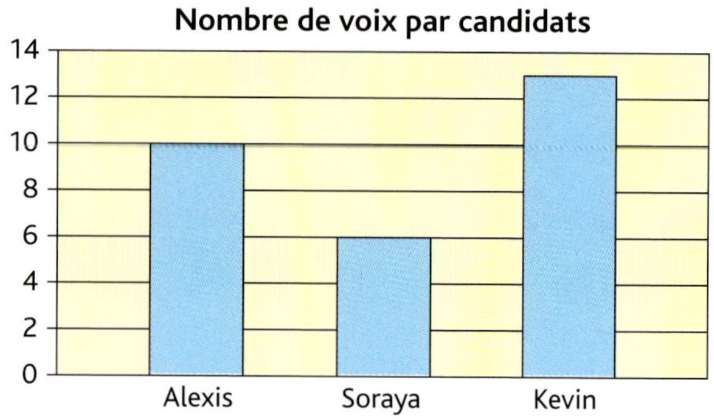

Alexis	Soraya	Kevin

Je comprends

Lire et construire un graphique

Les graphiques permettent de lire rapidement des informations chiffrées.
À partir d'un tableau de nombres, je peux construire un graphique.
Il existe plusieurs sortes de graphiques.
Exemple : ces trois graphiques représentent les sports pratiqués par les élèves de CM1B.

- **en courbe**

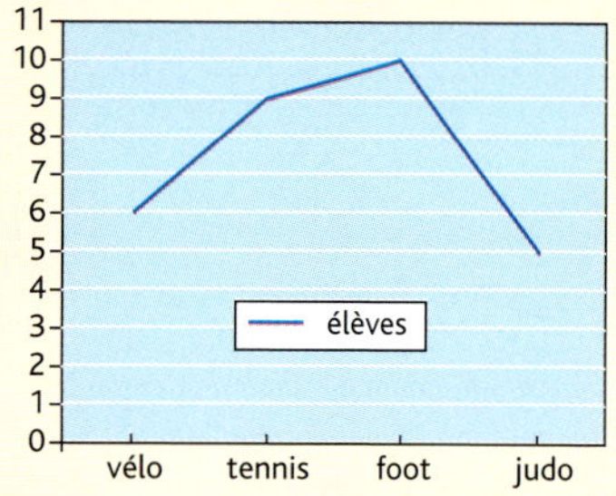

- **en bâtons**

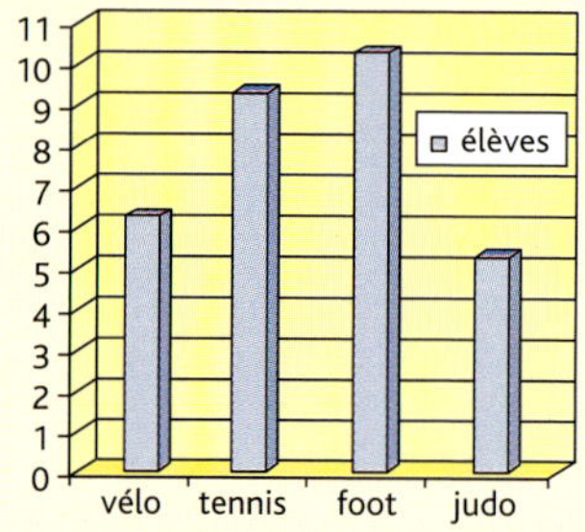

- **circulaire**

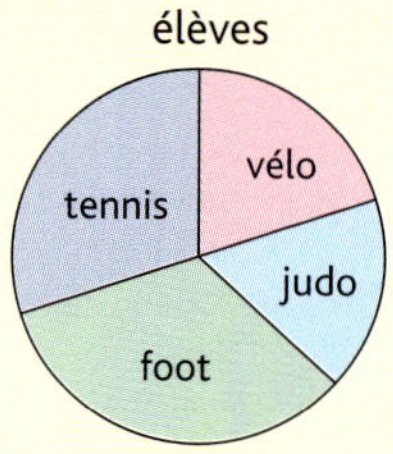

Pour lire un graphique en courbe ou en bâtons, je croise les informations données par l'axe horizontal (axe des abscisses) et celles données par l'axe vertical (axe des ordonnées).

Je résous des problèmes

1 * Léo a été malade cette semaine.
Voici sa courbe de températures :

a. Quel est le jour où il a été le plus fiévreux ?

b. Quelle température avait-il mercredi ?

c. Combien de jours a-t-il eu plus de 39 °C de fièvre ?

d. Quel jour a-t-il eu 37,5 °C ?

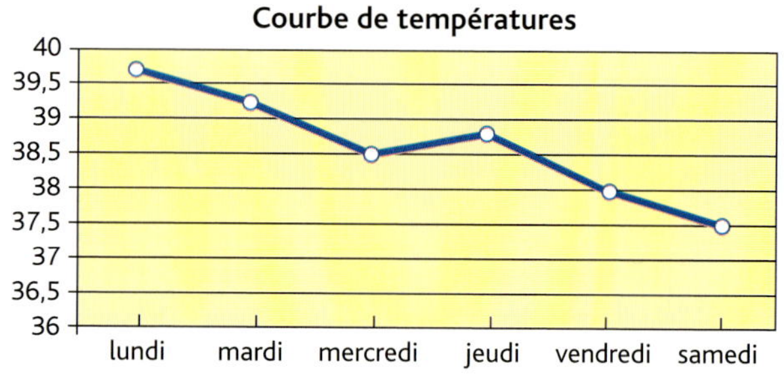

2 * Ce graphique présente le résultat d'un sondage sur les desserts préférés de la cantine.

Desserts préférés

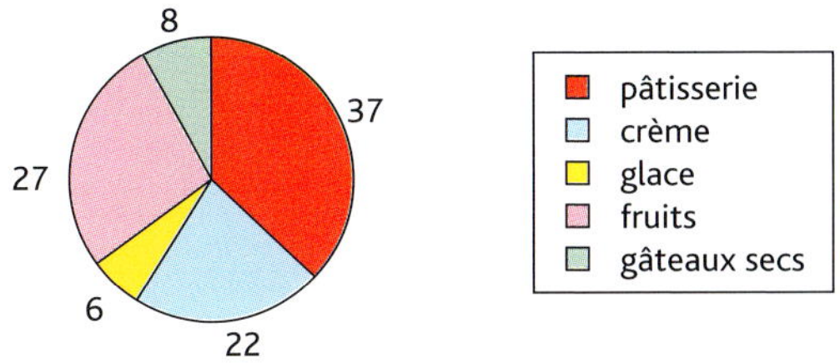

a. Quel est le dessert préféré des élèves ?
b. Quels sont les deux desserts les moins appréciés ?
c. Combien d'élèves préfèrent la glace ?
d. Présente ce graphique circulaire sous la forme d'un graphique en bâtons.

3 * Observe le graphique de l'évolution de l'argent de poche (en euros) de Paul au cours de l'année. Reproduis le tableau et complète-le avec les informations du graphique.

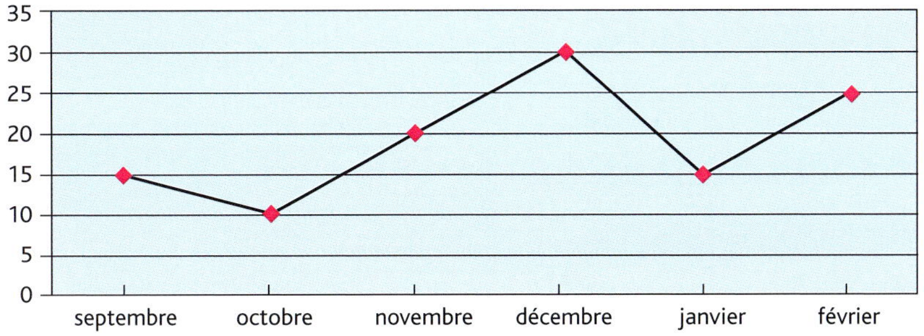

Septembre	Octobre	Novembre	Décembre	Janvier	Février

4 ** Voici les résultats d'une enquête-école sur les animaux de compagnie des élèves.

Chats	Chiens	Lapins	Oiseaux	Poissons
45	40	15	25	10

Reproduis et complète ce graphique pour obtenir un graphique en bâtons.

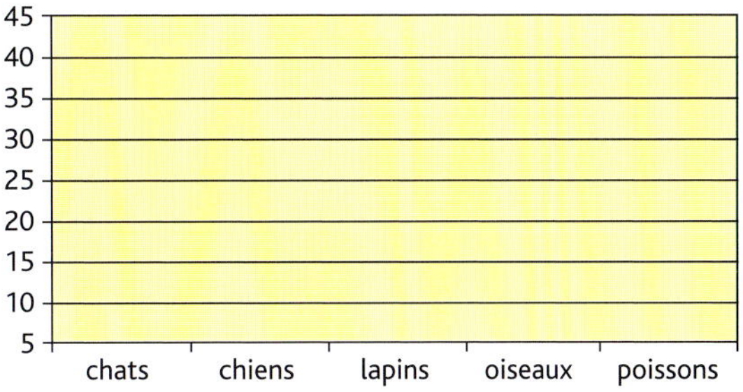

5 ** Voici le tableau des températures à Tahiti.
Construis un graphique à partir des températures données dans le tableau.

Mois	Janv.	Fév.	Mars	Avril	Mai	Juin	Juil.	Août	Sept.	Oct.	Nov.	Déc.
Températures en degrés	27	27	28	27	26	25	24	24	24	25,5	26	26,5

Tout dans la tête

Calcule le nombre total de livres de la BCD.

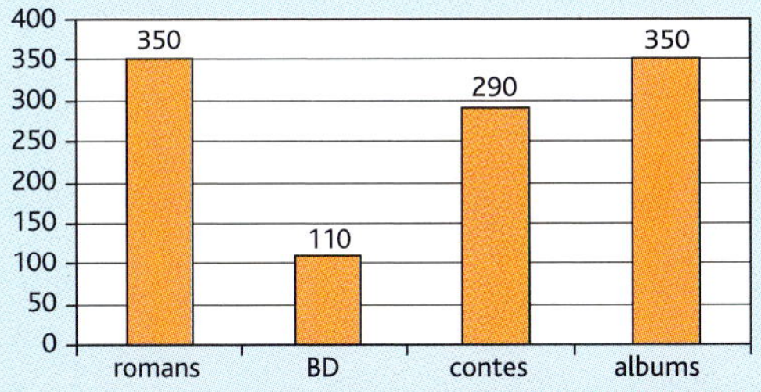

Question Express

On appelle souvent les graphiques circulaires du nom d'un fromage. Lequel ?

Approche de la proportionnalité

EXERCICES SUPPLÉMENTAIRE

Pour démarrer

C'est la rentrée des classes !
Le papa de Nelsie et d'Oscar achète des fournitures pour ses enfants.

a. Recopie et complète sa facture.

b. Quel aurait été le montant de ses achats s'il avait pris 9 stylos, 6 cahiers, 3 livres et 2 tubes de peinture ?

Articles	Prix unitaire en euros	Quantité	Prix en euros
Stylos	2	12	…
Cahiers	…	8	28
Livres	13	…	65
Tubes de peinture	7,50	4	…
			Total …

Je comprends

Reconnaître une situation de proportionnalité

Exemple : 2 pièces de un euro pèsent 16 g. Combien pèsent 4 pièces ? 6 pièces ? 5 pièces ?
→ On dit qu'il y a **proportionnalité** entre la masse et le nombre de pièces car 4 pièces pèsent **« deux fois plus »** que 2 pièces.

Résoudre une situation simple de proportionnalité

1. Je peux utiliser un tableau.

(× 2 : de 2 à 4 ; × 8 : du nombre de pièces à la masse)

Nombre de pièces	2	4	6
Masse en g	16	32	48

2 pièces pèsent 16 g.
4 pièces pèsent 32 g.
6 pièces (2 + 4) pèsent 48 g (16 + 32).

2. Je peux faire une règle de trois.

Si 2 pièces pèsent 16 g,
1 pièce pèse « deux fois moins », donc 1 pièce pèse 8 g.
5 pièces pèsent « cinq fois plus » qu'une pièce.
8 × 5 = **40**, donc 5 pièces pèsent 40 g.

On peut écrire une « règle de trois » :

$$\frac{16 \times 5}{2} = 40$$

Attention : dans la vie, toutes les situations ne sont pas toujours « proportionnelles ».
Exemple :
John a mis 4 buts en 20 minutes. Ce n'est pas pour autant qu'il en mettra 8 en 40 minutes !

Je résous des problèmes

Dans tous les problèmes, tu peux utiliser une calculatrice.

1 * Cette tablette de chocolat pèse 100 g.
Combien de g pèse 1 carré ?
2 carrés ? 5 carrés ?

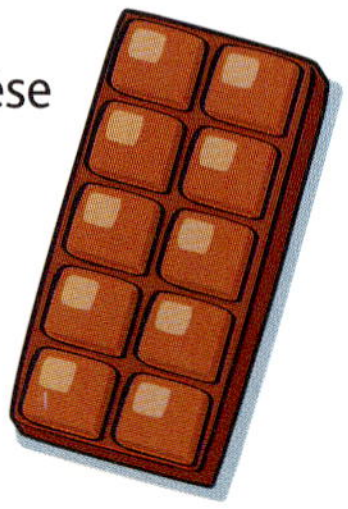

2 * Dans quel paquet la sucette coûte-t-elle le plus cher ?

3 * Lis chaque problème et résous-les quand c'est possible.
a. Une poule pond un œuf par jour.
Combien pond-elle d'œufs en 8 jours ?
b. Diane a 15 ans et mesure 153 cm.
Xavier a 30 ans. Combien mesure-t-il ?
c. Combien y a-t-il d'œufs dans 6 boîtes de 6 œufs ? Et dans 8 boîtes ?
Combien faut-il de boîtes pour ranger 60 œufs ? 54 œufs ?
d. Marius a 12 ans et pèse 36 kg. Léonie a 24 ans.
Combien pèse-t-elle ?

4 * Si une chemise coûte 15 €, combien coûtent 3 chemises ? Et 5 chemises ?

5 * Pour 4 entrées à la piscine, Zoé paie 12 €.
Pour 10 entrées, Simon paie 20 €.
Peut-on dire qu'il y a proportionnalité entre le prix et le nombre d'entrées ?

6 * 6 kg de poires valent 9 €.
Combien vaut un kilo ?
Combien valent 12 kg ?

7 * Un libraire a vendu 3 exemplaires du même livre pour 18 €.
a. Recopie et complète le tableau.

Nombre de livres	3	6	9
Prix	18	...	...

b. Quel est le prix d'un livre ?
c. À combien de livres correspond le prix de 60 € ?

8 * À chaque saut, l'ogre parcourt « sept lieues ».
a. Combien de lieues parcourt-il en 10 sauts ? 12 sauts ?
b. Pour rattraper le Petit Poucet, il doit parcourir 350 lieues.
Combien de sauts devra-t-il faire ?

9 ** Dans 100 g de crème glacée à la vanille, il y a 62 g de lait.
a. Quelle masse de lait y a-t-il dans 300 g de crème glacée ? 500 g ? 1 kg ?
b. Dans quelle masse de crème glacée y a-t-il 124 g de lait ?

10 ** Pour représenter une distance de 400 m, M. Échelle trace un trait de 4 cm.
a. Quelle longueur le trait devra-t-il mesurer s'il veut représenter une distance de 100 m ? de 300 m ? et de 900 m ?
b. Quelle distance représente un trait qui mesure 8 cm ?

11 ** Dans un wagon de train, il y a 60 places.
a. Combien de wagons faut-il pour transporter 240 personnes ?
b. Combien y a-t-il de personnes dans 5 wagons remplis ?

12 ** Lorsqu'une voiture consomme 5 litres d'essence, elle rejette 10 kg de gaz polluant.
Combien rejette-t-elle de gaz polluant si elle consomme 16 L ?
Aide : cherche d'abord pour 1 L ou fais une règle de trois.

13 ** Un robinet qui fuit perd 10 cL d'eau par minute.
Combien perd-il d'eau en 10 minutes ? Et en 1 heure ?
Donne ta réponse en cL et en L.
Aide : 1 h = 60 min

Tout dans la tête

Pour faire un gâteau au yaourt pour 4 personnes, il faut 0,5 yaourt et 1 œuf.
Combien de yaourts et d'œufs faudra-t-il pour faire un gâteau pour 8 ? 12 ?

Question Express

L'intelligence est-elle proportionnelle à la taille ?

Proportionnalité

BILAN

Résoudre une situation simple de proportionnalité

1 **Recopie et complète les phrases.**
Dans une boîte, il y a 12 bonbons, donc :
- dans 2 boîtes, il y a 2 fois plus de bonbons, donc il y a … bonbons.
- dans 3 boîtes, il y a … fois plus de bonbons, donc il y a … bonbons.
- dans 5 boîtes, il y a … fois plus de bonbons, donc il y a … bonbons.

2 **Recopie et complète le tableau.**

Nombre de boîtes	1	2	3	4	5
Nombre de bonbons	12	24			

× …

3 Joshua a acheté 4 cahiers identiques pour 6 € en tout.
Combien aurait-il payé s'il avait acheté 8 cahiers ? Et 12 cahiers ?

4 Avec 35 €, M. Lapompe a mis 25 L d'essence dans sa voiture.
a. Combien coûtent 5 litres d'essence ?
b. Quelle quantité d'essence peut-il acheter avec 70 € ?

5 a. 1 kg de tomates coûte 1,50 €. Combien coûtent 2 kg ? 3 kg ?
b. 5 kg de pommes coûtent 9 €. Combien coûte 1 kg de pommes ? Et 7 kg ?

6 Sur une carte, si 1 cm représente 10 m en réalité, quelle distance représente 5 cm ?
Par quelle longueur faudrait-il représenter une distance de 100 m ?

7 Un chat se nourrit avec environ 1,2 kg de croquettes par mois. Quelle masse de croquettes avale-t-il par an ?

8 Pour son garage, M. Mécano a acheté 5 machines ayant toutes le même prix. Il a payé 5 435 €. Combien valent 15 machines ?

9 Un peintre doit utiliser 5 L de peinture pour peindre une surface de 24 m^2.
a. Quelle surface peut-il recouvrir avec 10 L de peinture ? Et avec 2,5 L ? 12,5 L ?
b. Quelle quantité de peinture doit-il prévoir pour peindre 48 m^2 ? 72 m^2 ? 240 m^2 ?

Grandeurs et mesures

Mesure et comparaison de longueurs

EXERCICES SUPPLÉMENTAIRES

POUR DÉMARRER

Leïla et Antoine se sont amusés à mesurer la largeur de leur pouce, représentée en taille réelle par les segments ci-contre.
À ton avis, qui a le pouce le plus large ?
Quels instruments peux-tu utiliser pour vérifier ta réponse ?

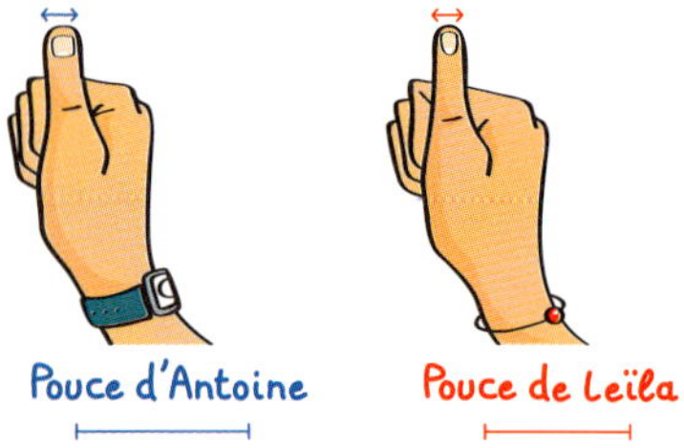

Je retiens

■ Utiliser des instruments pour mesurer ou comparer des longueurs

Pour mesurer et comparer des longueurs, je peux :

- **Utiliser une règle graduée**
Exemple : La longueur du segment [AB] est de 5 cm.
On note AB = 5 cm.

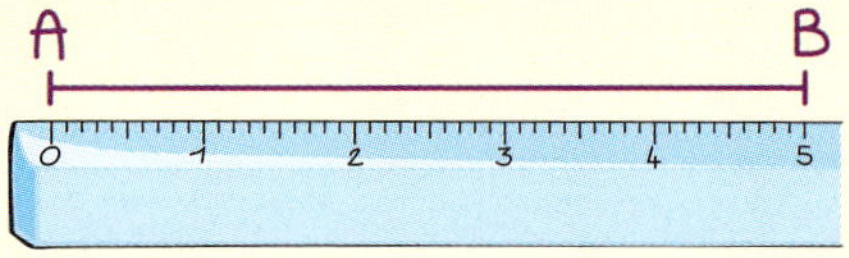

- **Utiliser un gabarit**
C'est une bande de papier que l'on peut reporter.
Exemple : La longueur du segment [CD] est de 4 u.
On note CD = 4 u.

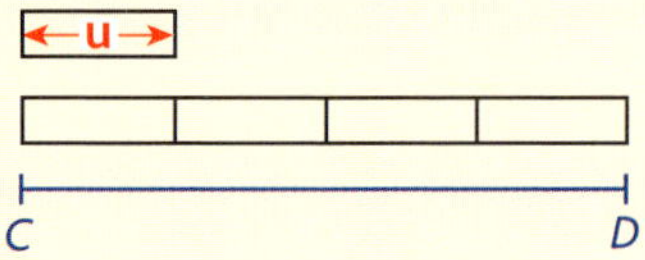

- **Reporter des longueurs avec un compas**
Un même écartement des deux branches du compas correspond à une même longueur.

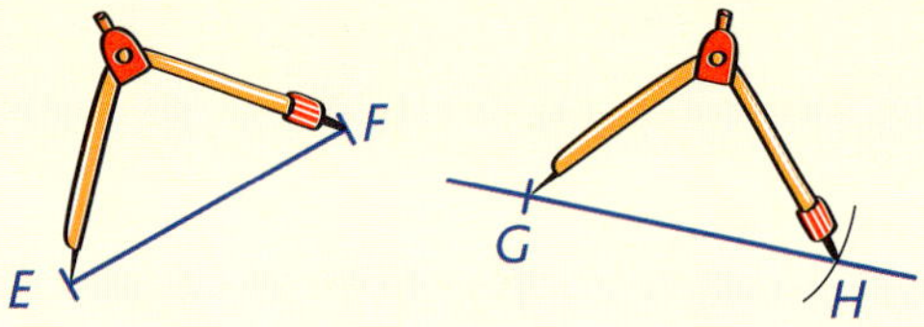

Exemple : EF = GH
Attention, il ne faut pas bouger l'écartement du compas en le déplaçant !

Je m'exerce à mon rythme

■ Utiliser des instruments pour mesurer ou comparer des longueurs

1 Avec ton compas, compare les longueurs de ces segments, puis range-les dans l'ordre croissant.

a. *

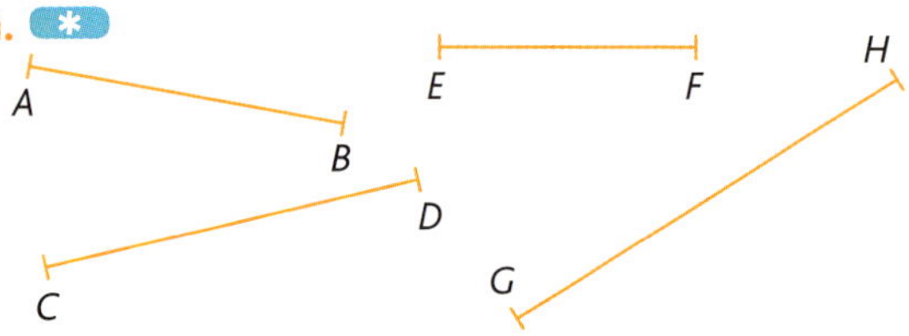

b. **

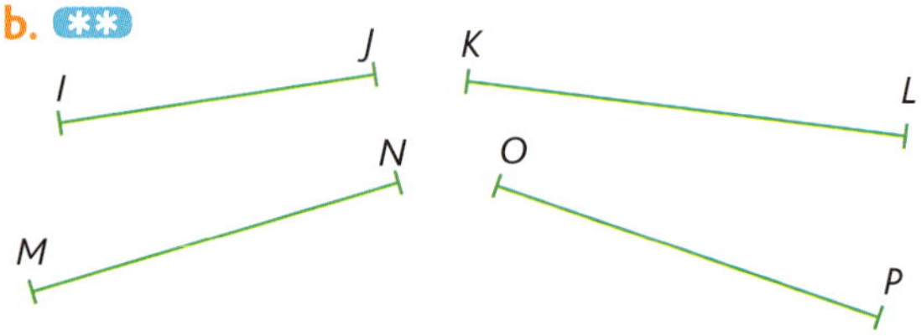

2 Construis les segments suivants à partir des gabarits proposés.

a. * 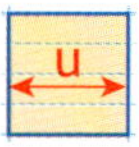

MN = 3 u ; OP = 5 u

b. ** 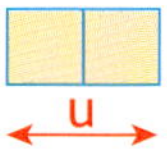

QR = 7 u ; ST = 9 u

3 **En te servant uniquement de ton compas, complète par <, > ou =.**

a. * AB … BE
AB … BD

b. ** AC … AE
CD … AE

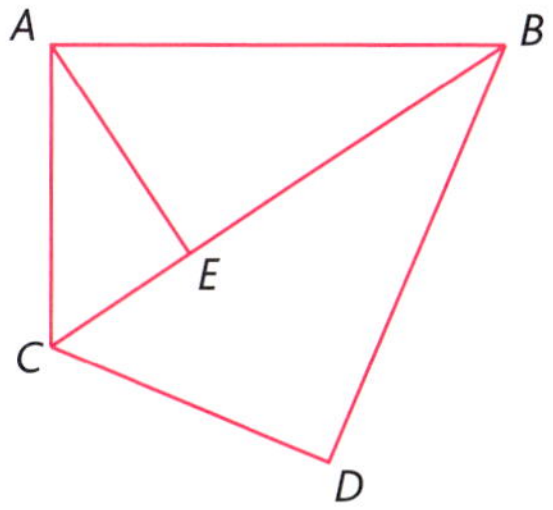

4 **Avec ta règle graduée, construis les segments suivants.**

a. *
AB = 3 cm
CD = 5 cm
EF = 7 cm

b. **
GH = 4 cm 3 mm
IJ = 6 cm 7 mm
KL = 1 cm 9 mm

TEST

5 **Pour chaque exercice, choisis la réponse A, B ou C qui convient.**
Vérifie tes réponses page 140.

	A	B	C
1. 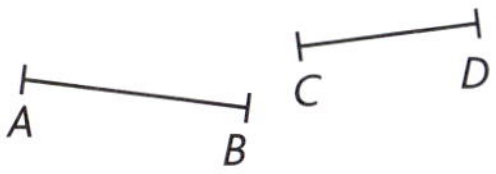	AB = CD	AB > CD	AB < CD
2. EF = 2 cm.	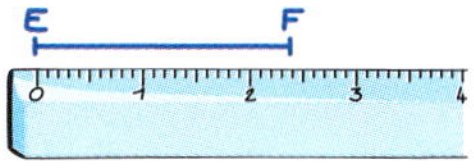	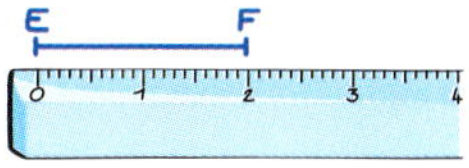	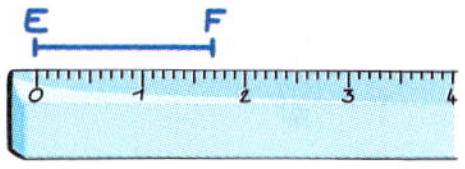

Je résous des problèmes

6 * Quelle est la longueur de cette ligne brisée ?

7 ** Reproduis cette figure avec un compas et une règle (sans utiliser les graduations).

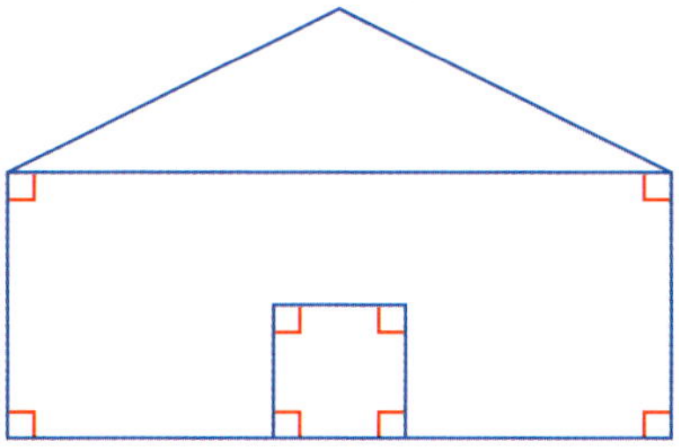

8 ** En utilisant seulement un compas et une règle (sans utiliser les graduations), trouve quel est le chemin le plus court.

À l'œil nu

Quel est le segment le plus long ?
Utilise ton compas pour contrer cette illusion d'optique.

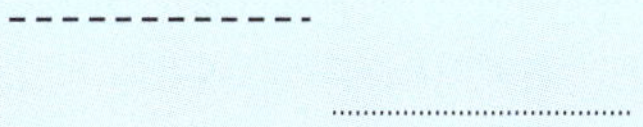

Question Express

Que signifie l'expression « avoir le compas dans l'œil » ?

Calcul de longueurs

EXERCICES SUPPLÉMENTAIRES

POUR DÉMARRER

Dans *Le Petit Poucet*, l'ogre porte des bottes qui lui permettent de parcourir 7 lieues en une enjambée. 1 lieue équivaut à 4 km environ.

a. Calcule, en kilomètres, la distance parcourue par l'ogre en une enjambée.

b. Quelle distance parcourt-il en 3 enjambées ? Donne ta réponse en lieues, puis en km et en mètres.
Aide : 1 km = 1 000 m

Je retiens

Connaître et utiliser les unités de mesure de longueurs

- L'unité principale est le **mètre (m).**
- Pour changer d'unité, je peux utiliser un **tableau de conversion** :

1 000 fois plus grand	100 fois plus grand	10 fois plus grand		10 fois plus petit	100 fois plus petit	1 000 fois plus petit
kilomètre	**hectomètre**	**décamètre**	**mètre**	**décimètre**	**centimètre**	**millimètre**
km	**hm**	**dam**	**m**	**dm**	**cm**	**mm**
			1	0	0	0
1	0	0	0			
2	5	7	3			

1 km = 10 hm = 100 dam = **1 000 m** **1 m** = 10 dm = **100 cm** = **1 000 mm**

- Une mesure peut donc s'écrire de plusieurs façons.
Exemple : 2 573 m = 2 km 5 hm 7 dam 3 m = 2 km 573 m

Calculer des mesures de longueurs

Je dois convertir toutes les mesures dans la même unité.
Exemple : 73 m + 689 cm = 7 300 cm + 689 cm = 7 989 cm

Je m'exerce à mon rythme

Connaître et utiliser les unités

1 Complète avec la bonne unité.

a. *
La hauteur du mont Blanc s'exprime en …
La taille d'une fourmi s'exprime en …
La distance entre Marseille et Lille s'exprime en …

b. **
La profondeur d'une piscine s'exprime en …
La taille d'un adulte s'exprime en …
La longueur d'un stylo s'exprime en …

2 Recopie et complète.

a. *
- Dans 1 km, il y a … m.
- Dans 100 mm, il y a … cm.
- Dans 1 m, il y a … mm.

b. **
- 23 cm = … mm
- 1 320 hm = … km.
- 473 m = … cm

3 Recopie et complète les égalités.

a. *

834 m = ... hm ... dam ... m
432 dam = ... km ... hm ... dam
65 347 mm = ... dam ... m ... dm ... cm ... mm

b. **

6 932 m = ... km ... dam ... m
23 dm = ... m ... cm
572 mm = ... m ... cm ... mm

4 Recopie et complète par $<$, $>$ ou =.

a. *

23 m ... 2 300 cm ; 465 dm ... 4 m 65 cm ;
9 m 32 cm ... 9 132 cm

b. **

45 km ... 45 000 cm ; 12 dm ... 120 mm ;
281 dam ... 2 km 8 hm 12 m

5 Trouve l'intrus.

a. *

1 060 mm — 16 dm — 10 dm 60 mm

b. **

307 m — 300 700 cm — 30 hm 7 m

Calculer des mesures de longueurs

6 Calcule et complète.

a. * 67 m + 3 km = ... m + ... m = ... m
84 cm + 122 mm = ... mm + ... mm = ... mm
6 m − 13 cm = ... cm − ... cm = ... cm

b. ** 20 km − 20 m = ... m − ... m = ... m
203 mm + 203 cm = ... mm + ... mm = ... mm
7 km + 7 hm + 277 m = ... m + ... m + ... m
= ... m

TEST

7 Pour chaque exercice, choisis la réponse A, B ou C qui convient.
Vérifie tes réponses page 140.

	A	B	C
1. La hauteur d'un immeuble se mesure en...	centimètres	kilomètres	mètres
2. 1 km est égal à...	1 000 dam	1 000 m	1 000 dm

Je résous des problèmes

Dans les problèmes suivants, tu peux vérifier tes résultats avec une calculatrice.

8 * Élodie veut faire 10 colliers de 48 cm et 10 bracelets de 17 cm.
a. De quelle longueur de fil a-t-elle besoin pour faire ses colliers ? Et ses bracelets ?
b. De quelle longueur de fil a-t-elle besoin pour faire tous ses bijoux ?

9 * Mme Duguidon habite à 3 000 m de son bureau. Elle affirme qu'elle parcourt plus de km par jour que son mari qui fait 5 km. Est-ce vrai ?

10 ** Lorsqu'un enfant de CM1 écarte les bras, la distance entre ses mains est en moyenne de 130 cm.
a. Quelle longueur obtiendrait-on si 26 élèves écartaient les bras et se donnaient la main ? Donne ta réponse en cm et en dm.
b. Sachant que la circonférence de la Terre est de 40 000 km, combien d'élèves devraient se donner la main pour faire une ronde autour de la Terre ?

Tout dans la tête

À Paris, la tour Eiffel mesure 324 000 mm de hauteur.
À New York, l'Empire State Building mesure 4 430 dm.
Quel monument est le plus grand ?

Question Express

Combien mesure un double décimètre ?

Masses

EXERCICES SUPPLÉMENTAIRES

POUR DÉMARRER

a. Combien pèsent la farine, le cartable et l'ananas ?

b. Quelles remarques peux-tu faire sur les balances utilisées ?

Je retiens

Connaître et utiliser les unités de mesure de masses

- L'unité principale est le **gramme (g)**.
- Pour convertir une mesure, c'est-à-dire pour changer d'unité, je peux utiliser un **tableau de conversion** :

1 000 fois plus grand	100 fois plus grand	10 fois plus grand		10 fois plus petit	100 fois plus petit	1 000 fois plus petit
kilogramme	**hectogramme**	**décagramme**	**gramme**	**décigramme**	**centigramme**	**milligramme**
kg	**hg**	**dag**	**g**	**dg**	**cg**	**mg**
1	5	1	0			
		2	0			

1 kg = 10 hg = 100 dag = **1 000 g**   **1 g** = 10 dg = 100 cg = **1 000 mg**

Une mesure peut donc s'écrire de plusieurs façons.
Exemples : 1 kg 510 g = 1 510 g   20 g = 20 000 mg
D'autres unités sont utilisées : **1 tonne (t)** = **1 000 kg** ; 1 quintal (q) = 100 kg.

Calculer des mesures de masses

Pour additionner ou soustraire des mesures de masses,
je dois convertir toutes les mesures dans la même unité.
Exemple : 151 dag + 20 g = 1 510 g + 20 g = 1 530 g

Je m'exerce à mon rythme

Connaître et utiliser les unités

1 **Parmi les unités proposées, choisis celle qui convient pour exprimer chaque masse.**

a. *

tonne, kg ou g ?
- un enfant
- un stylo
- une maison

b. **

kg, g ou mg ?
- un paquet de gâteaux
- un vélo
- une mouche

2 **Recopie et complète.**

a. *
- Dans 5 kg, il y a … g.
- Dans 3 g, il y a … mg.
- Dans 28 kg, il y a … g.
- Dans 2 t, il y a … kg.

b. **
- Dans 100 dg, il y a … g.
- Dans 1 000 g, il y a … hg.
- Dans 10 dag, il y a … cg.

3 **Décompose les mesures de masses suivantes.**

a. (*) 2834 g = … kg + … hg + … dag + … g

1728 mg = … g + … dg + … cg + … mg

b. (**) 252 hg = … kg + … hg

36 dg = … g + … mg

4 **Recopie les mesures équivalentes.**

a. (*)

2 g 4 dg — 705 cg — 24 dg — 7 g 5 cg

b. (**)

205 g — 20 g 5 cg — 20 dag 5 g — 2005 cg

5 **Range ces mesures de masses dans l'ordre croissant.**

a. (*) 100 g ; 1000 cg ; 1 dg ; 10 mg

b. (**) 9 kg ; 96 g ; 9600 mg ; 96 cg

Calculer des mesures de masses

6 **Complète pour obtenir 1 kg.**

Exemple : 600 g + 400 g = 1000 g = 1 kg

a. (*) 8 hg + … hg = … hg = 1 kg

20 dag + … dag = … dag = 1 kg

b. (**) 390 g + … g = … g = 1 kg

237 g + … g = … g = 1 kg

TEST

7 **Pour chaque exercice, choisis la réponse A, B ou C qui convient.**

Vérifie tes réponses page 140.

	A	B	C
1. Pour mesurer la masse d'un cartable, on utilise des…	grammes	kilogrammes	tonnes
2. 1 kg est égal à…	1000 g	100 g	100 cg

Je résous des problèmes

(*)

8 Raïssa a mis dans son cartable :

Combien pèse son cartable une fois rempli ?

(*)

9 Quel est l'animal terrestre le plus lourd ?

Animal	Poids
Éléphant d'Afrique	jusqu'à 70 q
Ours brun	jusqu'à 300 kg
Rhinocéros noir	jusqu'à 2000 kg
Baleine bleue	jusqu'à 150 t

Dans le problème suivant, tu peux vérifier tes résultats avec une calculatrice.

(**)

10 Pour sa potion, la sorcière Duchaudron a utilisé 10 g de crottes de souris, 2 dg de griffes de dragon et 260 mg de poudre d'escampette.

a. Quelle est la masse totale de ces ingrédients ? Exprime-la en mg puis en cg.

b. Cette potion ne permet de faire disparaître qu'un seul crapaud. Quelle masse de poudre d'escampette (en cg) la sorcière devra-t-elle utiliser pour faire boire sa potion à ses 27 crapauds ?

À l'œil nu

Quel sac est le plus lourd ?

Question Express

Que signifie ce panneau ?

Périmètres

EXERCICES SUPPLÉMENTAIRES

POUR DÉMARRER

M. Plouf veut clôturer sa piscine.

a. Quelle longueur de clôture M. Plouf doit-il acheter ?

b. Le bassin de Mme Tong est un carré.
Elle a besoin de la même longueur de clôture que M. Plouf.
Quelle est la longueur d'un côté de son bassin ?

Je retiens

Calculer le périmètre d'un polygone

Le périmètre d'un polygone, c'est la longueur de son contour.
J'additionne les longueurs de ses côtés.
Exemple : P = 4 + 3 + 4 + 2 + 2 + 3 = 18
→ Ce polygone a pour périmètre 18 cm.

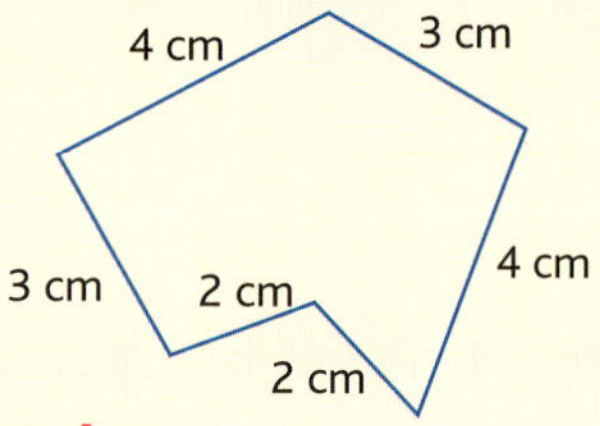

Connaître les formules du périmètre du carré et du rectangle

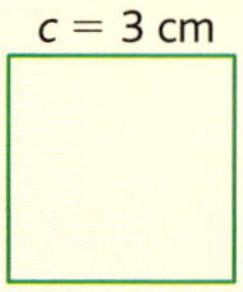

Périmètre du carré

P = côté × 4
P = c × 4

Exemple : P = 3 × 4 = 12
→ Ce carré a pour périmètre 12 cm.

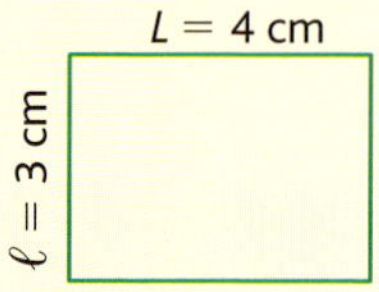

Périmètre du rectangle

P = (Longueur + largeur) × 2
P = (L + ℓ) × 2

Exemple : P = (4 + 3) × 2 = 14
→ Ce rectangle a pour périmètre 14 cm.

Je m'exerce à mon rythme

Calculer le périmètre d'un polygone

1 **Calcule le périmètre de ces polygones.**

a. *

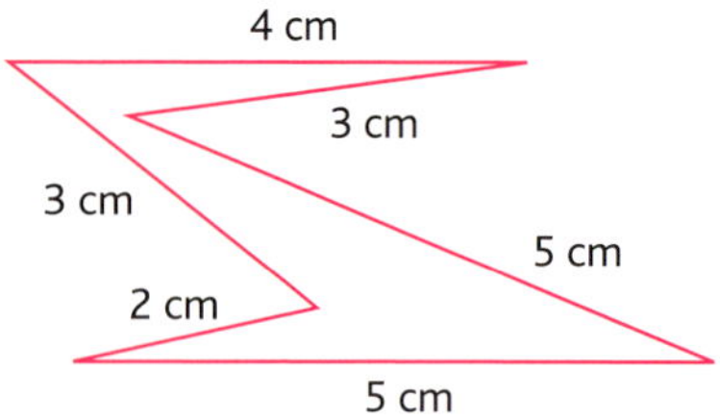

b. **

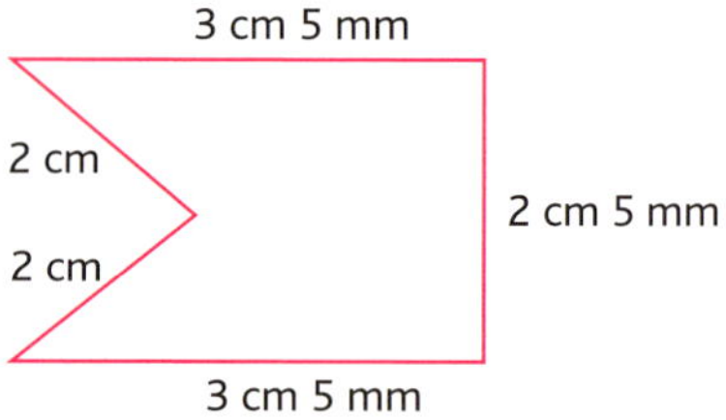

2 **Calcule le périmètre de ces polygones.** *Utilise le côté d'un carreau comme unité de mesure.*

a. *

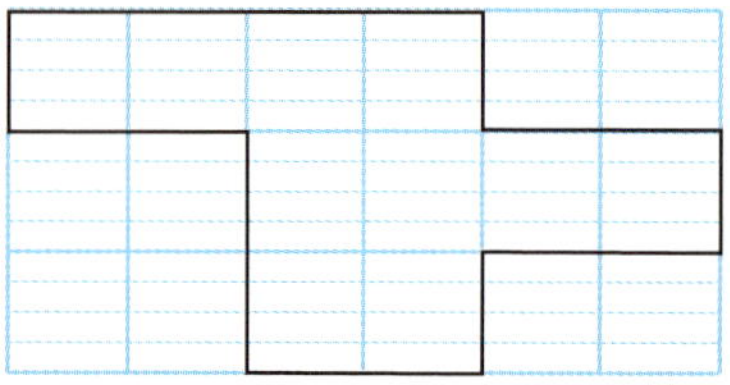

b. **

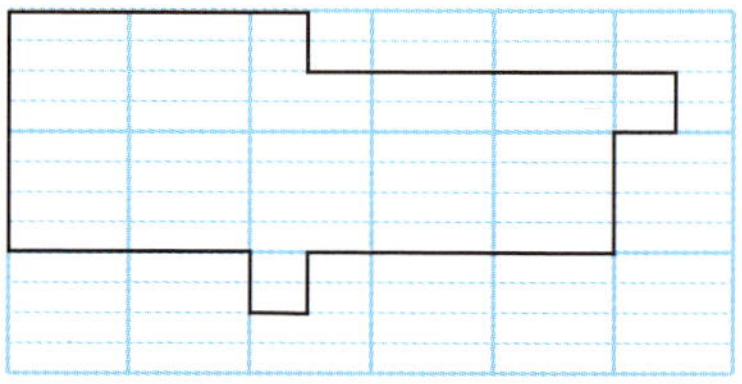

Connaître les formules du périmètre du carré et du rectangle

3 **Calcule le périmètre de ces polygones.**

a. *

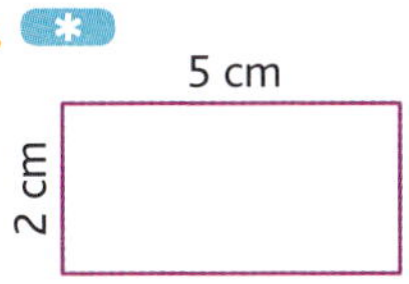

b. **

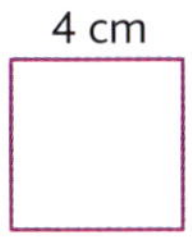

4 **Trace les polygones suivants et calcule leur périmètre.**

a. * Un rectangle de 13 cm de long et de 9 cm de large.

b. ** Un carré de 4 cm 5 mm de côté.

TEST

5 **Pour chaque exercice, choisis la réponse A, B ou C qui convient.**

Vérifie tes réponses page 140.

	A	B	C
1. Pour calculer le périmètre d'un polygone...	je multiplie les longueurs de ses côtés.	j'additionne les longueurs de ses côtés.	je multiplie par 2 les longueurs de ses côtés.
2. Le périmètre de ce rectangle est : 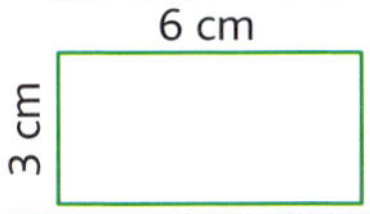	$(3 + 6) \times 2 = 18$ cm	$(3 + 6) \times 4 = 36$ cm	$6 \times 4 = 24$ cm

Je résous des problèmes

6 * M. Laforme, le professeur de sport, a promis à ses élèves que le parcours du cross des écoles ferait moins de 2 km. A-t-il tenu sa promesse ?

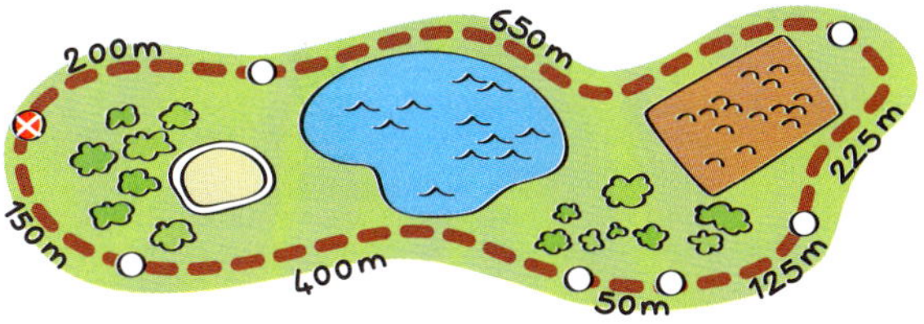

7 * Le parcours d'une régate d'optimistes a une longueur de 1 500 m. Quelle est la distance entre la bouée jaune et la bouée bleue ?

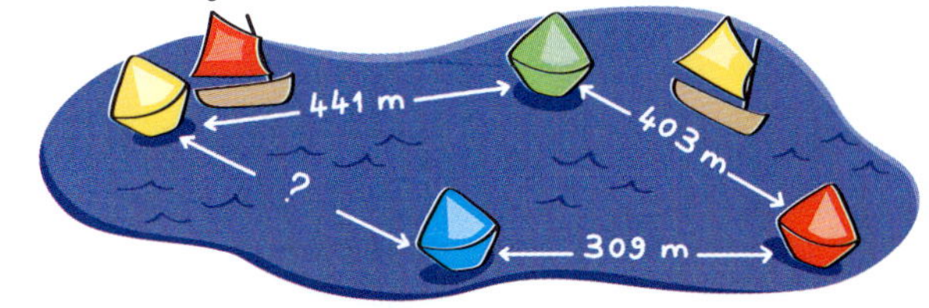

8 ** Sur une feuille quadrillée, construis un polygone différent de celui-ci mais ayant le même périmètre.

9 ** Trace un carré et un rectangle ayant chacun 24 cm de périmètre.
Compare-les avec ceux de ton voisin.

Tout dans la tête

Lequel de ces polygones a le plus grand périmètre ?

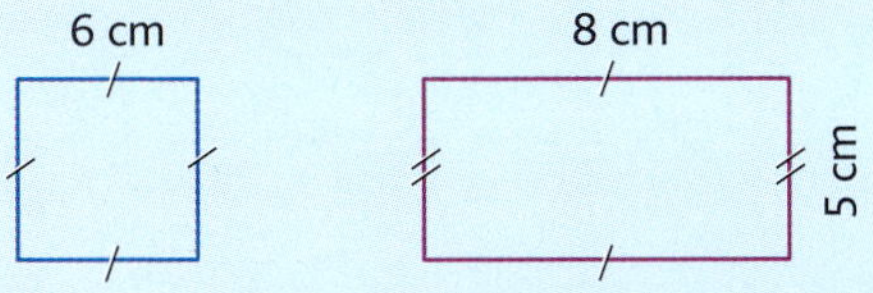

Question Express

Qu'est-ce qu'un périmètre de sécurité ?

Heures

EXERCICES SUPPLÉMENTAIRES

POUR DÉMARRER

Une panne d'électricité a déréglé les appareils de la maison. Charlotte doit tous les remettre à l'heure !

a. Quelle est l'heure indiquée sur son horloge à aiguilles ?

b. Charlotte a réglé l'heure de son radio-réveil. S'est-elle trompée ? Pourquoi ?

Je retiens

■ Lire l'heure sur une montre à aiguilles ou une horloge digitale

- Sur un cadran à aiguilles, la petite aiguille indique les **heures**, la grande aiguille les **minutes**.
- Je peux lire l'heure de différentes façons :

10 h 45
11 h moins le quart

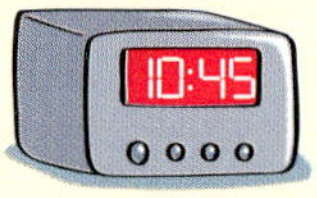

10 h 45
matin

22 h 45
soir

1 heure = 60 minutes
Un quart d'heure = 15 minutes

Une demi-heure = 30 minutes
Trois quarts d'heure = 45 minutes

Je m'exerce à mon rythme

■ Lire l'heure sur une montre à aiguilles ou une horloge digitale

1 Associe chaque horloge à l'étiquette qui correspond.

a. * A B C

6:15 9:10 22:05

b. ** D E F

11:11 20:55 7:08

2 Écris l'heure du matin et l'heure de l'après-midi indiquées par les horloges.

a. *

① ② ③

b. **

④ ⑤ ⑥

3 Recopie et complète les phrases suivantes.

a. *

- Une demi-heure, c'est … minutes.
- Trois quarts d'heure, c'est … minutes.
- Quand il est minuit et demie, la petite aiguille est sur … et la grande aiguille sur … .

b. **

- Deux heures et demie, c'est … minutes.
- La grande aiguille fait le tour du cadran en … minutes.
- La petite aiguille fait le tour du cadran en … heures.

TEST

4 Pour chaque exercice, choisis la réponse A, B ou C qui convient.

Vérifie tes réponses page 140.

	A	B	C
1. Quelle heure est-il ? 	Il est 4 h et quart.	Il est 4 h moins le quart.	Il est 3 h 20.
2. Quelle heure est-il ? 	Il est 11 h moins le quart	Il est 9 h 55.	Il est 20 h 55.

Je résous des problèmes

5 * Reproduis trois fois cette horloge et place les aiguilles pour indiquer les heures suivantes.

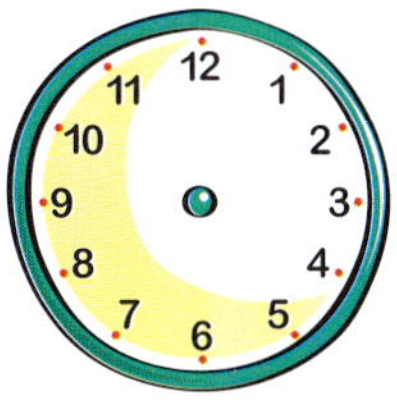

- 17 h 15
- 12 h
- 3 h moins 5 min

6 * Pour chaque horloge, exprime l'heure (du matin) de deux façons différentes.

7 ** **a.** Ma montre indique midi moins le quart. Mais elle avance de 10 minutes. Quelle heure est-il en réalité ?

b. Il est 14 h. Ma montre retarde de 8 minutes. Quelle heure indique-t-elle ?

8 ** Valentin est à la gare pour accueillir son amie Solène qui arrive de Brest.

a. Quelle heure est-il ?

b. Solène est-elle déjà arrivée ?

Question Express

Qu'appelle-t-on l'heure d'hiver et l'heure d'été ?

Tout dans la tête

Combien y a-t-il de quarts d'heure dans une heure et demie ?

Durées

EXERCICES SUPPLÉMENTAIRES

POUR DÉMARRER

Dorian part de chez lui à 16 h 35 pour se rendre à son entraînement d'athlétisme qui commence à 17 h. Il met un quart d'heure pour aller de sa maison au stade. Dorian sera-t-il à l'heure ?

Je retiens

■ Connaître et utiliser les unités de mesure de durées

Pour mesurer des durées, je peux utiliser différentes unités :
– l'**heure** (h), la **minute** (min), la **seconde** (s) ;
– le **jour**, le **mois**, l'**année**, le **siècle**.

1 min = 60 s	**1 mois = 30 ou 31 jours, sauf février (28 ou 29 jours)**
1 h = 60 min	**1 an = 12 mois = 365 ou 366 jours**
1 jour = 24 h	**1 siècle = 100 ans**

■ Calculer des durées

Pour calculer des durées entre deux instants ou entre deux dates, je peux m'aider d'un **axe du temps**.

Exemples :

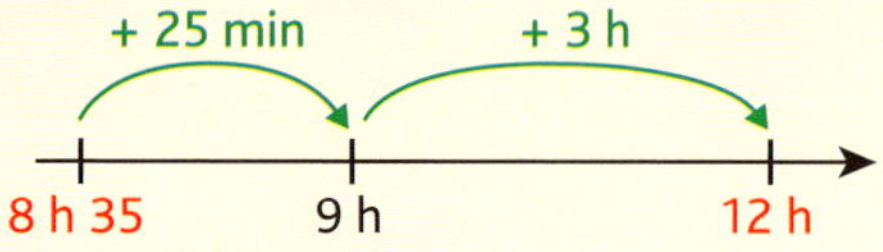

Entre 8 h 35 et 12 h, il y a 3 h et 25 minutes.

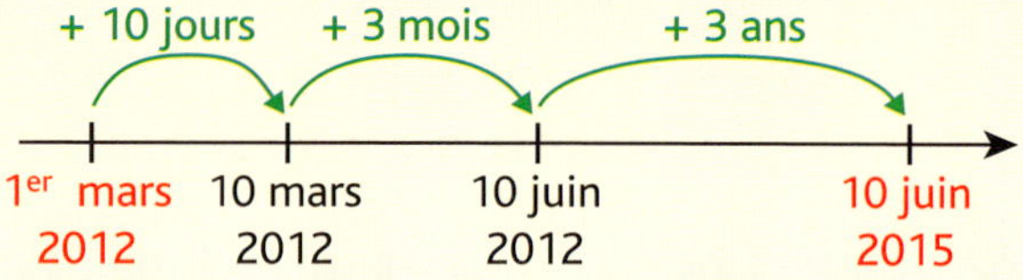

Entre le 1er mars 2012 et le 10 juin 2015, il y a 3 ans, 3 mois et 10 jours.

Je m'exerce à mon rythme

■ Connaître et utiliser les unités de mesure de durées

1 **Choisis l'unité qui convient pour exprimer chaque durée.**

a. *

- un brossage de dents : s / min / h
- une journée de classe : jour / heure / min
- la période de l'Antiquité : mois / année / siècle

b. **

- une course de 100 m : s / min / h
- la vie d'un papillon : jour / mois / année
- la rotation de la Terre sur elle-même : jour / année / siècle

2 **Recopie et complète.**

a. *

2 h = ... min
3 min = ... s
2 jours = ... h

b. **

$\frac{1}{2}$ heure = ... min
$\frac{1}{2}$ siècle = ... ans
3 siècles = ... ans

Calculer des durées

3 **Recopie et complète.**

a. *

1 h 45 min + … min = 2 h

4 h 30 min + … min = 5 h

2 min 40 s + … s = 3 min

b. **

90 min = … h + … min

200 min = … h + … min

74 h = … jours + … h

4 **Recopie et complète ces phrases.**

a. *

- Cécile est née le 3 décembre 2002.
Elle aura 10 ans le … .
- Mariétou est née le 10 mars 2003.
Elle aura 15 ans le … .

b. **

- Enzo a eu 11 ans le 7 juillet 2010.
Il est né le … .
- Illona a eu 16 ans le 19 mai 2008.
Elle est née le … .

TEST

5 **Pour chaque exercice, choisis la réponse A, B ou C qui convient.**

Vérifie tes réponses page 140.

	A	B	C
1. Dans une journée, il y a…	60 heures	60 minutes	24 × 60 × 60 = 86 400 secondes
2. Dans une année, il y a…	365 ou 366 jours	366 jours	365 jours

Je résous des problèmes

6 * Il est 10 h et demie. Il reste 20 minutes de classe avant la récré. À quelle heure commence la récré ?

7 * Il est 17 h 40. Audrey a 10 minutes de retard ! À quelle heure avait-elle rendez-vous ?

8 ** L'explorateur Magellan a fait le premier tour du monde. Il a quitté l'Espagne le 10 août 1519. Son navire est rentré le 6 septembre 1522. Combien de temps a duré son voyage ?

9 ** Pour chacun de ces rois, calcule :

a. la durée de leur règne,

b. l'âge qu'ils avaient quand ils sont montés sur le trône.

Rois	Dates de naissance	Dates de règne
Henri IV	1553	1589-1610
Louis XIV	1638	1643-1715
Louis XVI	1754	1774-1792

10 ** La prochaine séance de cinéma commence à 20 h 15. Le film commence 15 min après le début de la séance et dure 98 minutes.

a. Calcule à quelle heure démarre le film.

b. Calcule à quelle heure il se termine.

Tout dans la tête

Au marathon, Lina a couru pendant 4 h 20 et Arnaud pendant 300 minutes.
Qui a fait le meilleur temps ?

Question Express

Qu'est-ce qu'une année bissextile ?

Comparaison d'aires

EXERCICES SUPPLÉMENTAIRE

POUR DÉMARRER

À un goûter d'anniversaire, M. Gourmand regarde les tartes sur la table. Il cherche la plus grosse part.

a. Laquelle de ces trois parts de tarte va-t-il choisir ?

b. Décalque et compare ces trois dessins pour vérifier.

Je retiens

Classer et ranger des surfaces selon leur aire

- Quand deux surfaces **occupent autant de place**, on dit qu'elles ont la **même aire**.

Remarque : deux surfaces différentes peuvent avoir la même aire.

- Pour **comparer les aires de deux surfaces**, je peux **les superposer ou les réarranger**.

Exemples :

La surface A occupe moins de place que la surface B, donc l'aire de la surface A est inférieure à celle de B.

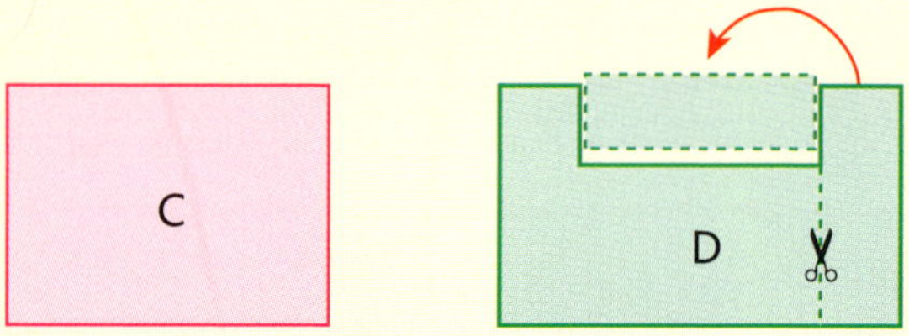

Les surfaces C et D (découpée et réarrangée) sont superposables, donc elles ont la même aire.

Je m'exerce à mon rythme

Classer et ranger des surfaces selon leur aire

1 **Peux-tu dire que ces polygones ont la même aire ? Explique pourquoi.**

Aide : tu peux les reproduire sur du papier-calque et les découper.

a. *

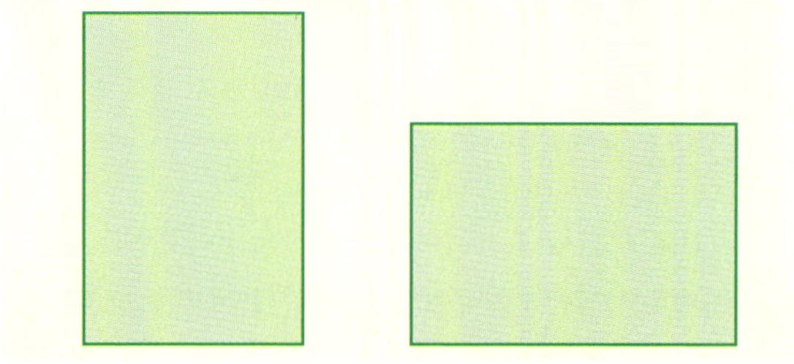

b. **

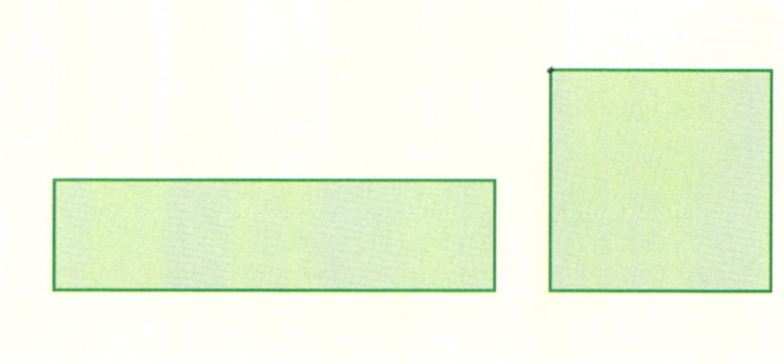

2 **Décalque 2 fois le triangle A, puis compare son aire avec celle des surfaces ci-dessous.**

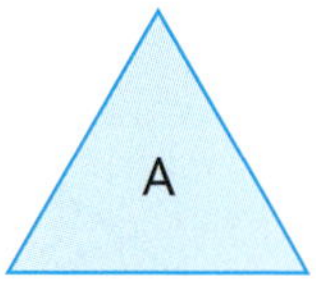

a. *

b. **

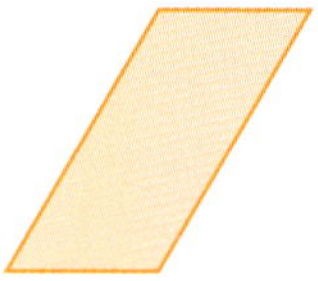

3 Range les surfaces coloriées suivantes dans l'ordre croissant de leur aire.

a. *

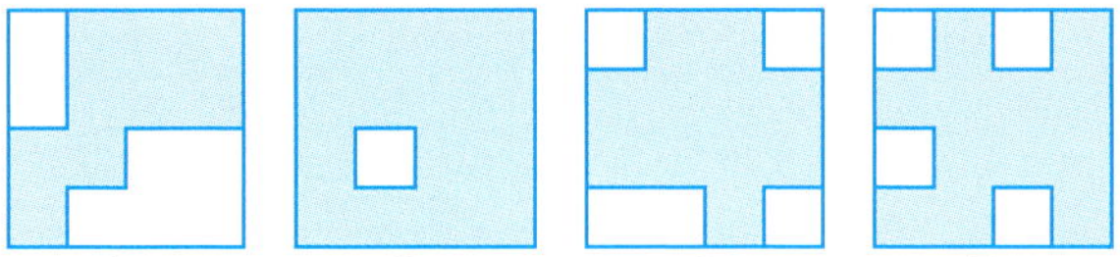

A B C D

b. **

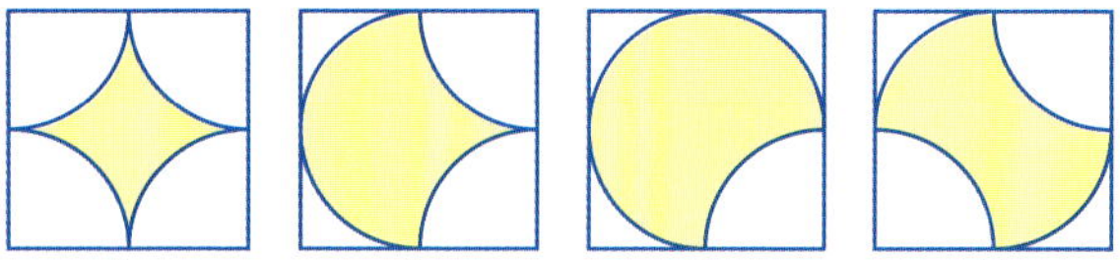

E F G H

TEST

4 **Pour chaque exercice, choisis la réponse A, B ou C qui convient.**
Vérifie tes réponses page 140.

	A	B	C
1. A  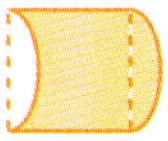 B	Les surfaces A et B ont la même aire.	La surface A a une aire inférieure à celle de B.	La surface A a une aire supérieure à celle de B.
2. C   D	La surface C a une aire inférieure à celle de D.	Les surfaces C et D ont la même aire.	La surface C a une aire supérieure à celle de D.

Je résous des problèmes

5 * Pour chaque rectangle, compare les aires de la partie jaune et de la partie bleue.
Aide : tu peux utiliser du papier-calque.

Ⓐ 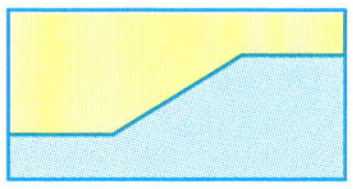

Ⓑ 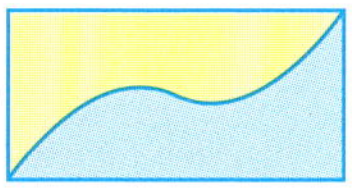

5 * Trouve l'intrus.

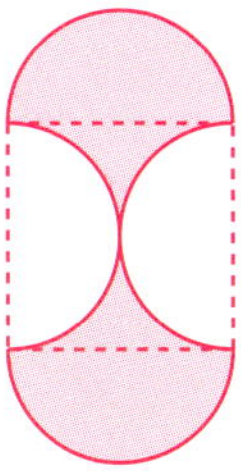

A

B

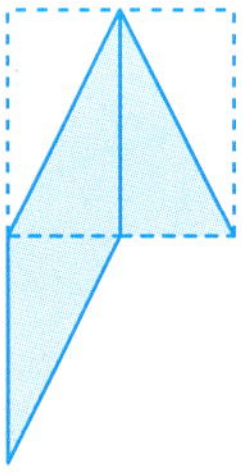

C

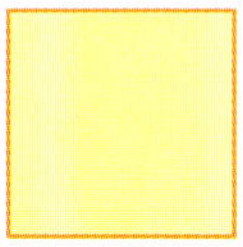

D

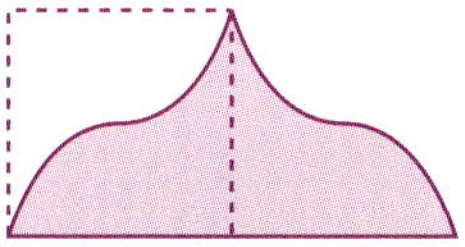

E

7 ** Voici deux modèles réalisés avec un tangram, un puzzle constitué de 7 pièces géométriques.
Que peux-tu dire de l'aire du lapin par rapport à celle du carré ? Explique ta réponse.

A l'œil nu

Les deux surfaces coloriées ont-elles la même aire ?

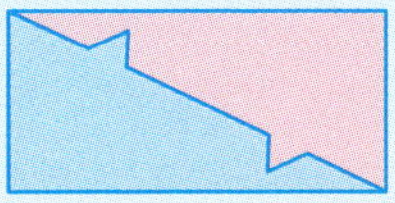

Question Express

Qu'est-ce qu'une aire de jeux ?

Mesure d'aires

EXERCICES SUPPLÉMENTAIRES

Pour démarrer

Lise et Lou ont des chambres de mêmes dimensions. Des dalles de moquette différentes recouvrent le sol de leur chambre.

a. Combien de dalles bleues la chambre de Lou contient-elle ?

b. Combien de dalles vertes la chambre de Lise contient-elle ?

c. Pourquoi les deux chambres n'ont-elles pas le même nombre de dalles ?

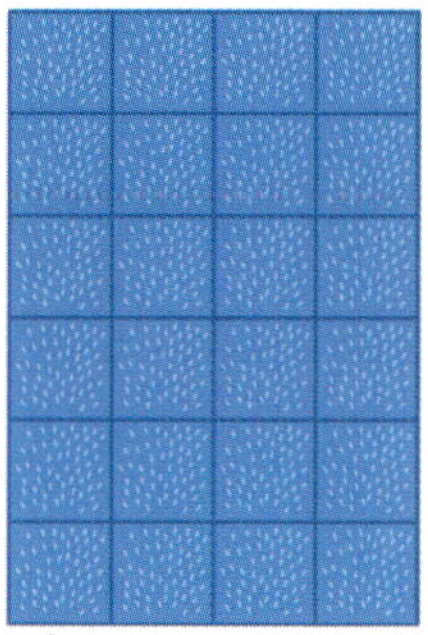
Chambre de Lou

Chambre de Lise

Je retiens

■ Mesurer ou estimer l'aire d'une surface

On peut mesurer l'aire d'une surface en utilisant une **unité de référence**.
La mesure de l'aire dépend de l'unité choisie.

Exemple :

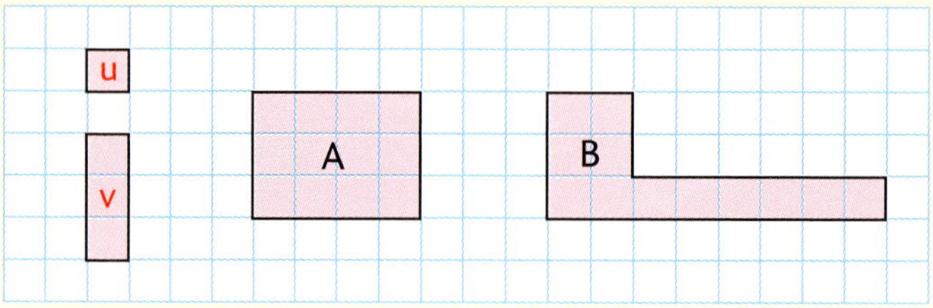

Les surfaces A et B ont la même aire.
Leur aire est égale à 12 **u** ou 4 **v**.

Je m'exerce à mon rythme

■ Mesurer ou estimer l'aire d'une surface

1 Mesure l'aire de ces surfaces avec les unités proposées.

a. *

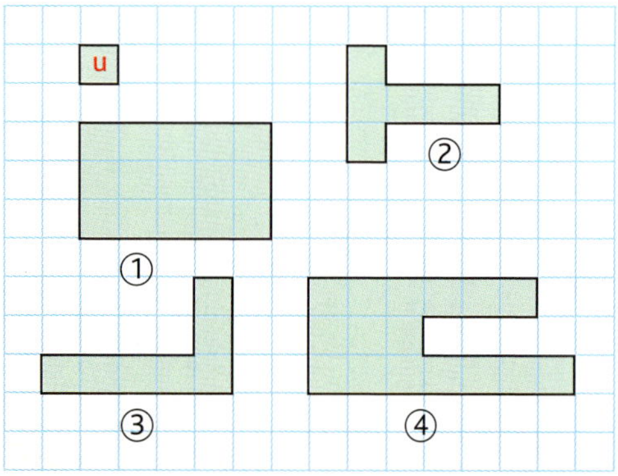

b. **

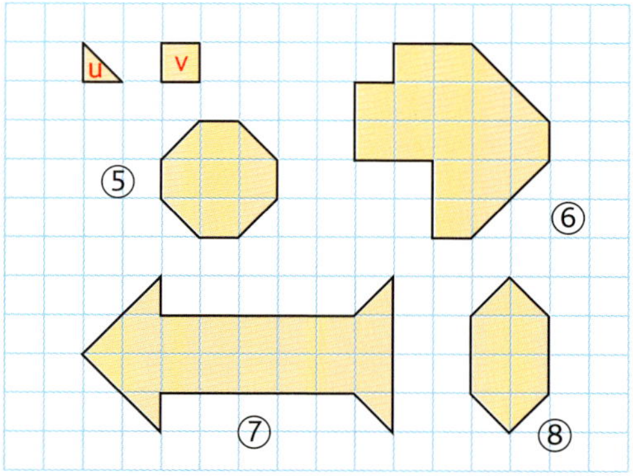

2 **Mesure l'aire de chaque surface avec les unités de ton choix, puis relève celles qui ont la même aire.**

a. *

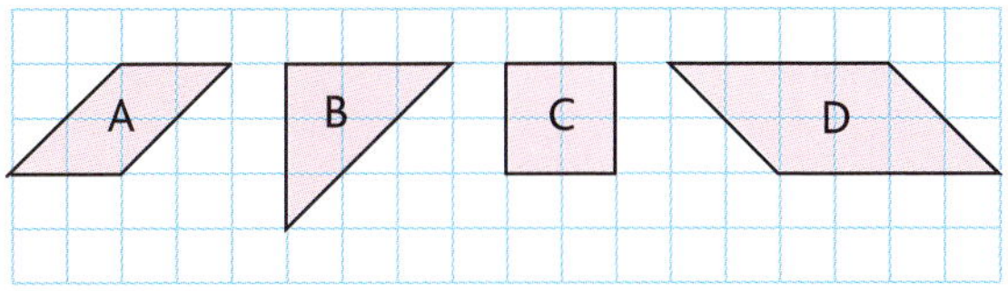

b. **

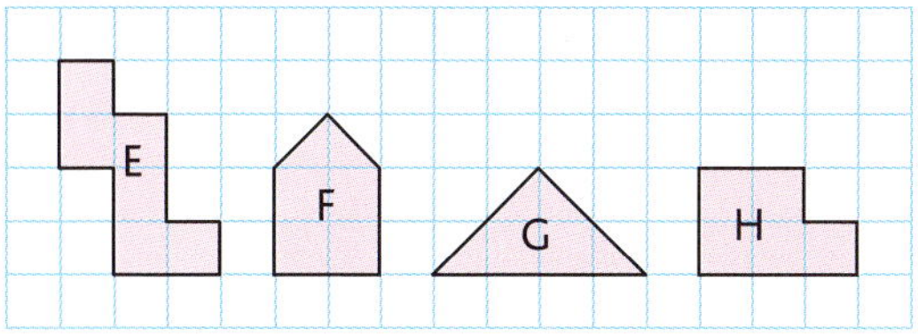

TEST

3 **Pour chaque exercice, choisis la réponse A, B ou C qui convient.**
Vérifie tes réponses page 140.

	A	B	C
1. 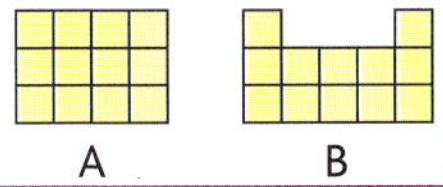	L'aire de la surface A est inférieure à celle de B.	L'aire de la surface A est égale à celle de B.	L'aire de la surface B est inférieure à celle de A.
2. 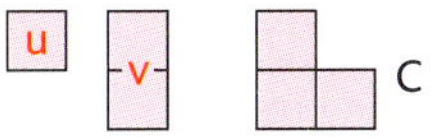	L'aire de la surface C est égale à 1 u + 1 v.	L'aire de la surface C est égale à 2 u.	L'aire de la surface C est égale à 2 v.

Je résous des problèmes

4 *
a. Exprime les aires des surfaces avec l'unité **u** puis range-les dans l'ordre croissant.
b. Exprime les aires des surfaces avec l'unité **v** puis range-les dans l'ordre croissant.
c. Obtiens-tu le même rangement ? Pourquoi ?

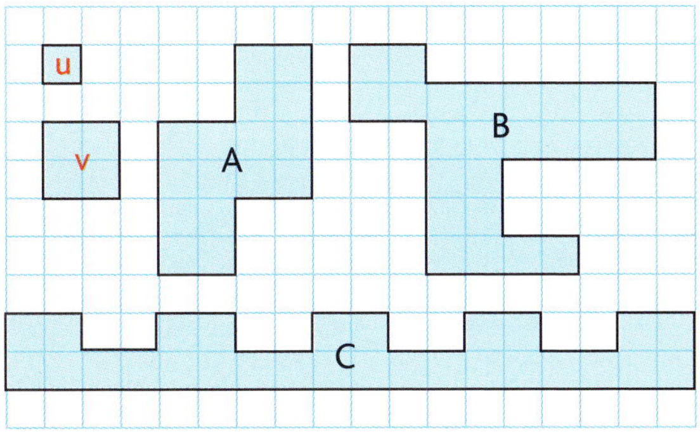

5 **
Trace une figure différente de celle-ci mais ayant la même aire.

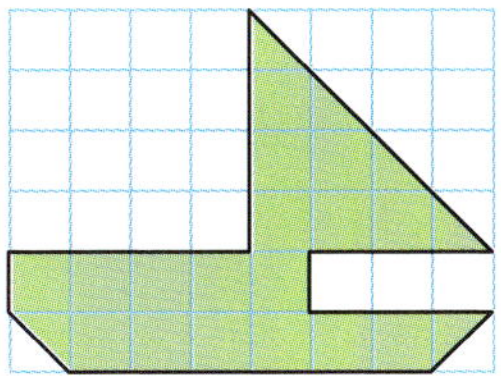

6 **
Voici plusieurs pièces pour fabriquer une mosaïque.

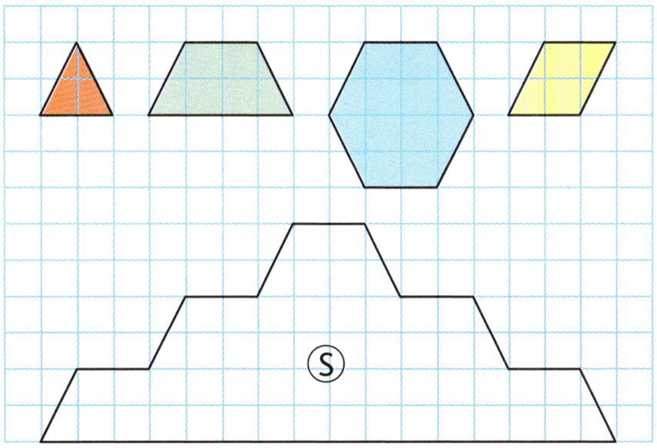

a. Calcule l'aire de chaque pièce en fonction de la pièce rouge.
b. Reproduis la surface S et utilise les pièces de ton choix pour la recouvrir entièrement.
Tu peux utiliser les pièces plusieurs fois.
c. Compare ton pavage avec celui de ton voisin.

À main levée

Trace deux surfaces différentes ayant la même aire.

Question Express

Qu'appelle-t-on une grande surface ?

Aires et périmètres

EXERCICES SUPPLÉMENTAIRES

POUR DÉMARRER

Voici les jardins potagers de Maxime et de Benoît.

a. Ont-ils la même aire ?

b. Maxime et Benoît veulent clôturer leur potager avec un grillage. Qui devra acheter le plus de grillage ?

JE RETIENS

Distinguer aire et périmètre

Des surfaces peuvent avoir le même périmètre mais des aires différentes.
Des surfaces peuvent avoir la même aire mais des périmètres différents.
Exemples :

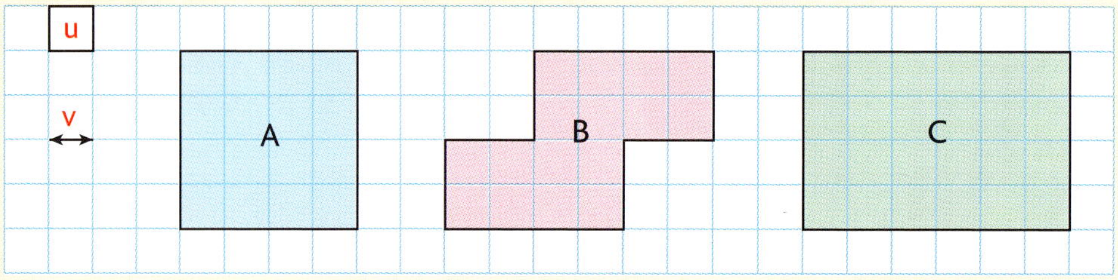

Aire de A → 16 u
Périmètre de A → 16 v

Aire de B → 16 u
Périmètre de B → 20 v

Aire de C → 24 u
Périmètre de C → 20 v

Les surfaces A et B ont la même aire mais des périmètres différents.
Les surfaces B et C ont le même périmètre mais des aires différentes.

JE M'EXERCE À MON RYTHME

Distinguer aire et périmètre

Dans ces exercices, utilise le carreau comme unité de référence, comme dans le « Je retiens ».

1 **Calcule l'aire et le périmètre de ces surfaces. Que remarques-tu ?**

a. *

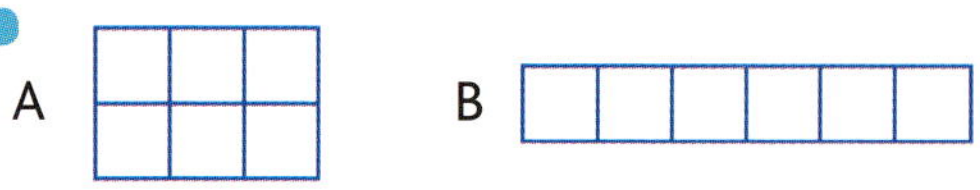

b. **

2 **Calcule l'aire et le périmètre de ces surfaces. Trouve celles ayant la même aire et le même périmètre.**

a. *

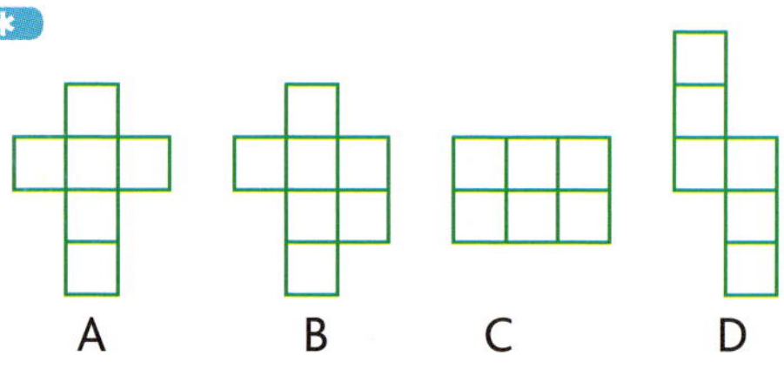

b. **

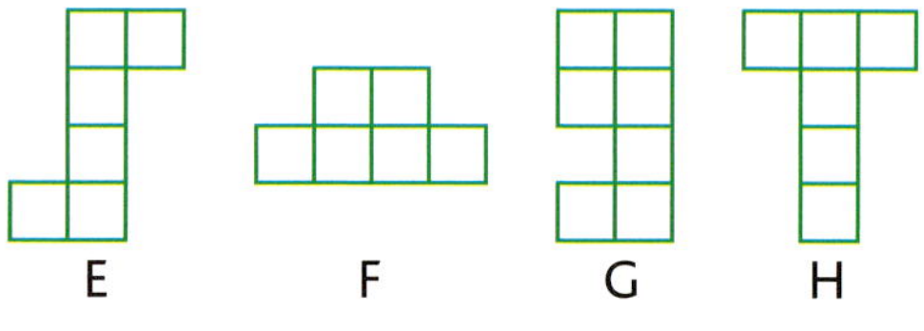

3 **Construis les figures demandées sur ton cahier.**

a. * Un carré et un rectangle dont l'aire est égale à 16 carreaux.
Compare leurs périmètres ?

b. ** Un carré et un rectangle dont le périmètre est égal à 8 côtés d'un carreau.
Compare leurs aires ?

TEST

4 **Pour chaque exercice, choisis la réponse A, B ou C qui convient.**

Vérifie tes réponses page 140.

	A	B	C
1. Deux surfaces ayant la même aire ont le même périmètre.	C'est vrai parfois.	Ce n'est jamais vrai.	C'est toujours vrai.
2. Deux surfaces ayant le même périmètre ont la même aire.	C'est toujours vrai.	C'est vrai parfois.	Ce n'est jamais vrai.

Je résous des problèmes

5 * a. Mesure le périmètre et l'aire de cette surface.
b. Construis un rectangle de même périmètre et d'aire différente.
c. Construis un rectangle de même aire et de périmètre différent.

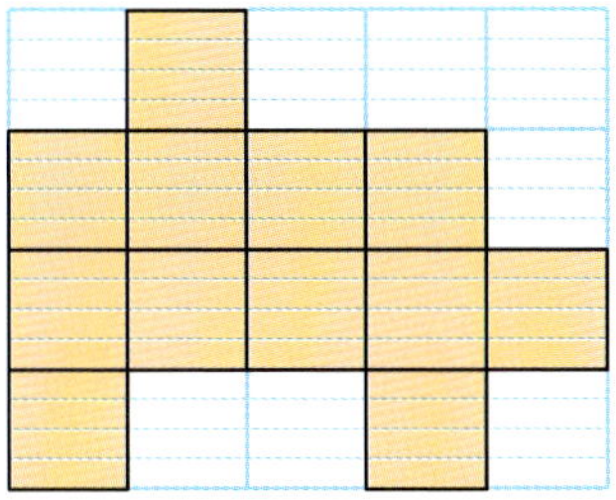

6 * Sur ton cahier, trace 2 rectangles différents qui ont une aire égale à 36 carreaux.
Mesure leur périmètre en prenant la longueur d'un côté d'un carreau pour unité.

7 * Sur ton cahier, trace 2 rectangles différents qui ont un périmètre égal à 24 unités.
Mesure leur aire en prenant 1 carreau pour unité.

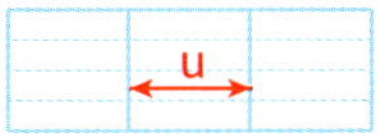

8 ** Sur ton cahier, construis deux surfaces différentes qui ont la même aire et le même périmètre.

9 ** a. Construis une surface qui a la même aire que celle de la surface S1 mais dont le périmètre est plus petit.
b. Construis une surface qui a le même périmètre que celui de la surface S2 mais dont l'aire est plus grande.

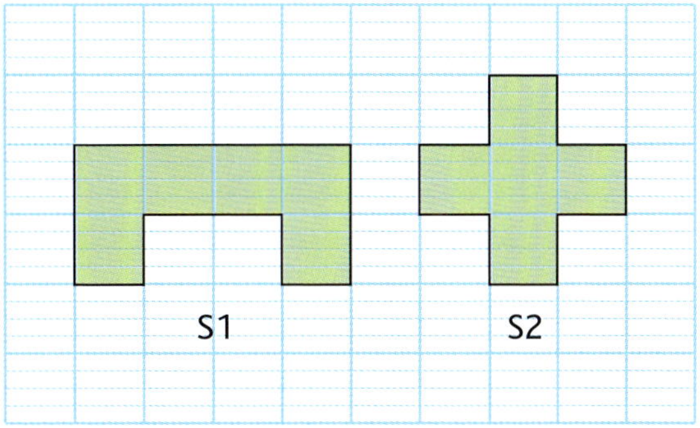

À l'œil nu

Ces deux surfaces ont la même aire.
Ont-elles le même périmètre ?

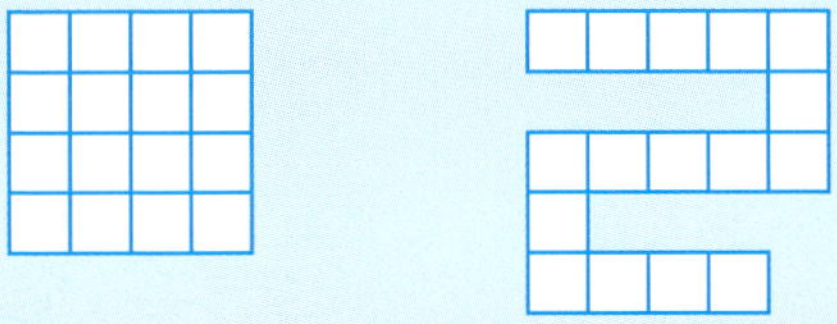

Question Express

Deux surfaces de même aire et de même périmètre sont-elles superposables ?

Nombres décimaux et mesures

EXERCICES SUPPLÉMENTAIRES

POUR DÉMARRER

Le 4 janvier 2010, la plus haute tour du monde a été inaugurée à Dubaï, aux Émirats arabes unis.
Ce gratte-ciel, baptisé tour Burj Khalifa, compte 160 étages pour une hauteur de 828 m !
Exprime sa hauteur en hm puis en dam.

JE RETIENS

■ Utiliser les nombres décimaux dans un contexte de mesure

• Les nombres décimaux permettent d'**exprimer des mesures avec une seule unité**.

Exemple :
Un segment mesure 3 cm 5 mm. Il mesure aussi 3,5 cm.
3 cm 5 mm = 3,5 cm.

• Grâce aux **conversions**, je peux exprimer une mesure dans différentes unités.

1 000 fois plus grand	100 fois plus grand	10 fois plus grand		10 fois plus petit	100 fois plus petit	1 000 fois plus petit
kilo-	hecto-	déca-		déci-	centi-	milli-
kg	**hg**	**dag**	**g**	**dg**	**cg**	**mg**
1	3	0	0			
1,	3					

1 300 g = 1,3 kg

JE M'EXERCE À MON RYTHME

■ Utiliser les nombres décimaux dans un contexte de mesure

1 **Recopie et complète avec des nombres entiers.**

a. *
18,23 m = … dam … m … dm … cm
7,05 dm = … dm … cm … mm
31,09 dam = … hm … dam … m … dm

b. **
20,09 dm = … m … mm
21,30 km = … km … dam
10,01 m = … m … cm

2 **Recopie et complète avec un nombre décimal.**

a. *
1 cm 8 mm = … cm
1 m 7 dm = … m
1 km 500 m = … km

b. **
3 km 750 m = … hm
32 m 4 cm = … m
5 kg 3 dag = … hg

3 Recopie et complète avec un nombre entier.

a. *

12,45 m = ... cm
1,43 dm = ... mm
2,4 dag = ... g

b. **

42,35 kg = ... g
67,3 m = ... mm
0,45 g = ... mg

4 Recopie et complète avec un nombre décimal.

a. *

23 cm = ... dm
1 m = ... km
586 m = ... dam
77 mg = ... cg

b. **

34 cm = ... m
1 436 g = ... hg
1020 dm = ... dam
100 g = ... kg

5 Qui est le plus long ou le plus lourd ?

a. *

- 1,2 m ou 1 m 2 cm ?
- 3,5 kg ou 3 kg 5 g ?

b. **

- 25 mm ou 2 dm 5 cm ?
- 2 g 3 mg ou 2,3 cg ?

6 Range ces mesures dans l'ordre croissant.

a. *

3 cm 2 mm / 4,6 cm / 2 dm / 7 cm 5 mm

b. **

2,34 m / 5,68 cm / 2 dm 2 cm / 12 cm 4 mm

TEST

7 Pour chaque exercice, choisis la réponse A, B ou C qui convient.
Vérifie tes réponses page 140.

	A	B	C
1. 4,05 m, c'est...	405 mm	405 dm	405 cm
2. 2 kg 350 g, c'est...	2,350 kg	23,5 g	2 350 dg

Je résous des problèmes

Dans les problèmes suivants, tu peux vérifier tes résultats avec une calculatrice.

8 * Gudule le chien pèse 5 kg. Matou le chat pèse 850 g de moins. Combien pèse le chat Matou ? Donne ta réponse en kg.

9 * Skippy le kangourou fait des bonds de 15 m de longueur. Combien fait-il de bonds pour parcourir 1,5 km ?

10 * À la cantine, une tranche de viande pour un enfant pèse 60 g. Combien de tranches le cuisinier peut-il faire avec un rôti de 1,2 kg ?

11 ** Le plus gros diamant du monde taillé pèse 530 carats. Un carat vaut 2 cg. Calcule la masse en grammes de ce diamant.

12 ** Un baleineau pèse 1 tonne à la naissance. Durant les premières semaines, il grossit de 45 kg par jour. Combien pèse un baleineau âgé de 3 semaines ? Donne ta réponse en tonnes.
Rappel : 1 tonne = 1 000 kg.

13 ** Un adulte en bonne santé peut faire 13 000 pas de 60 cm par jour. Calcule la distance quotidienne effectuée par un adulte en bonne santé. Donne ta réponse en km.

Tout dans la tête

Je suis mille fois plus lourd que le gramme. **Qui suis-je ?**

Question Express

Pourquoi dit-on que notre système métrique est décimal ?

Contenances

EXERCICES SUPPLÉMENTAIRES

POUR DÉMARRER

Pour réaliser son cocktail de fruits préféré, Jérémy a utilisé les ingrédients suivants.

a. Quelle quantité contient chaque verre doseur ?

b. Quelle quantité faudrait-il ajouter dans chaque verre pour le remplir ?

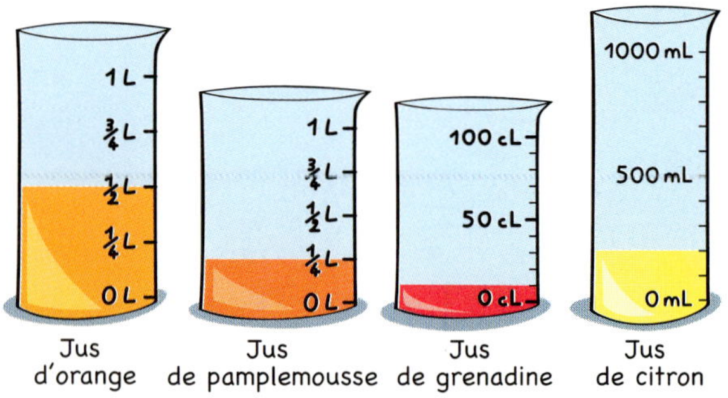

Je retiens

■ Connaître et utiliser les unités de mesure de contenances

- L'unité principale est le **litre (L)**.
- Pour convertir une mesure, c'est-à-dire pour changer d'unité, je peux utiliser un **tableau de conversion** :

Unités plus grandes que le litre			Unités plus petites que le litre		
hectolitre	**décalitre**	**litre**	**décilitre**	**centilitre**	**millilitre**
hL	**daL**	**L**	**dL**	**cL**	**mL**
4	2	8			
	3,	5			

1 hL = 10 daL = 100 L **1 L = 10 dL = 100 cL = 1 000 mL**

- Une contenance peut donc s'écrire de plusieurs façons.

Exemples : 4 hL 28 L = 428 L
35 L = 35 000 mL
3,5 daL = 35 L

$\frac{1}{2}$ L = 0,5 L ; $\frac{1}{4}$ L = 0,25 L ; $\frac{3}{4}$ L = 0,75 L

■ Calculer des mesures de contenances

Pour additionner ou soustraire des mesures de contenances, **je dois convertir toutes les mesures dans la même unité.**

Exemple : 42 daL + 35 L = 420 L + 35 L = 455 L

Je m'exerce à mon rythme

■ Connaître et utiliser les unités

1 Choisis la contenance qui convient.

a. * une cuillère à soupe : 15 hL / L / mL

b. * une cannette de soda : 33 cL / L / daL

c. * une bouteille de lait : 1 L / cL / mL

d. ** un aquarium : 175 L / cL / mL

e. ** un flacon de parfum : 75 mL / L / daL

f. ** un arrosoir : 3 mL / L / cL

2 Convertis ces contenances en litres.

a. * 5 hL ; 83 daL ; 30 dL ; 400 cL

b. ** 8,9 daL ; 0,2 daL ; 66,6 hL ; 2 983 mL

3 Recopie les contenances équivalant à...

a. * 1 L.

1 000 cL 1 000 mL 10 hL 0,01 hL

b. ** 100 mL.

1 L 0,1 L 1 dL 0,01 L 10 daL

4 Recopie et complète.

a. * 784 L = … hL + … daL + … L

2 915 mL = … L + … dL + … cL + … mL

234 cL = … L + … dL + … cL

b. ** $\frac{1}{2}$ L = … L = … dL

$\frac{1}{4}$ L = … L = … dL + … cL

5 Complète par les signes <, > ou =.

a. * 0,5 L … 50 cL

20 cL … $\frac{1}{4}$ L

$\frac{1}{2}$ L … 400 mL

b. ** 0,25 L … 50 mL

$\frac{1}{8}$ L … 120 mL

$\frac{1}{10}$ L … 125 mL

Calculer des mesures de contenances

6 Complète les additions pour obtenir 1 L.

a. *

200 mL + … mL = 1000 mL = 1 L

90 cL + … cL = 100 cL = 1 L

$\frac{1}{2}$ L + … cL = 100 cL = 1 L

b. **

4,5 dL + … dL = … dL = 1 L

$\frac{1}{4}$ L + … mL = … mL = 1 L

$\frac{1}{8}$ L + … L = 1 L

TEST

7 Pour chaque exercice, choisis la réponse A, B ou C qui convient.

Vérifie tes réponses page 140.

	A	B	C
1. 1 L est égal à…	0,1 daL	0,1 dL	100 mL
2. 1 dL est égal à…	10 mL	0,1 L	0,01 L

Je résous des problèmes

8 * Miaou le chat veut boire toute l'eau du bocal pour attraper le poisson Plouf. Le bocal contient 5 L et Miaou avale 1 cL d'eau à chaque lapée.

En combien de lapées aura-t-il bu toute l'eau ?

9 * Le Dr Touvamieu prescrit à Magali 1 cuillère à soupe de sirop matin et soir pendant 5 jours.

a. Une cuillère à soupe contient 1,5 cL. Quelle quantité de sirop doit-elle boire par jour ?

b. Le flacon de sirop contient 150 mL. Suffira-t-il pour toute la durée du traitement ?

10 ** Mme Bolide fait le plein d'essence avant de partir en vacances à 500 km de chez elle. Sa voiture a un réservoir de 50 L et consomme 7 L d'essence tous les 100 km.

Devra-t-elle remettre de l'essence dans sa voiture avant d'arriver ?

11 ** Le corps d'un adulte perd de l'eau chaque jour :

– 1,5 L par l'urine,

– 50 cL par la transpiration,

– 500 mL par la respiration.

Quelle est, en moyenne, la quantité d'eau perdue par un adulte en une journée ? Exprime-la en L.

À l'œil nu

Quel récipient contient le plus de lait à la fraise ?

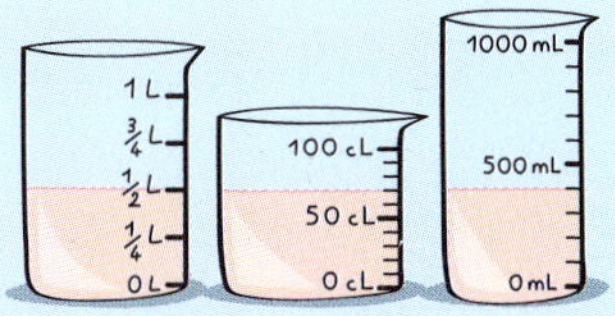

Question Express

Combien de centilitres valent un demi-litre ?

Angles

POUR DÉMARRER

Romain et Caroline comparent leurs parts de pizza.

a. Romain est persuadé d'avoir une part plus petite que celle de sa sœur. Qu'en penses-tu ?

b. Trouve un moyen pour vérifier ta réponse.

JE RETIENS

Comparer les angles d'une figure en utilisant un gabarit

- Un angle a deux côtés et un sommet.
- Pour comparer des angles, je peux utiliser un **gabarit** ou un **calque**.

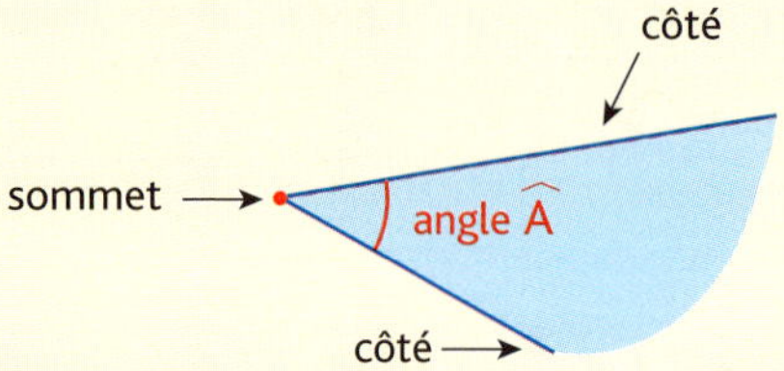

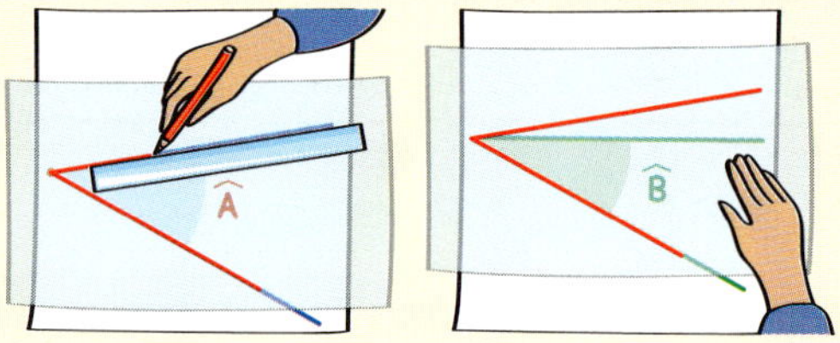

Attention : la longueur des côtés d'un angle est sans importance.
Ce qui compte, c'est son ouverture : l'écartement de ses côtés.

Reconnaître un angle droit, aigu ou obtus en utilisant l'équerre

Pour comparer des angles par rapport à l'angle droit, j'utilise une **équerre**.

- **Angle droit**

- **Angle aigu**

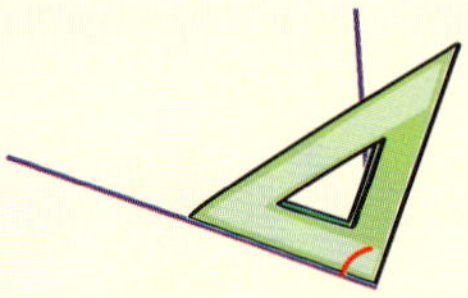

Plus petit que l'angle droit

- **Angle obtus**

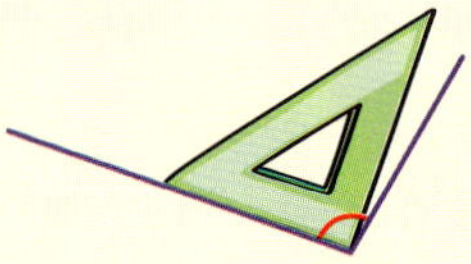

Plus grand que l'angle droit

JE M'EXERCE À MON RYTHME

Comparer les angles d'une figure en utilisant un gabarit

1 Dans chaque série, range les angles du plus ouvert au moins ouvert. Utilise un gabarit.

a. *

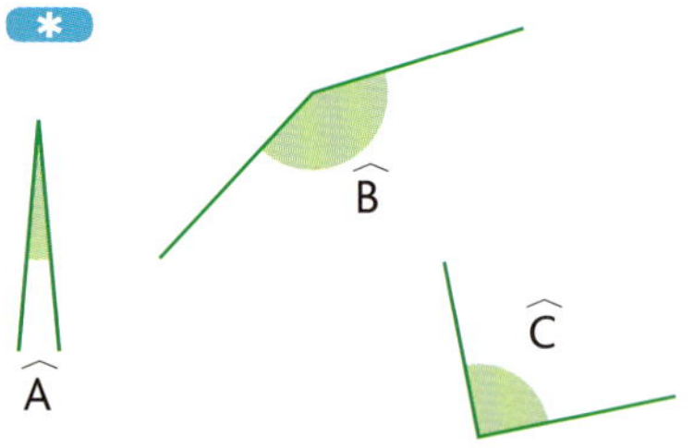

b. **

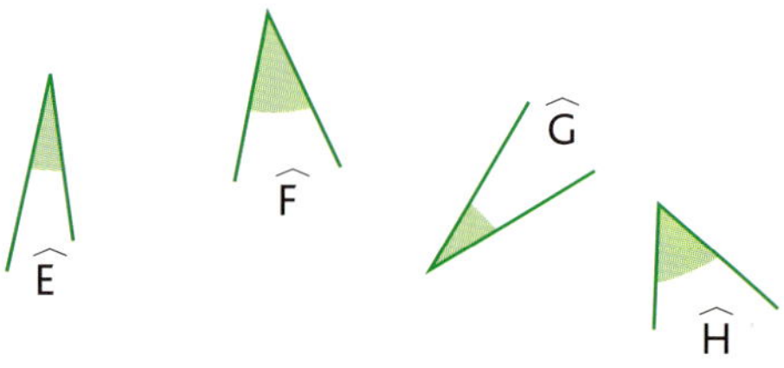

2 Dans les polygones suivants, retrouve les angles égaux. Utilise un gabarit.

a. *

b. **

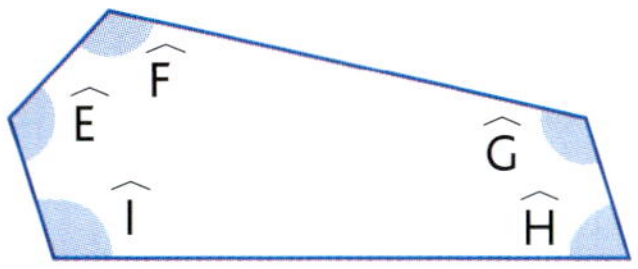

Reconnaître un angle droit, aigu ou obtus en utilisant l'équerre

3 Range les angles suivants dans le tableau. Utilise ton équerre.

a. *

Angle		
aigu	droit	obtus

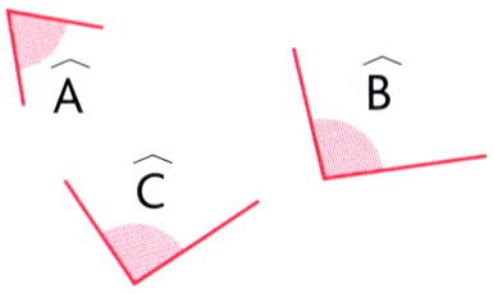

b. **

Angle		
aigu	droit	obtus

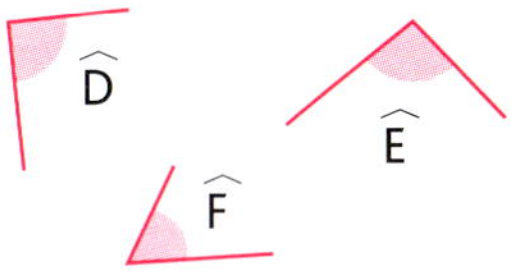

TEST

4 Pour chaque exercice, choisis la réponse A, B ou C qui convient.

Vérifie tes réponses page 140.

	A	B	C
1. Cet angle est obtus.	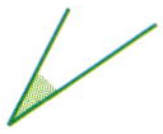		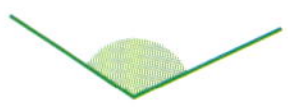
2. Cette figure a 4 angles droits.	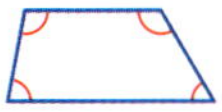	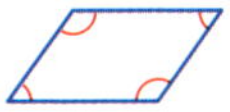	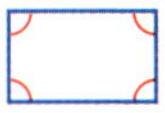

Je résous des problèmes

5 * Dans ce polygone, relève :

a. les angles droits.

b. les angles aigus.

c. les angles obtus.

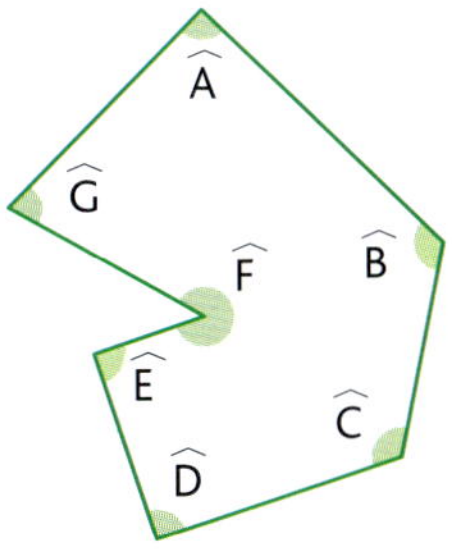

6 * Observe ce triangle et compare ses angles à l'aide d'un gabarit.

Que remarques-tu ?

Que peux-tu en déduire sur ce triangle ?

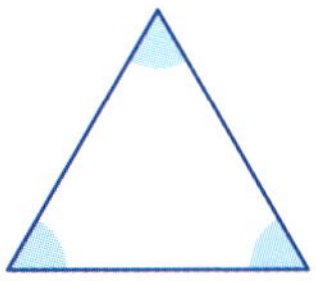

7 ** Ces trois gâteaux ont été préparés avec le même moule.

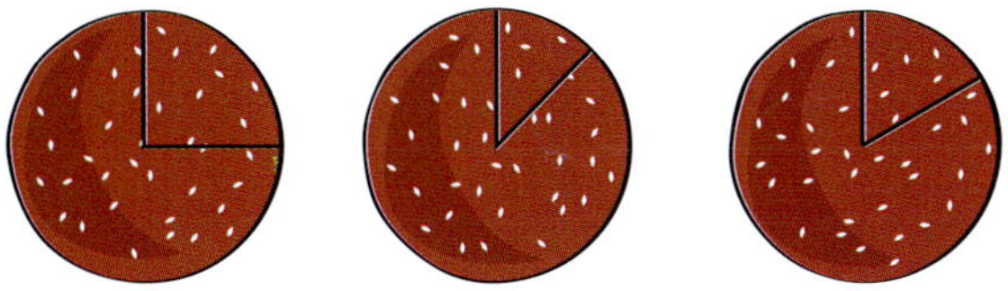

① ② ③

On découpe chaque gâteau en parts égales. Combien de parts peut-on faire dans chacun des gâteaux ?

Aide : tu peux décalquer les parts et les utiliser comme gabarits.

À main levée

Trace un polygone n'ayant que des angles droits.

Question Express

Qu'est-ce que l'angle d'une rue ?

Je prépare le bilan

Longueurs, périmètres, aires et surfaces

BILAN

Longueurs

Utiliser des instruments pour mesurer des longueurs

1 **À l'aide de ton compas, reporte les longueurs de ces segments sur une droite.**

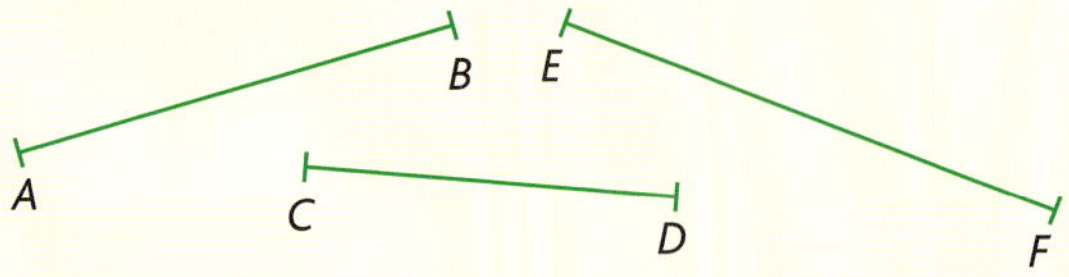

2 **Mesure la longueur de ces segments en utilisant la bande unité comme gabarit.**

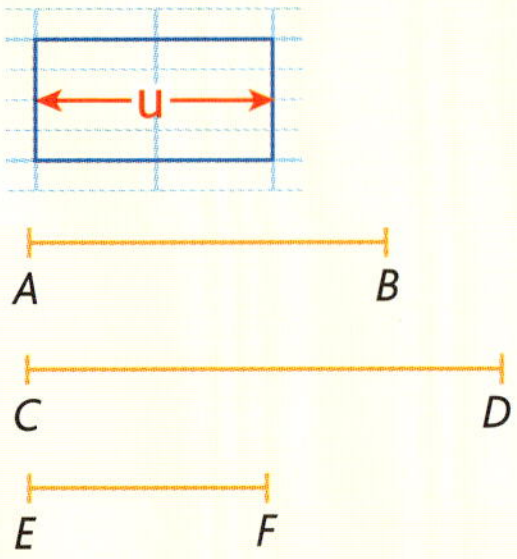

3 **Mesure ces segments avec ta règle graduée.**

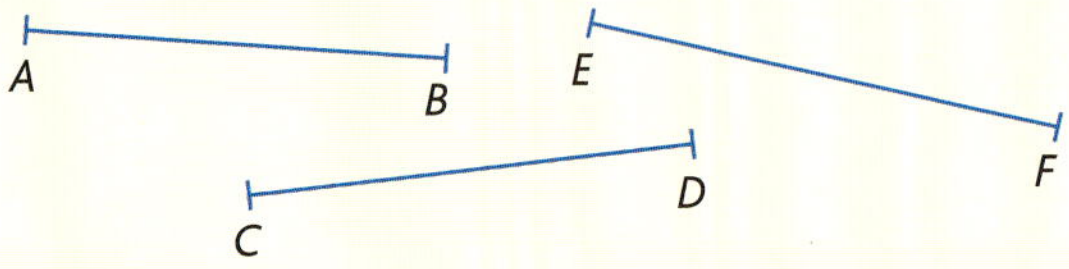

Connaître et utiliser les unités de mesure de longueurs

4 **Complète avec km, m, cm ou mm.**

a. La distance de Paris à Nantes est de 342 …
b. Une gomme mesure 4 …
c. La longueur d'une salle de classe est de 8 …
d. Une tête d'épingle mesure 3 …

5 **Complète.**

a. 3 456 m = … km … hm … dam … m
b. 57 dm = … m … cm
c. 625 mm = … m … cm … mm

6 **Range ces mesures de longueurs dans l'ordre croissant.**

a. 300 dm ; 30 dam ; 3 000 mm ; 3 cm
b. 7 080 mm ; 78 m ; 780 cm ; 78 km

Calculer des longueurs

7 La sorcière Cruella a teint ses 100 000 cheveux en vert. Ses cheveux mesurent tous 9 cm de longueur. Combien de kilomètres de cheveux la sorcière Cruella a-t-elle teints ?

8 Matthias participe à une compétition de natation : il doit nager 1 km. Le bassin olympique a une longueur de 50 m. Combien Matthias doit-il faire de longueurs pour réaliser sa course ?

9 Jeannot Lapin mange chaque jour 3 carottes de 15 cm de long. Il trouve une carotte géante longue de 5 m et 25 cm. Pendant combien de jours Jeannot Lapin pourra-t-il se nourrir avec cette carotte ?

Périmètres

Calculer le périmètre d'un polygone

10 **Calcule le périmètre de ce polygone en cm.**

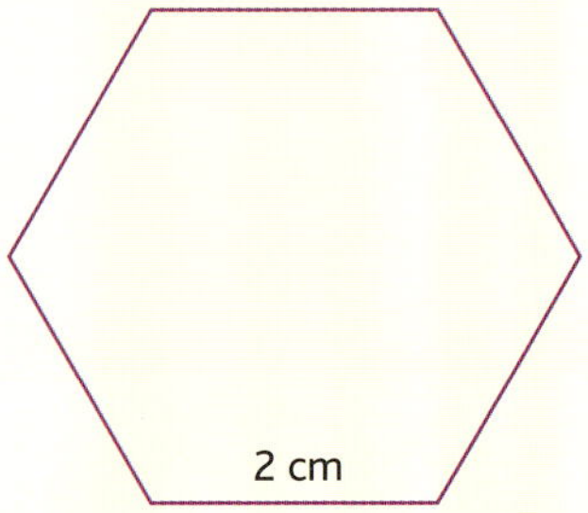

11 **Reproduis ce polygone sur du papier quadrillé et calcule son périmètre en fonction de u.**

Connaître les formules du périmètre du carré et du rectangle

12 Un carré mesure 4 cm de côté. Calcule son périmètre. Donne sa mesure en mm.

13 Un rectangle a une longueur de 5 cm.
Son périmètre est de 16 cm.
Combien de cm mesure sa largeur ?

14 Un carré et un rectangle ont chacun un périmètre de 20 cm.
a. Trouve les dimensions du carré.
b. Trouve des dimensions possibles pour le rectangle.

Aires et surfaces

Classer et ranger des surfaces selon leur aire

15 **Range les aires des surfaces bleues dans l'ordre croissant.**

A

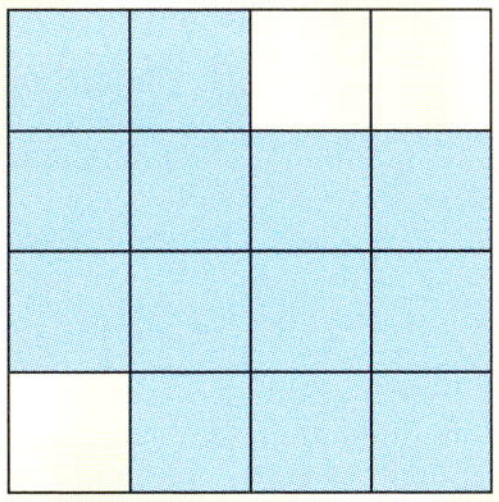
B

C

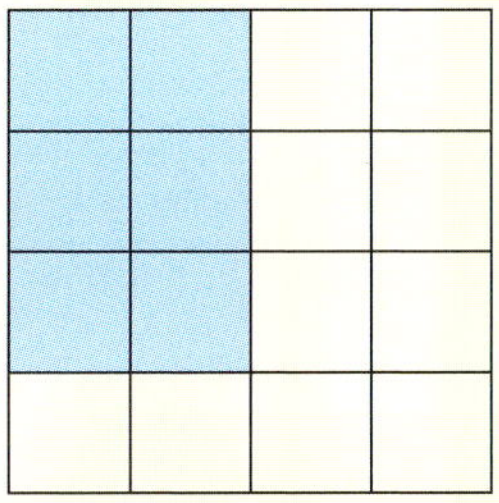
D

Mesurer l'aire d'une surface

16 **Exprime l'aire des surfaces colorées en fonction de l'unité u, puis en fonction de l'unité v.**

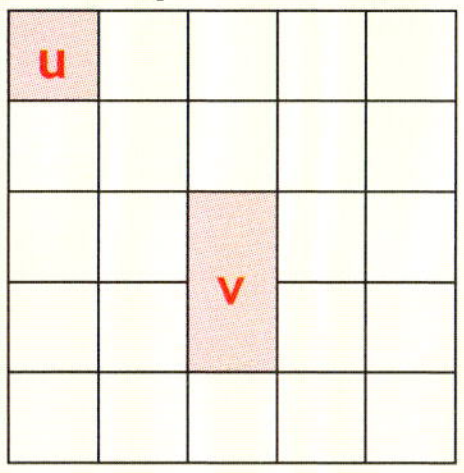

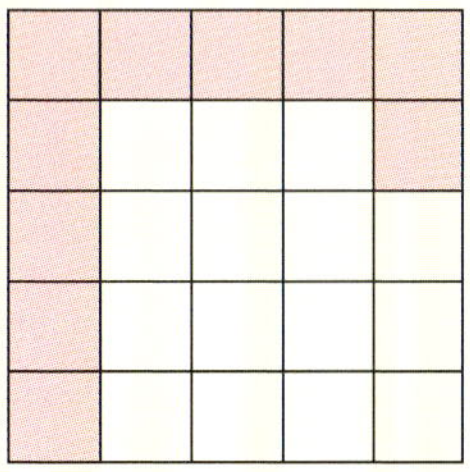
A

B

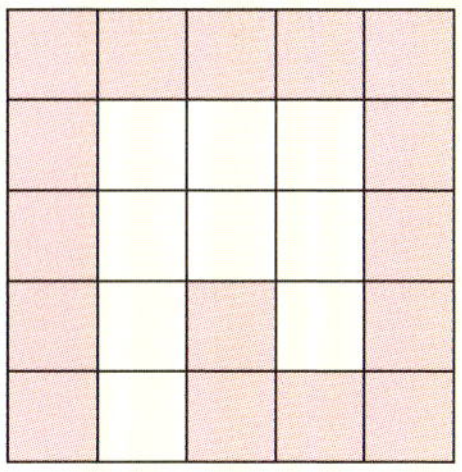
C

Distinguer aire et périmètre

17 a. Trouve les surfaces colorées qui ont la même aire et des périmètres différents.
b. Trouve les surfaces colorées qui ont le même périmètre et des aires différentes.

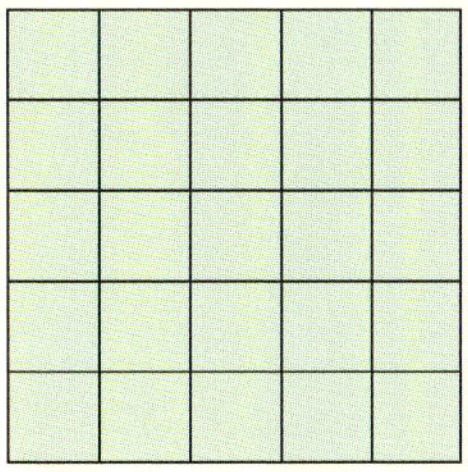
F1

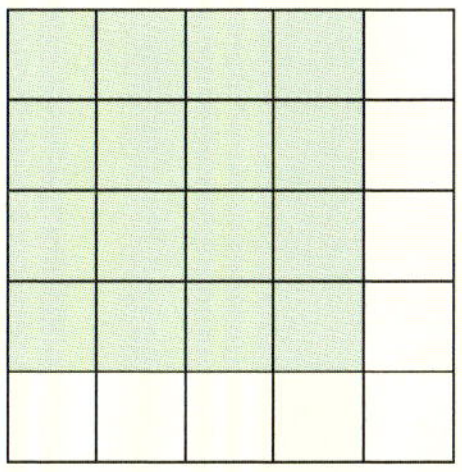
F2

F3

F4

Masses, contenances, heures, durées et angles

BILAN

Masses

Connaître et utiliser les unités de mesure de masses

1 **Recopie et complète.**

a. Dans 76 kg, il y a … g.
Dans 28 g, il y a … mg.
Dans 45 t, il y a … kg.

b. 920 g = … dag.
3 000 g = … kg.
21 kg = … dg.

Calculer des masses

2 La voiture de M. Duvolant pèse 1 900 kg quand elle est vide. Il voyage avec sa femme et ses deux enfants, Céline et Grégoire.
M. Duvolant pèse 85 kg, sa femme pèse 60 kg, Céline pèse 22 000 g et Grégoire pèse 17 500 g.

a. Combien pèsent les passagers en tout, en kg et en g ?

b. Combien pèse la voiture chargée avec les quatre personnes en kg et en g ?

3 Anna pèse 20 kg. Elle pèse deux fois plus que son petit frère. Celui-ci pèse huit fois moins que leur père. Combien pèse son petit-frère ? Et son père ?

Contenances

Connaître et utiliser les unités de mesure de contenances

4 **Choisis la bonne unité pour exprimer la contenance de ces objets.**

a. une baignoire : 1 cL / hL / L

b. une bouteille d'eau : 1,5 dL / L / cL

c. un vase : 50 L / cL / dL

Calculer des contenances

5 Pour son anniversaire, Soraya a préparé 3 milk-shakes géants de 500 mL chacun.
Quelle quantité totale de milk-shake cela fait-il ?
Donne ta réponse en mL puis en L.

6 Un bébé phoque boit 10 L de lait par jour.
Le zoo compte trois bébés phoques.
Quelle quantité de lait faut-il commander chaque semaine pour nourrir les bébés phoques ?
Donne ta réponse en hL.

7 La famille Otarie boit 4 000 mL d'eau par jour.
Combien cela fait-il de bouteilles de 1 litre ?

Heures

Lire l'heure sur une montre à aiguilles ou une horloge digitale

8 **Associe chaque étiquette à l'horloge à aiguilles qui lui correspond.**

Ⓐ Ⓑ Ⓒ Ⓓ

18:20 | 16:30 | 11:11 | 15:55

9 **Pour chaque horloge, exprime l'heure (du matin) de deux façons différentes.**

① ② ③

Durées

Connaître et utiliser les unités de mesure de durées

10 **Recopie et complète.**

a. 5 h = … min

4 min = … s

3 jours = … h

b. 2 siècles = … ans

$\frac{3}{4}$ heure = … min

15 min = … s

Calculer des durées

11 **Complète ces phrases.**

a. Alexis est né le 6 janvier 2002.
Il aura 12 ans le … .
Albert est né le 10 mai 2003. Il aura 16 ans le … .
Kiran a eu 13 ans le 9 octobre 2010. Il est né le … .

b. Milena est née le 18 juillet 1998.
Elle aura 25 ans le … .
Cédric a eu 18 ans le 16 avril 2008. Il est né le … .
Orianne aura 15 ans le 3 février 2012.
Elle est née le … .

12 Céline part de chez elle à 17 h 35. Elle arrive à son cours de danse à 17 h 50 et elle a 10 min pour se préparer avant le début du cours.

a. Combien de temps met-elle pour aller de chez elle à son cours de danse ?

b. À quelle heure débute son cours ?

c. Son cours dure 90 min. À quelle heure sortira-t-elle ?

Angles

Comparer les angles d'une figure en utilisant un gabarit

13 Dans ce polygone :

a. Relève l'angle droit.

b. Relève les angles aigus.

c. Relève les angles obtus.

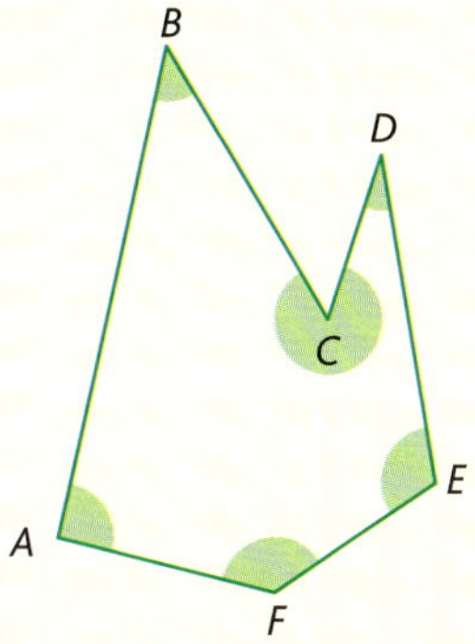

Reconnaître un angle droit, aigu ou obtus en utilisant l'équerre

14 **Range les angles suivants dans le tableau. Utilise ton équerre.**

Angle		
aigu	droit	obtus

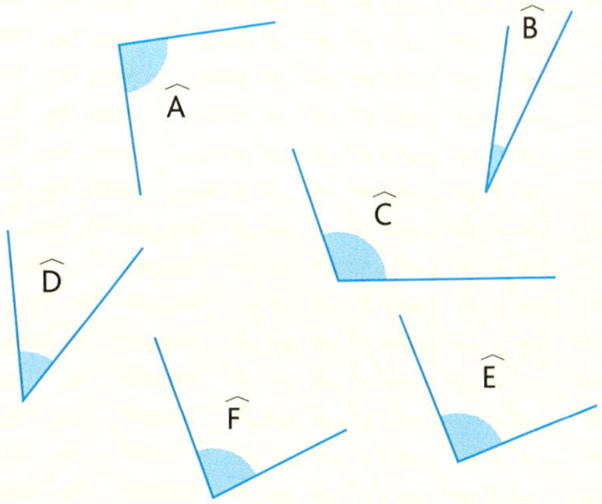

Problèmes de synthèse
Le développement durable

1 Goutte à goutte

Près des trois quarts de la surface de la Terre sont recouverts d'eau. Et pourtant, presque un quart de la population mondiale n'a pas accès à l'eau potable.
L'eau est donc une denrée rare à ne pas gaspiller !
Or, un robinet mal fermé qui goutte (une goutte toutes les 3 secondes) perd 2,5 L d'eau en une heure.

a. Quelle fraction de la population a accès à l'eau potable ?

b. Calcule la perte d'eau d'un robinet qui goutte en une semaine.

c. Calcule la perte d'eau de ce robinet en une journée.

d. À ton avis, pourquoi déconseille-t-on de laver sa voiture pendant la sécheresse ?

Le sais-tu ?
Pendant qu'un Américain consomme 600 litres d'eau par jour et qu'un Européen consomme 200 litres, un Africain doit survivre avec moins de 30 litres !

2 Changeons nos habitudes !

C'est en changeant nos gestes quotidiens que nous réduirons le gaspillage de l'eau.
Par exemple, en fermant le robinet pendant que tu te brosses les dents, tu éviteras de perdre jusqu'à 12 L d'eau par minute !

a. Calcule la quantité d'eau gaspillée en une journée par une personne qui se brosse les dents pendant 3 minutes, 2 fois par jour, en laissant l'eau couler.

b. Calcule la quantité d'eau gaspillée par cette même personne en une année.

Quantité moyenne d'eau nécessaire à ...	
Chasse d'eau	11 L
Douche	70 L
Bain	170 L
Lave-linge	90 L
Lave-vaisselle	42 L
Lavage d'une voiture	350 L

c. Calcule la quantité d'eau économisée par une personne qui prend une douche à la place d'un bain.

d. Calcule la quantité d'eau économisée par cette même personne en une année, sachant qu'elle prend une douche par jour.

Ce cube représente les déchets produits par une famille de 4 personnes en 10 jours.

**
3 Réduisons nos déchets, ça déborde !

Un Français jette en moyenne 390 kg de déchets par an. C'est 2 fois plus qu'il y a 40 ans !
Par ailleurs, environ trois dixièmes des déchets pourraient être réduits en compost.

a. Calcule la quantité moyenne de déchets produite par un Français il y a 40 ans.

b. Calcule le poids des déchets jetés par ta famille en un an.
Commence par calculer combien vous êtes chez toi.

c. Calcule la quantité de déchets qu'une famille de 4 personnes pourrait réduire en une année si elle la transformait en compost.

7 gestes simples pour réduire ses déchets

- Limiter l'utilisation du papier en écrivant sur le recto et le verso des feuilles et en utilisant du papier recyclé.
- Éviter les produits qui ne s'utilisent qu'une fois (comme les lingettes jetables).
- Acheter des produits avec le moins d'emballage possible.
- Boire plutôt l'eau du robinet.
- Coller un « stop-pub » sur sa boîte aux lettres.
- Préférer les sacs réutilisables et éviter les sacs en plastique.
- Économiser les piles.

Le sais-tu ?
C'est Eugène Poubelle qui a donné son nom aux poubelles. Il les a rendues obligatoires à Paris en 1884.

**
4 Un grand bol d'air !

La pollution de l'air est liée à notre mode de vie et aux activités humaines qui consomment de l'énergie et rejettent de plus en plus de gaz à effet de serre, responsable du trou dans la couche d'ozone.
Voici la quantité de gaz à effet de serre (CO_2) produite par différents moyens de transport (par personne et par kilomètre) :

- **Vélo** : 0 g
- **Tramway** : 20 g
- **Bus** : 80 g
- **Voiture** : 180 g

a. Quel est le moyen de transport le moins polluant ? Et le plus polluant ?

b. Une personne travaille à 20 km de sa maison.
Combien de kilomètres parcourt-elle chaque jour pour se rendre à son bureau ?
Et en une semaine ?

c. Calcule la quantité de CO_2 rejeté par cette personne en une semaine si elle se déplace en voiture.
Et en tramway ?

d. Pourquoi recommande-t-on le covoiturage ?

GAZ À EFFET DE SERRE : gaz responsable du réchauffement du climat.
COUCHE D'OZONE : couche de gaz contenue dans l'atmosphère qui protège la Terre du Soleil.

TeST

Voici les réponses des exercices **TeST** de la partie « Grandeurs et mesures ».

Page 111
1. B
2. B

Page 113
1. C
2. B

Page 115
1. B
2. A

Page 117
1. B
2. A

Page 119
1. A
2. C

Page 121
1. C
2. A

Page 123
1. A
2. B

Page 125
1. B
2. A

Page 127
1. A
2. B

Page 129
1. C
2. A

Page 131
1. A
2. B

Page 133
1. A
2. C

Géométrie

Points alignés, droites, segments, milieux

EXERCICES SUPPLÉMENTAIRES

POUR DÉMARRER

Jim et Victor jouent à la guerre des étoiles.
Les rayons de leur sabre-laser se coupent au point M.

a. Trace une droite rouge et une droite verte comme sur le dessin.

b. Place deux points A et B sur le rayon de Jim.
Les points A, B et M sont-ils alignés ? Pourquoi ?

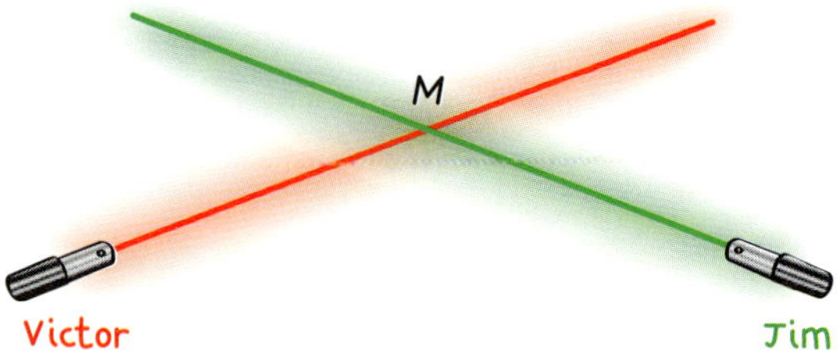

c. Place deux points C et D sur le rayon de Victor pour que le point M soit au milieu du segment [CD].

JE RETIENS

Utiliser le vocabulaire géométrique

- **Deux points sont toujours alignés.**
  Plusieurs points sont alignés lorsqu'ils se trouvent sur une même droite.

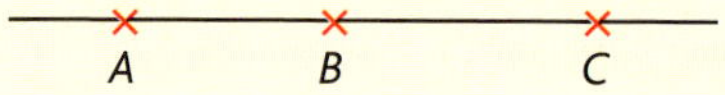

Les points A, B et C sont alignés.

- Le morceau de droite délimité par deux points est un **segment**.
- La distance entre les deux points A et B correspond à la **longueur** du segment [AB].

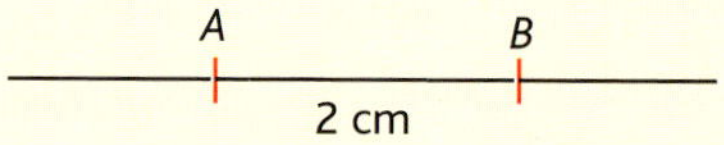

AB = 2 cm

Réaliser ou vérifier des tracés

- La **règle** permet de vérifier ou de tracer des points alignés.
- Pour trouver le **milieu** d'un segment, je peux utiliser ma règle graduée.

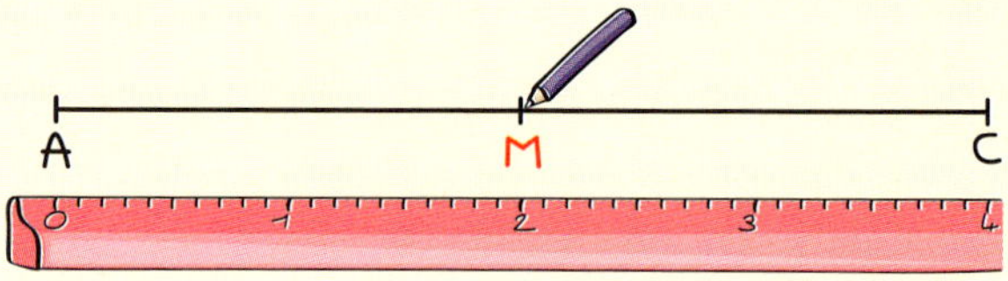

JE M'EXERCE À MON RYTHME

Utiliser le vocabulaire géométrique

1 **Pour chaque phrase, écris vrai ou faux.**

a. * Trois points situés sur une même droite sont alignés.

b. * Un segment est limité par deux points.

c. * Trois points sont toujours alignés.

d. ** Deux points appartenant à deux droites différentes sont toujours alignés.

e. ** Une droite est limitée par deux points.

f. ** Deux points sont toujours alignés.

Réaliser ou vérifier des tracés

2 **Pour chaque figure, nomme les points alignés.** *Tu peux utiliser ta règle.*

a. *

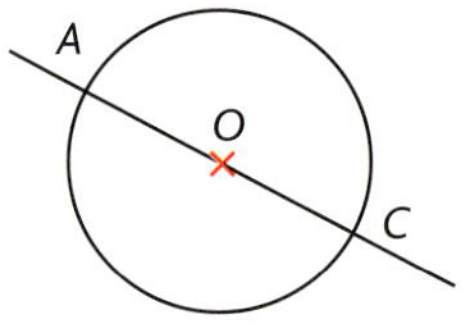

b. **

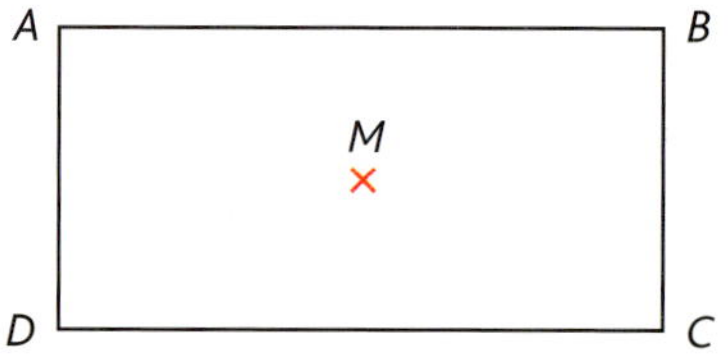

3 Reproduis les figures et place un point Z pour que les points X, Y et Z soient alignés.

a. *

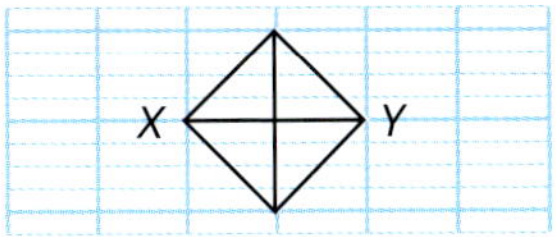

b. **

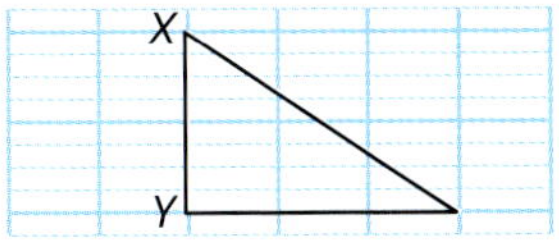

4 Pour chaque cas, nomme 3 points alignés.

a. *

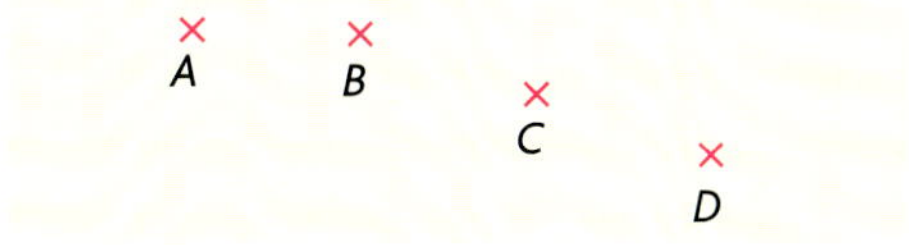

b. **

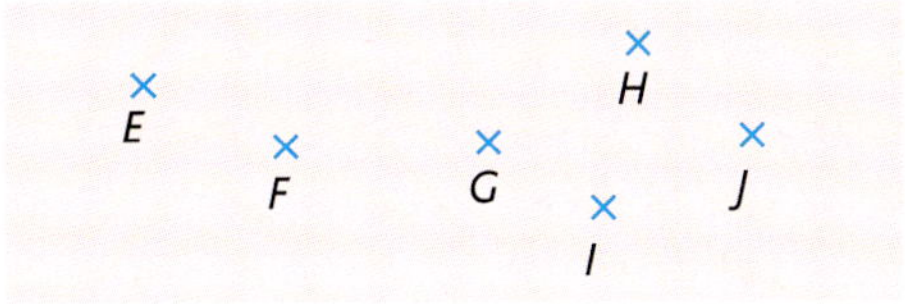

TEST

5 Pour chaque exercice, choisis la réponse A, B ou C qui convient.

Vérifie tes réponses page 176.

	A	B	C
1. Dans quel cas les points A, B et C sont-ils alignés ?	A B C	A B C	A B C
2. Dans quel cas a-t-on dessiné un segment ?	A B	A B	A

Je résous des problèmes

6 * Trace une droite (d).
Place un point A sur la droite (d).
Place 4 points B, C, D et E alignés avec le point A.
Place un point F tel que les points A, B et F ne soient pas alignés.
Que peux-tu dire des points C, D, E et F ?

7 * Reproduis la figure suivante sur du papier quadrillé.

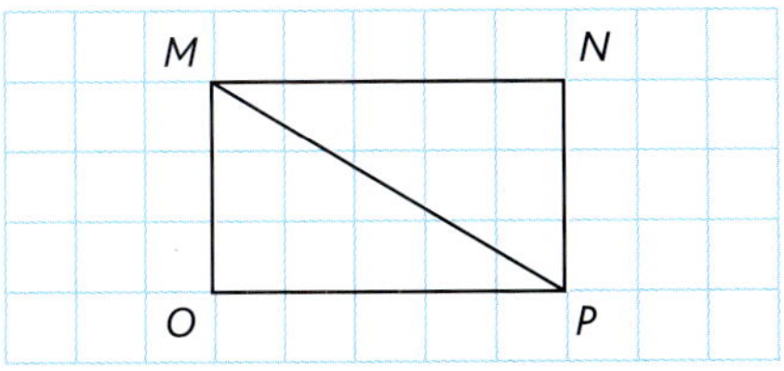

a. Place un point Q au milieu du segment [MP].
b. Trace le segment [ON].
c. Que peux-tu dire du point Q ?

8 ** Reproduis cette figure sur ton cahier.

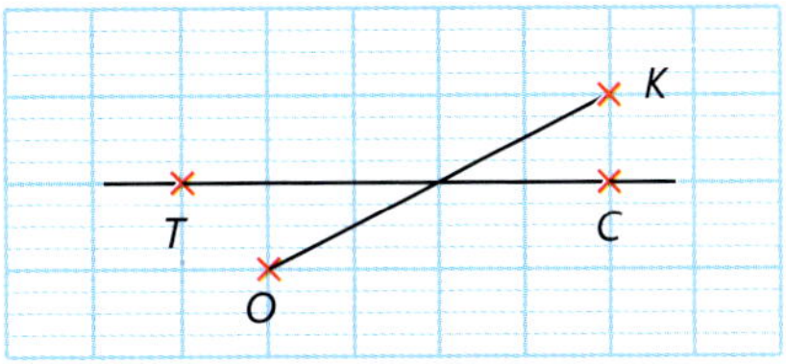

Place le point X aligné avec les points T et C, et avec les points O et K.

9 ** a. Place un point M sur ton cahier.
b. Trace 2 droites (d) et (f) passant par ce point.
c. Sur la droite (d), place deux points B et C tels que M soit le milieu de [BC] et BC = 8 cm.
d. Sur la droite (f), place deux points T et R tels que M soit le milieu de [TR] et TR = 8 cm.
e. Relie les points B, R, T et C. Quelle figure as-tu construite ?

À l'œil nu

Le point M appartient-il à la droite (c) ?

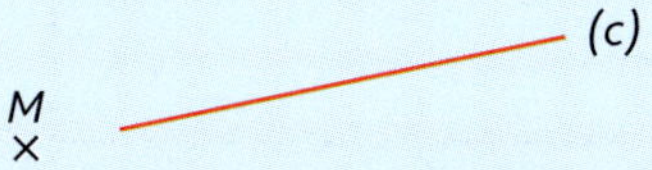

Question Express

Trois droites peuvent-elles passer par un même point ?

Droites perpendiculaires

EXERCICES SUPPLÉMENTAIRES

POUR DÉMARRER

Léonard l'architecte vérifie avec son fil à plomb que les murs de sa maison sont droits, c'est-à-dire perpendiculaires au sol.

a. Connais-tu un autre instrument permettant de vérifier si des droites sont perpendiculaires ?

b. Dans la classe, trouve un ou plusieurs objets ayant des côtés perpendiculaires entre eux.

JE RETIENS

Reconnaître des droites perpendiculaires

- Deux droites sont perpendiculaires si elles forment un **angle droit** là où elles se coupent.
- Pour vérifier que deux droites sont perpendiculaires, j'utilise l'angle droit de mon **équerre**.
- Je note (d) ⊥ (f).

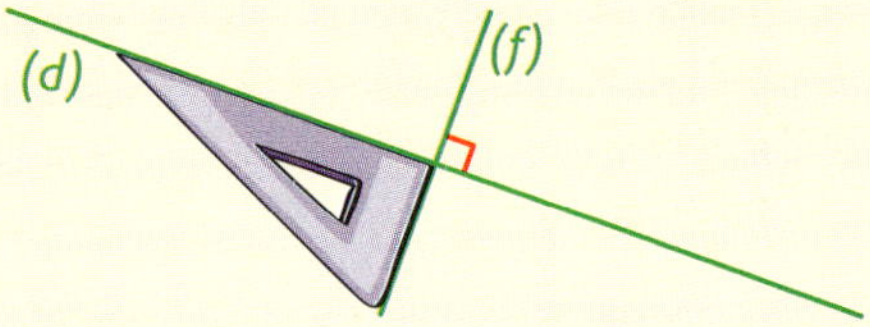

Tracer des droites perpendiculaires

1. Je trace à la règle une droite verte.

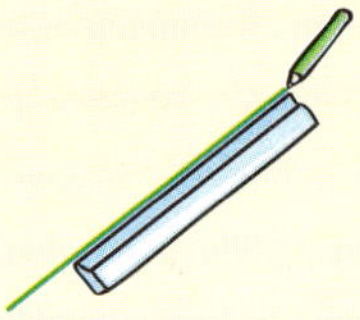

2. Je place mon équerre sur la droite verte.

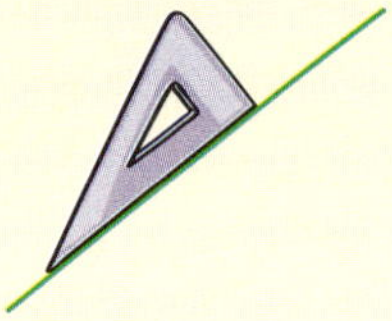

3. Je trace une droite rouge le long de l'équerre.

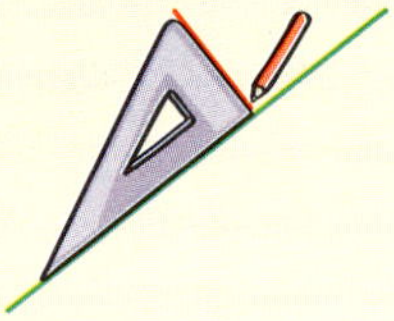

4. Je prolonge cette droite rouge avec ma règle.

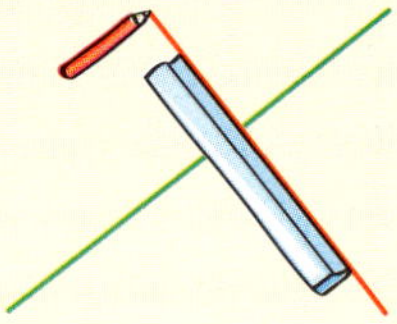

JE M'EXERCE À MON RYTHME

Reconnaître des droites perpendiculaires

1 Dans chaque cas, dis si les droites sont perpendiculaires ou non. *Utilise ton équerre.*

a. *

b. *

c. **

d. **

2 Pour chaque figure, indique quelles droites sont perpendiculaires.
Utilise le signe ⊥.

a. *

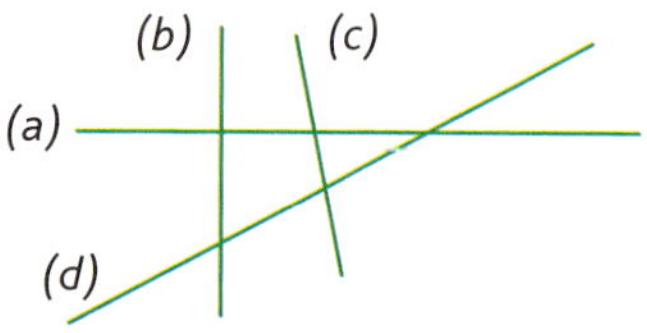

b. **

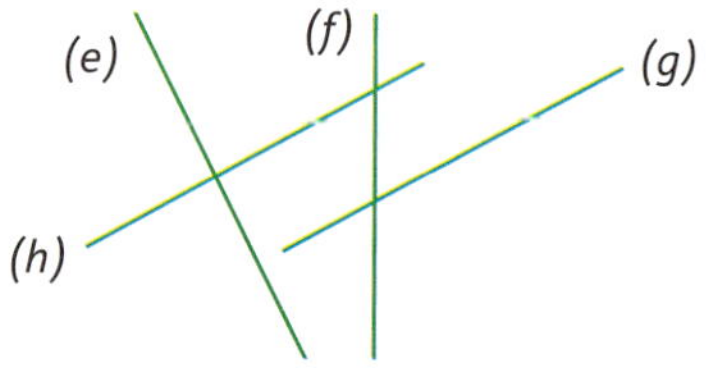

Tracer des droites perpendiculaires

3 Sur ton cahier, trace une droite (f) et un point A comme sur les figures ci-dessous. Puis trace une droite perpendiculaire à (f) et passant par le point A.

a. *

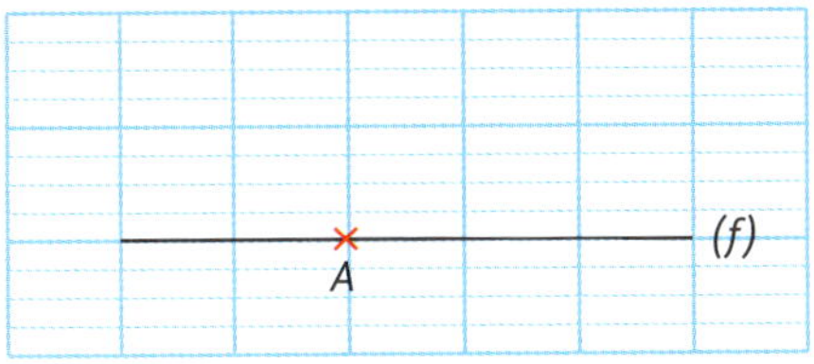

b. **

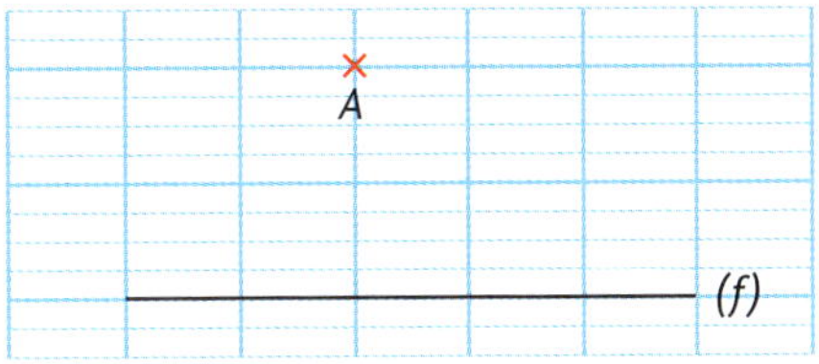

4 Reproduis les figures ci-dessous et trace une droite perpendiculaire à (g) passant par le point A.

a. *

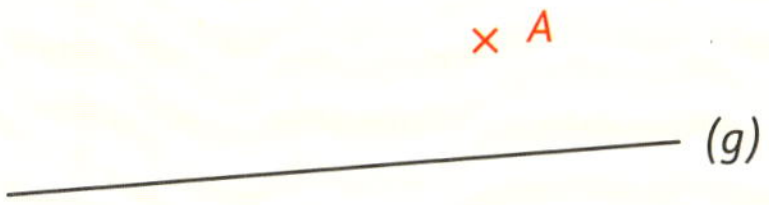

b. **

TEST

5 Pour chaque exercice, choisis la réponse A, B ou C qui convient.
Vérifie tes réponses page 176.

	A	B	C
1. Les deux droites sont perpendiculaires.			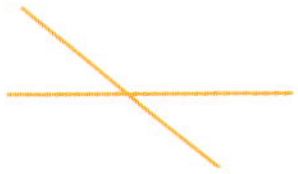
2. Le polygone possède deux côtés perpendiculaires.	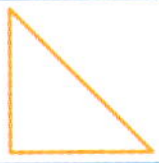	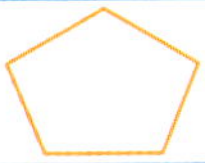	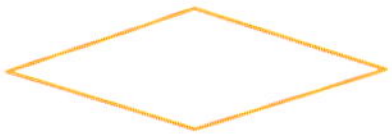

Je résous des problèmes

6 * Reproduis la figure suivante.

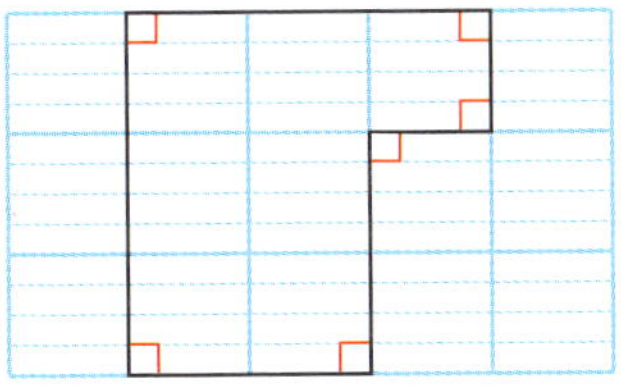

7 * Reproduis la frise et marque en rouge tous les angles droits.

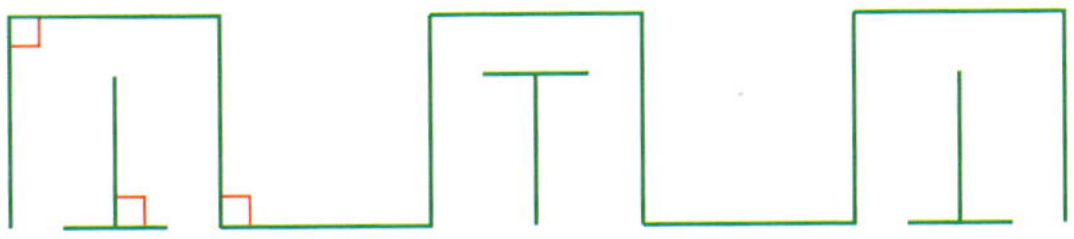

8 ** Quels sont les polygones dont les diagonales (en rouge) sont perpendiculaires ?

①

②
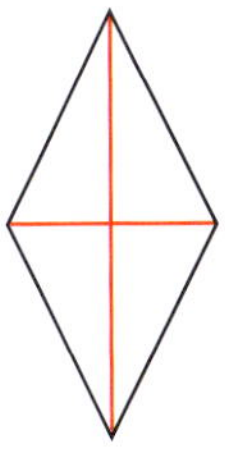

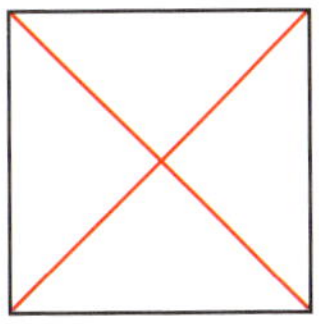
③

④

À main levée

Reproduis la spirale.

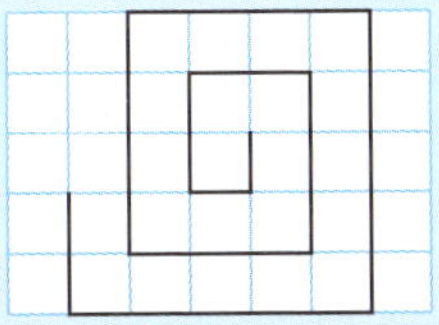

Question Express

Deux droites perpendiculaires à une même droite sont-elles perpendiculaires ?

Droites parallèles

EXERCICES SUPPLÉMENTAIRES

Pour démarrer

En arts visuels, la maîtresse a demandé aux élèves de prolonger les côtés des figures suivantes.

a. Décalque ces deux figures et prolonge les côtés [AC] et [BD].

b. Que constates-tu ?

c. Que peux-tu dire de l'écartement des côtés prolongés ?

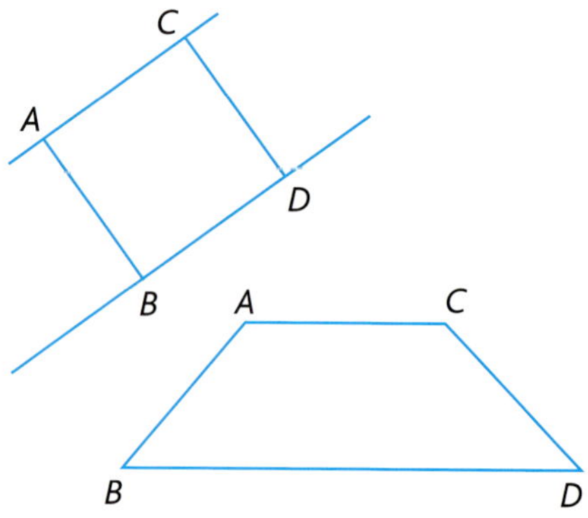

Je retiens

Reconnaître des droites parallèles

- Des droites **parallèles** ne se coupent jamais. Elles ont un écart constant.
- Les droites (d) et (e) sont parallèles. Je note (d) // (e).

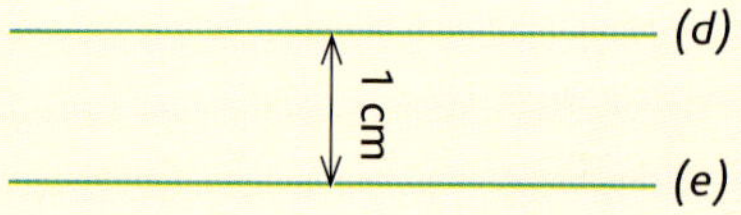

Tracer des droites parallèles

Pour tracer deux droites en conservant un écart constant entre les deux :

- Je peux utiliser les deux bords de ma **règle plate**.

- Je peux utiliser mon **équerre**.

Je m'exerce à mon rythme

Reconnaître des droites parallèles

1 Pour chaque situation, indique si les côtés rouges sont parallèles. Justifie ta réponse.

a. *

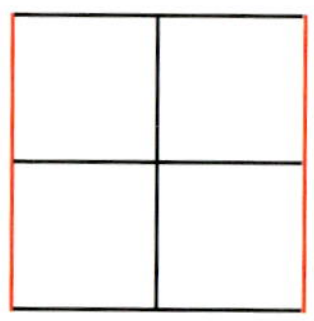

b. *

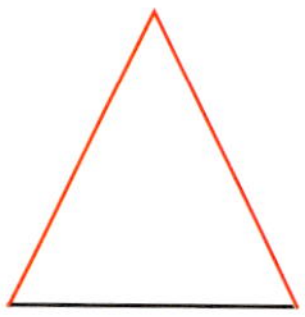

c. **

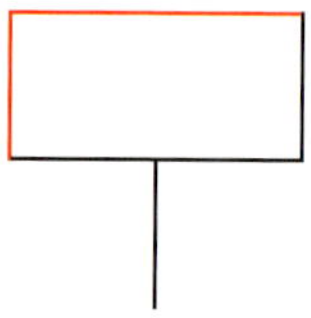

d. **

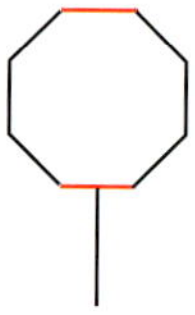

2 Dans chaque figure, indique si les droites sont parallèles.

a. *

b. *

c. **

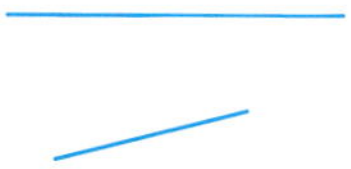

d. **

Tracer des droites parallèles

3 Reproduis la droite (d) comme dans les figures ci-dessous, puis trace une droite (f) parallèle à (d).

a. * Sur ton cahier :

b. ** Sur une feuille blanche :

4 Reproduis ces figures, puis trace une droite (e) passant par le point A et parallèle à (d).

a. * Sur ton cahier :

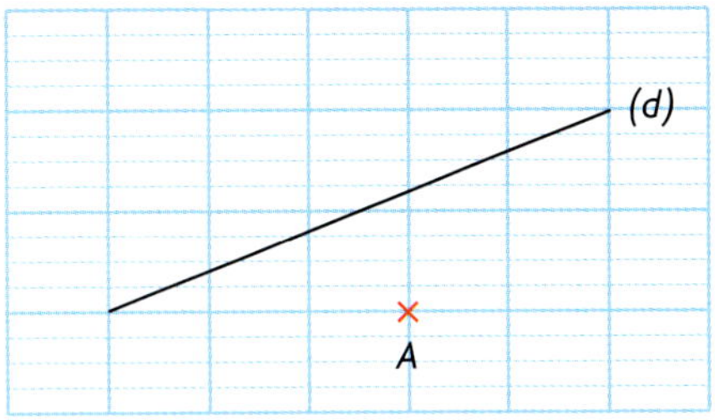

b. ** Sur une feuille blanche :

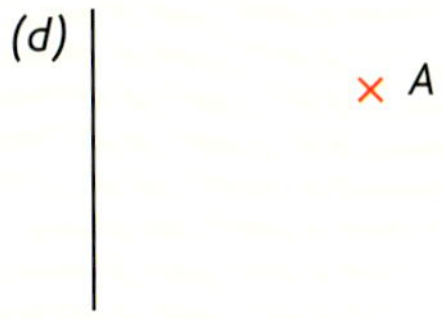

TEST

5 Pour chaque exercice, choisis la réponse A, B ou C qui convient.

Vérifie tes réponses page 176.

	A	B	C
1. Les droites (a) et (b) sont parallèles.	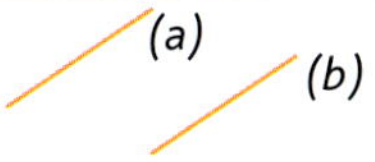		
2. Le polygone a 2 côtés parallèles	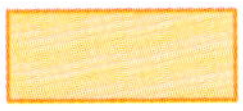		

Je résous des problèmes

6 * Reproduis la frise suivante.

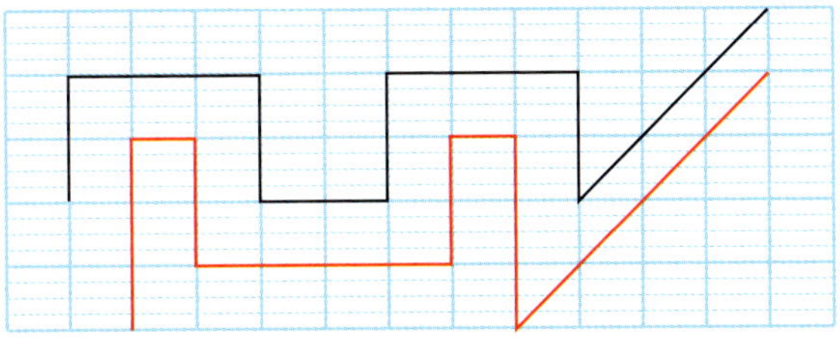

7 * Trace sur ton cahier deux droites parallèles distantes de 4 carreaux.

8 ** Nomme toutes les droites parallèles à la droite (e).

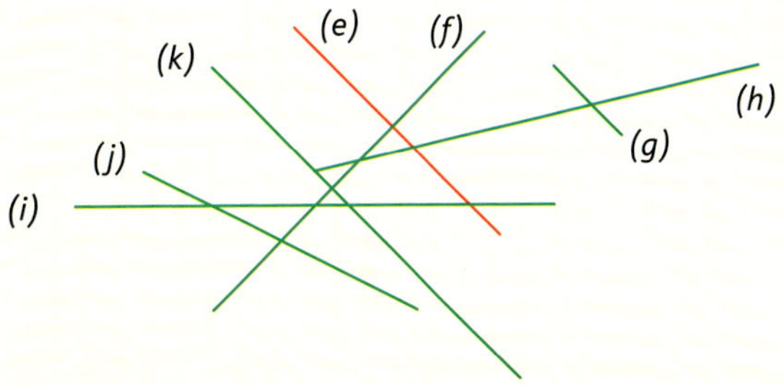

À l'œil nu

Ces droites sont-elles parallèles ?

Question Express

Deux droites perpendiculaires peuvent-elles être parallèles ?

Symétrie (1)

POUR DÉMARRER

À ton avis, les motifs des ailes du papillon se superposent-ils quand le papillon replie ses ailes ? Pour vérifier, décalque ce papillon, découpe-le puis plie-le en deux pour que ses ailes se superposent. Que constates-tu ?

Je retiens

Reconnaître une symétrie axiale et un axe de symétrie

- **Ces deux figures sont symétriques par rapport à la droite rouge.**
- La droite rouge s'appelle un **axe de symétrie**.

- Je peux vérifier qu'une figure a un axe de symétrie en la pliant le long de cet axe.

Je m'exerce à mon rythme

Reconnaître une symétrie axiale et un axe de symétrie

1 Quelles figures possèdent au moins un axe de symétrie ?

a. *

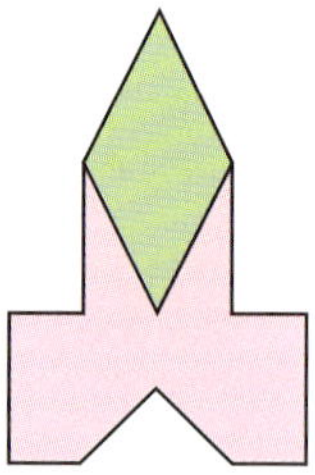

b. *

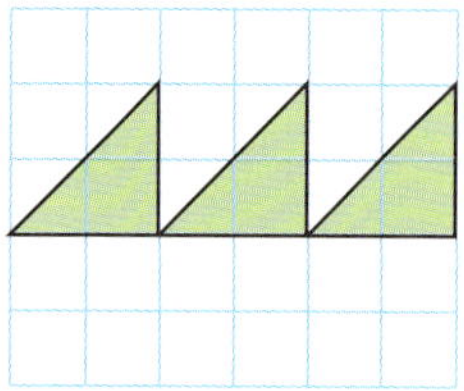

c. **

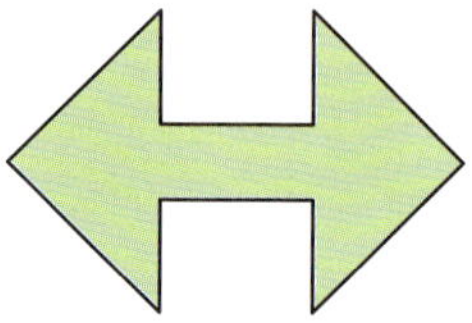

d. **

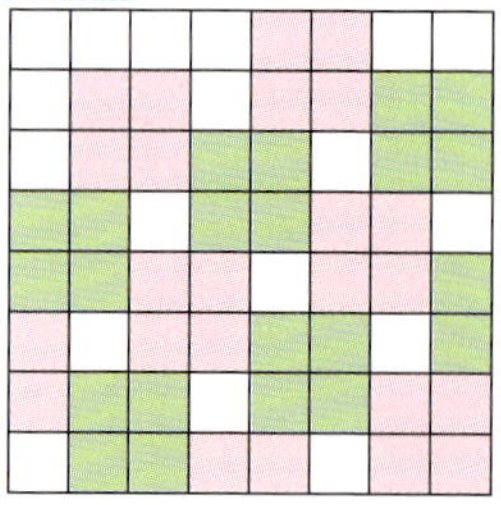

2 Dans quels polygones le trait rouge est-il un axe de symétrie ?

a. *

A

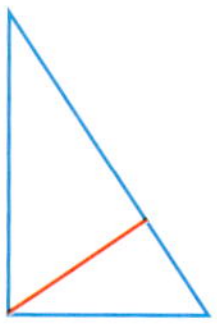

b. *

B

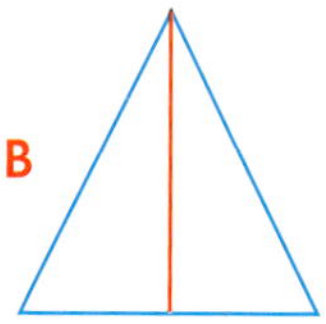

c. **

C

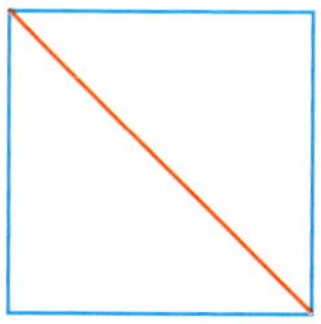

d. **

D

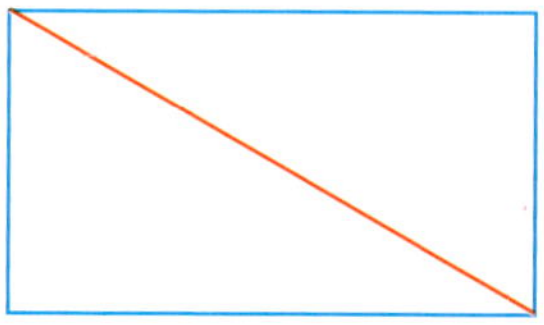

3 Reproduis les polygones.
Découpe-les et vérifie ensuite par pliage s'ils possèdent un axe de symétrie.

a. *

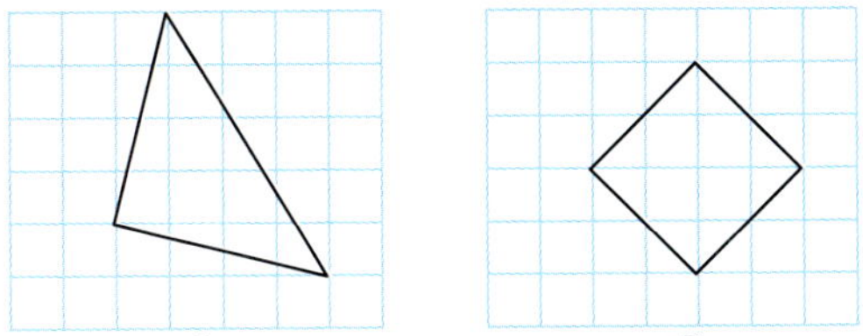

A B

b. **

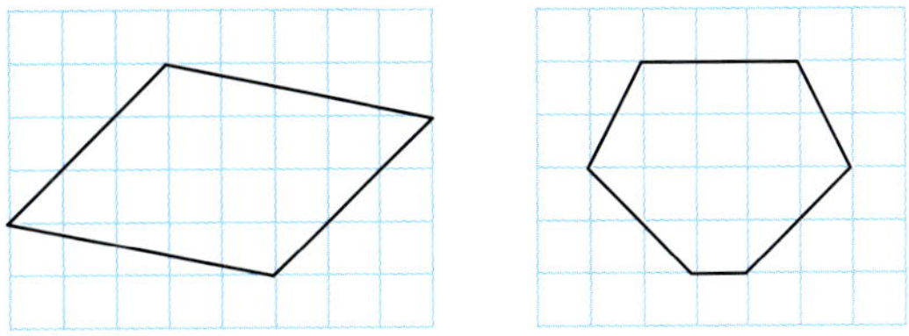

C D

TEST

4 **Pour chaque exercice, choisis la réponse A, B ou C qui convient.**
Vérifie tes réponses page 176.

	A	B	C
1. Quel polygone possède au moins un axe de symétrie ?	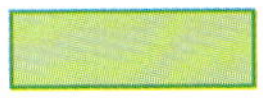	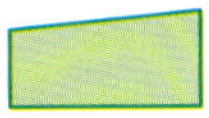	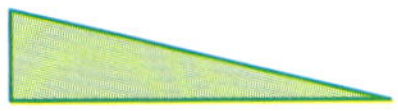
2. Dans quel cas la droite rouge est-elle un axe de symétrie ?	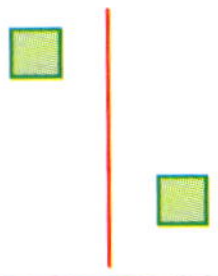	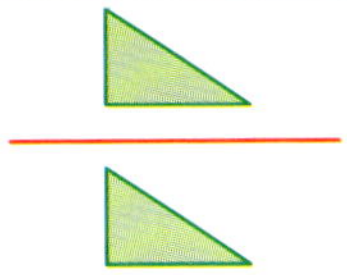	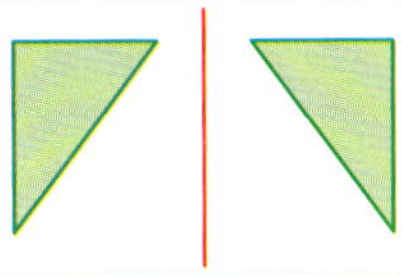

Je résous des problèmes

5 * Dans quelle(s) figure(s) la droite rouge est-elle un axe de symétrie ?

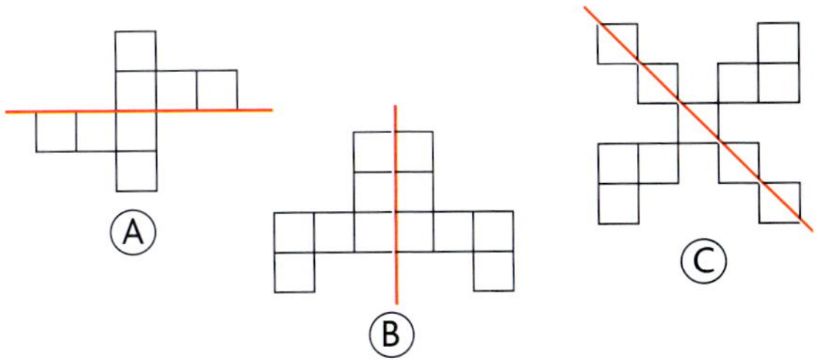

6 * Quelle figure n'a pas d'axe de symétrie ?

7 ** Les motifs de ce découpage sont-ils symétriques par rapport au pliage ?

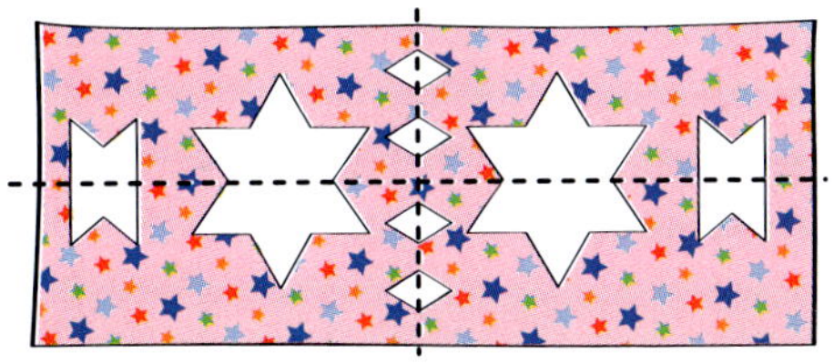

8 ** Reproduis ce coloriage sur du papier quadrillé et trace son axe de symétrie.

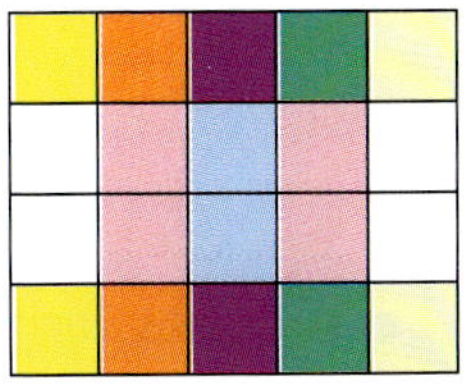

À l'œil nu

Question Express

Mon reflet dans le miroir est-il le symétrique de mon visage ?

Symétrie (2)

EXERCICES SUPPLÉMENTAIRES

POUR DÉMARRER

Fatou a commencé une mosaïque composée uniquement de cases roses et blanches.
Reproduis-la sur du papier quadrillé et termine le coloriage pour qu'il soit symétrique par rapport à l'axe rouge.

Je retiens

■ Compléter une figure par symétrie axiale

Pour construire le symétrique d'une figure par rapport à un axe, je peux :

1. Plier, découper, déplier.

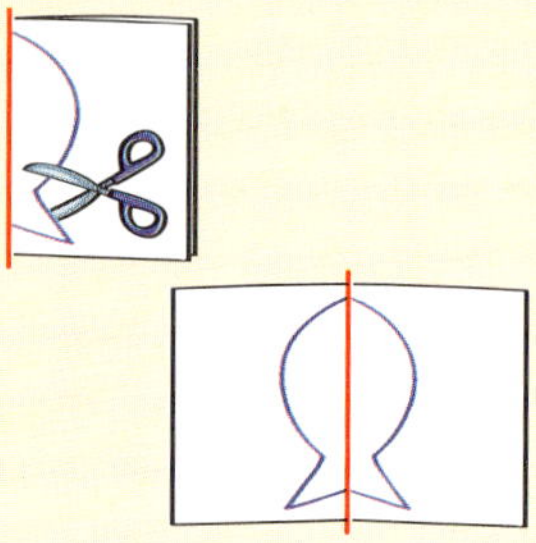

2. Décalquer et retourner.

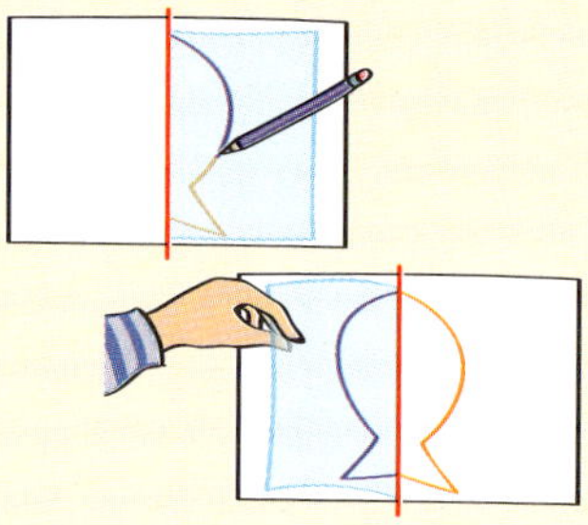

3. Prendre des repères sur un quadrillage.

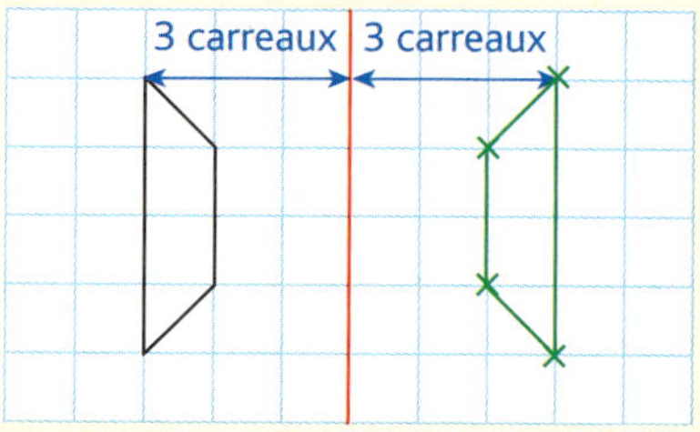

Je m'exerce à mon rythme

■ Compléter une figure par symétrie axiale

1 Reproduis ces figures sur ton cahier, puis trace leur symétrique par rapport à l'axe rouge.

a. *

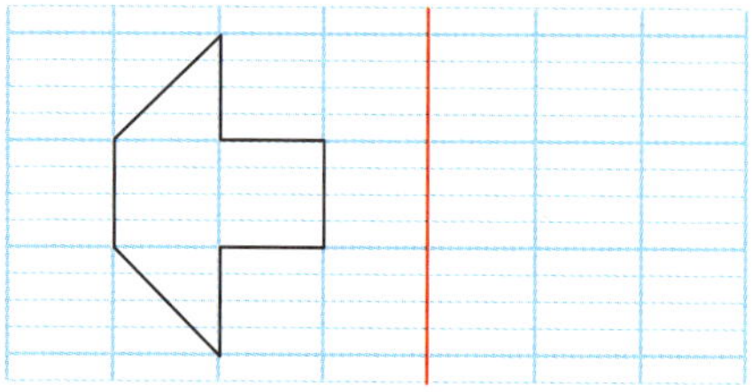

b. **

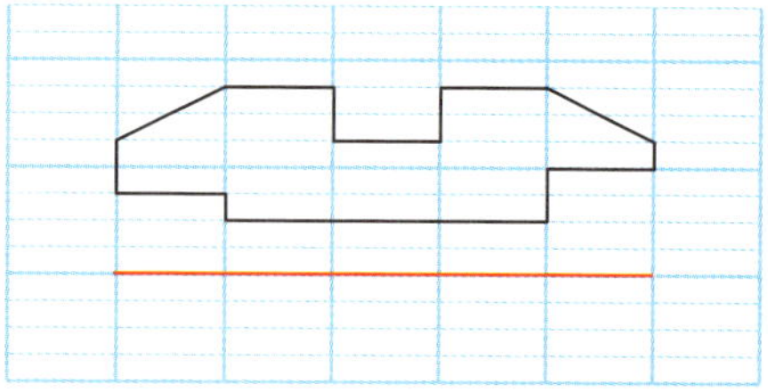

2 Reproduis ces figures sur ton cahier, puis complète-les par rapport à leur axe de symétrie tracé en rouge.

a. *

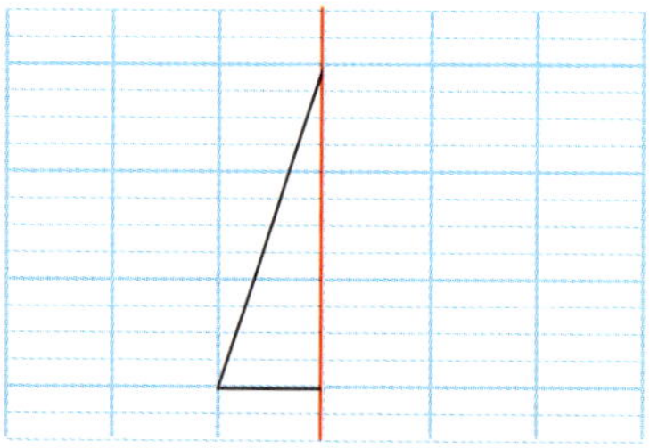

b. **

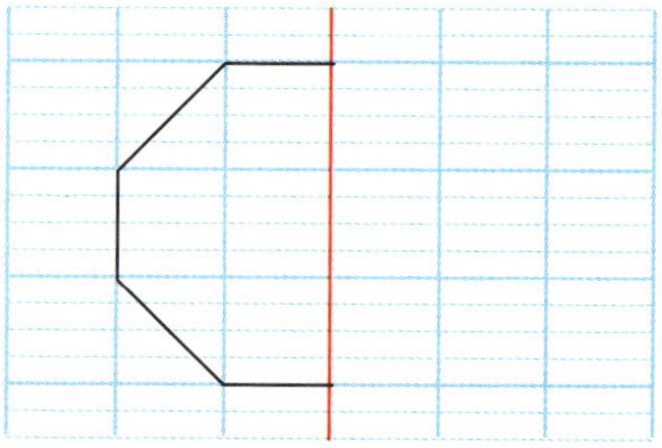

3 Termine la construction des polygones en prenant la diagonale rouge comme axe de symétrie.

a. *

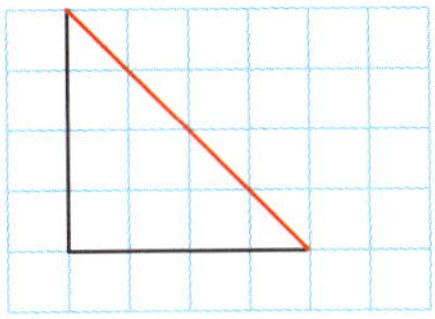

b. **

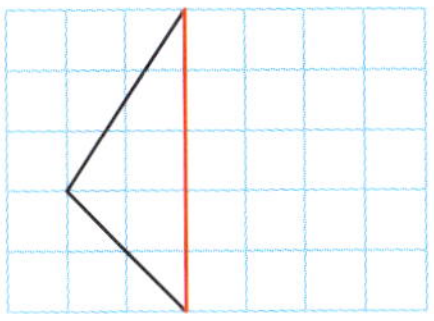

TEST

4 Choisis la réponse A, B ou C qui convient.

Vérifie ta réponse page 176.

	A	B	C
Pour quelle rosace l'axe rouge est-il un axe de symétrie ?		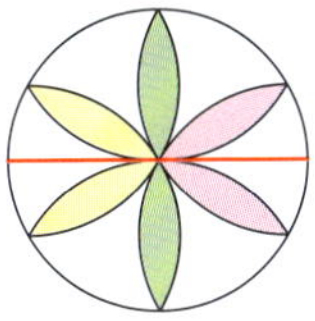	

Je résous des problèmes

5 * Recopie ce coloriage sur du papier quadrillé. Termine-le pour qu'il soit symétrique par rapport à l'axe rouge.

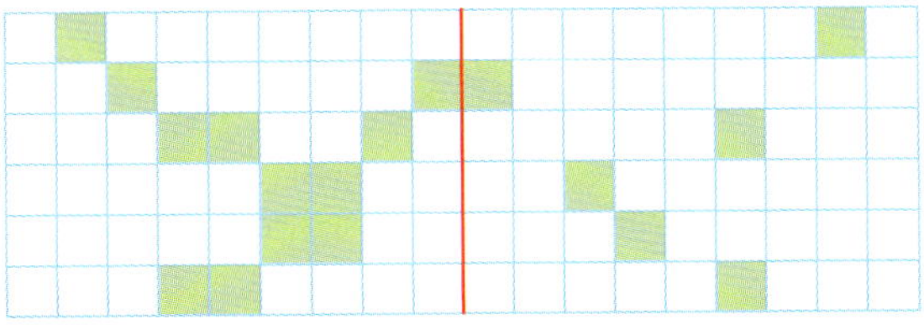

6 * Reproduis cette figure sur ton cahier. Construis son symétrique par rapport à l'axe rouge.

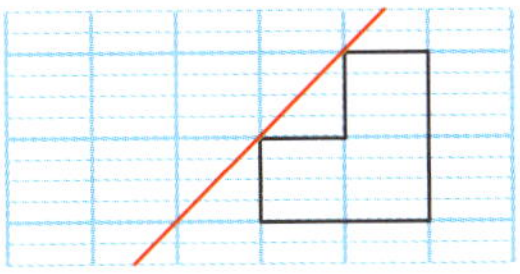

7 ** Reproduis ce triangle sur du papier quadrillé et construis son symétrique par rapport à l'axe rouge.

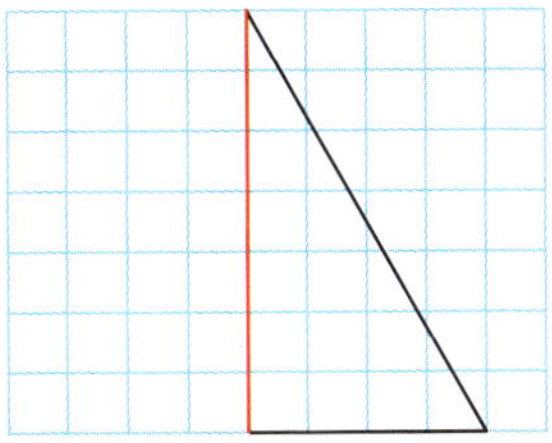

8 ** Reproduis cette figure sur ton cahier et construis son symétrique par rapport à l'axe (d) puis par rapport à l'axe (f).

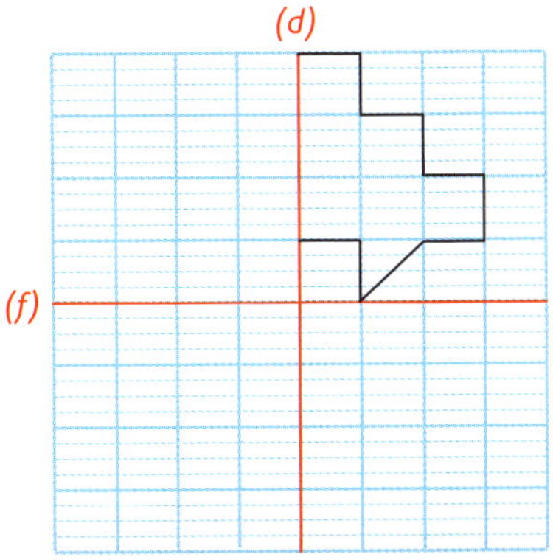

À main levée

Reproduis et colorie ce papillon de manière symétrique.

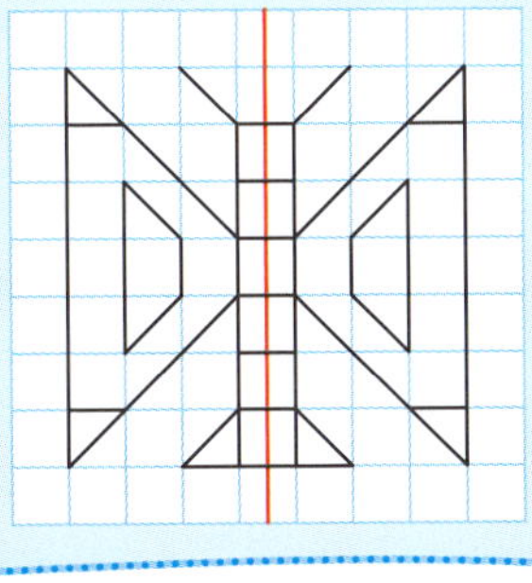

Question Express

À ton avis, le corps humain a-t-il un axe de symétrie ?

Polygones

EXERCICES SUPPLÉMENTAIRES

POUR DÉMARRER

Noa a fabriqué des figures avec des bandes de carton et des attaches parisiennes. Ces figures sont des polygones.

a. Compte le nombre de côtés et le nombre de sommets de chaque figure. Note tes résultats dans un tableau.

b. Que constates-tu ?

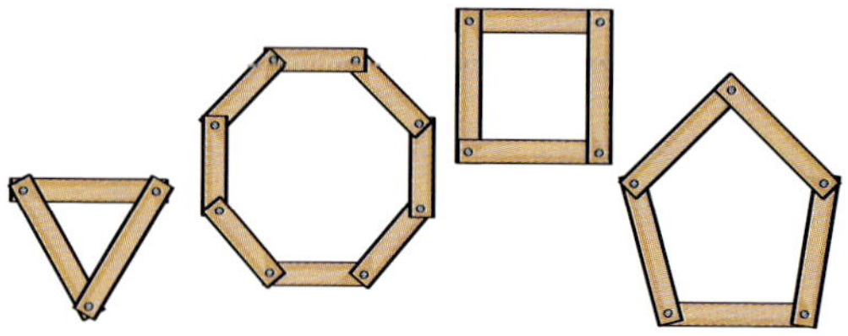

Je retiens

Reconnaître un polygone

Le polygone a autant de côtés que de sommets.
Ses côtés sont des segments de droite.
Pour nommer un polygone, je désigne chaque sommet par une lettre.
Vocabulaire :

- Un polygone à **trois côtés** s'appelle un **triangle**.
- Un polygone à **quatre côtés** s'appelle un **quadrilatère**.
- Un polygone à **cinq côtés** s'appelle un **pentagone**.
- Un polygone à **six côtés** s'appelle un **hexagone**.
- Un polygone à **huit côtés** s'appelle un **octogone**.

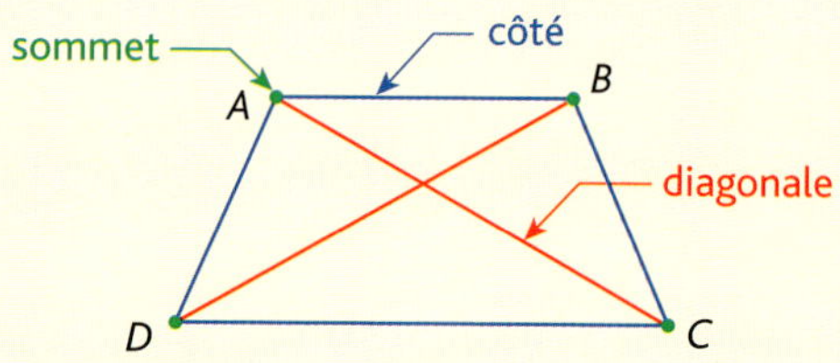

Le polygone ABCD a 4 sommets et 4 côtés. C'est un quadrilatère.

Tracer des polygones

Je peux utiliser une **règle**, une **équerre**.

Je m'exerce à mon rythme

Reconnaître un polygone

1 Quelles figures sont des polygones ?

a. *

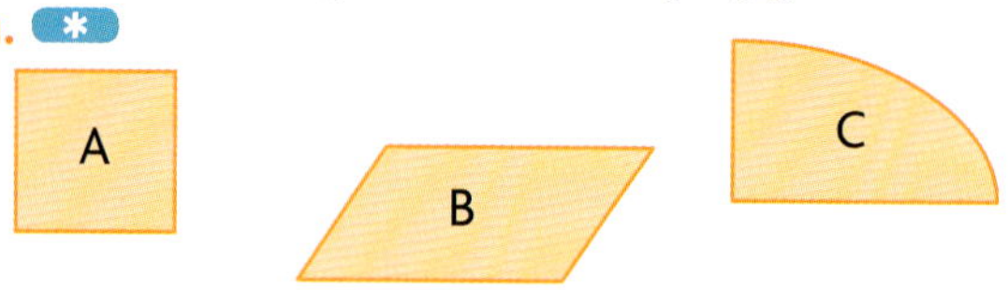

b. **

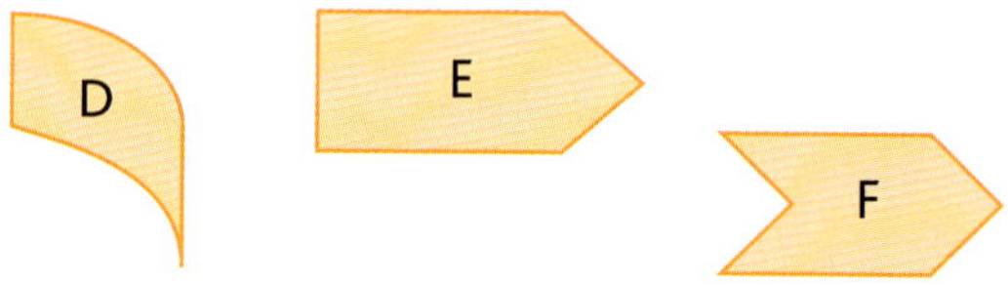

2 Relève les polygones ayant 4 côtés et au moins un angle droit.

a. *

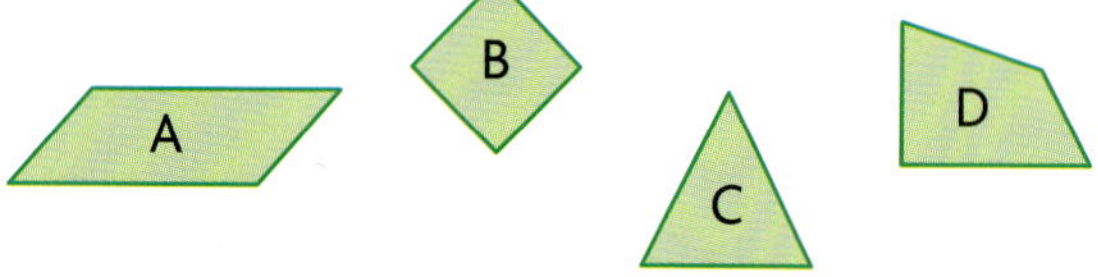

b. **

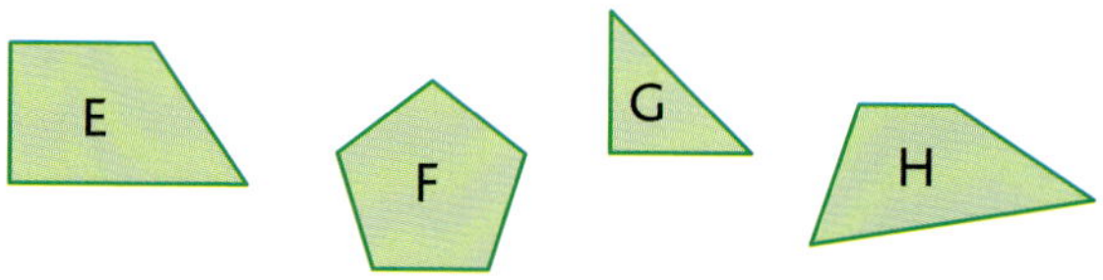

Tracer des polygones

3 **Reproduis les polygones.**

a. *

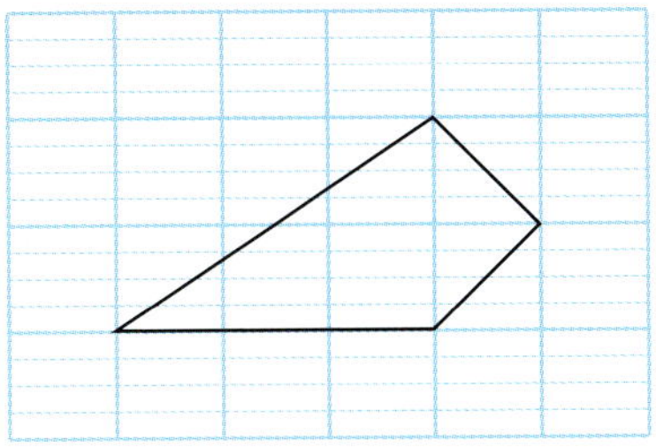

b. **

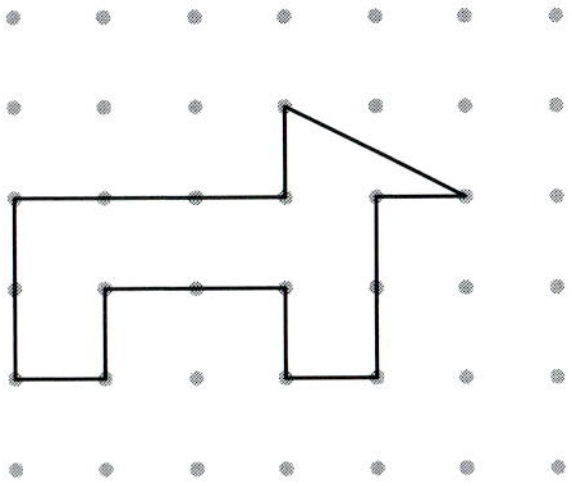

Test

4 **Pour chaque exercice, choisis la réponse A, B ou C qui convient.**

Vérifie tes réponses page 176.

	A	B	C
1. Un polygone a…	autant de sommets que de côtés	plus de sommets que de côtés	plus de côtés que de sommets
2. Quelle figure est un polygone ?	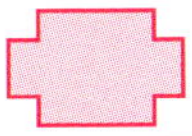		

Je résous des problèmes

5 * Observe le dessin, puis recopie et complète la phrase avec les mots : *polygone, côtés, sommets*.
La tête du clown est un … ayant quatre … et quatre … .

6 * Qui suis-je ?
J'ai 4 côtés, 2 angles droits et 2 côtés égaux.

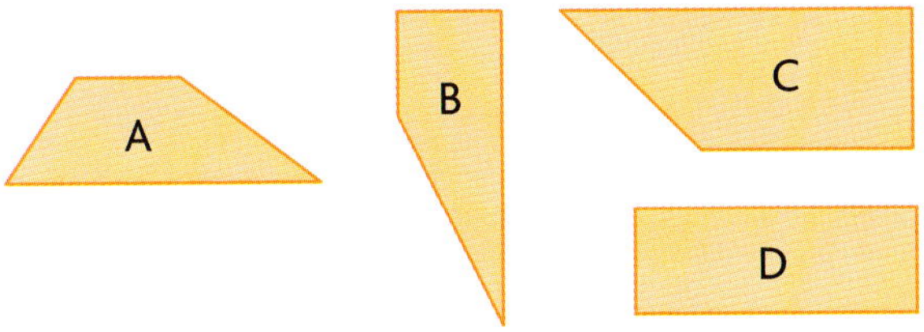

7 * Reproduis le quadrilatère suivant.

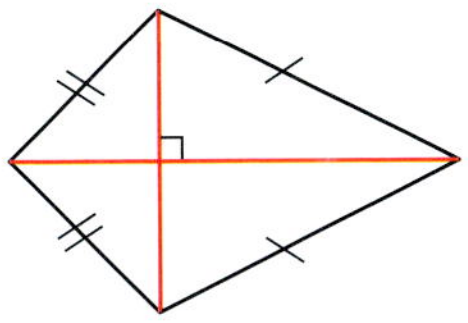

8 ** Construis un quadrilatère ayant 4 sommets, des côtés de même longueur et parallèles 2 à 2, pas d'angle droit.

9 ** Décalque et complète le tracé pour obtenir 2 quadrilatères ayant 4 angles droits et 4 côtés de même longueur parallèles 2 à 2. Nomme les sommets des 2 quadrilatères.

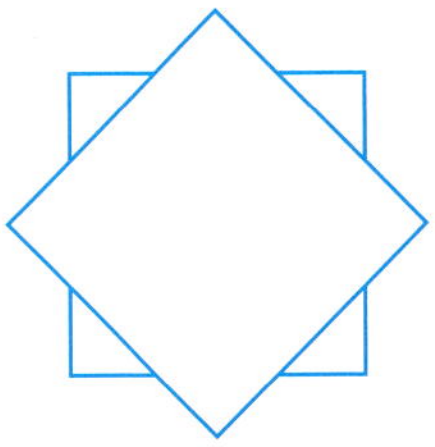

À main levée

Reproduis.

Question Express

Combien un polygone peut-il avoir de côtés au minimum ?

Carrés, losanges, rectangles

EXERCICES SUPPLÉMENTAIRES

POUR DÉMARRER

Willy a réalisé ce puzzle formé de polygones.
Quel est l'intrus ?
Explique pourquoi.

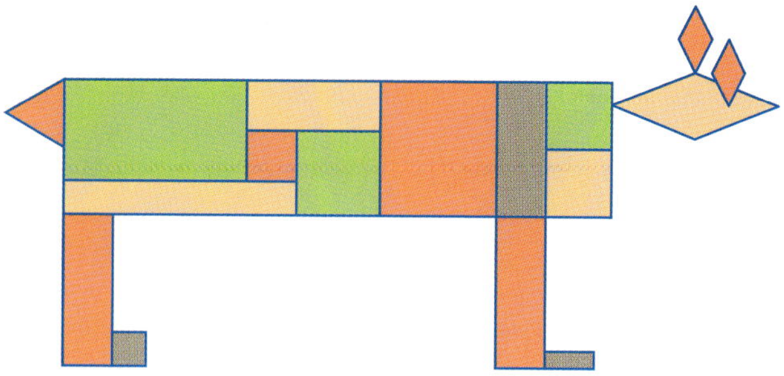

Je retiens

Connaître les propriétés du carré, du losange et du rectangle

Le carré, le losange et le rectangle sont des **quadrilatères** :
ils ont **4 côtés** et **4 sommets**.

Carré ABCD

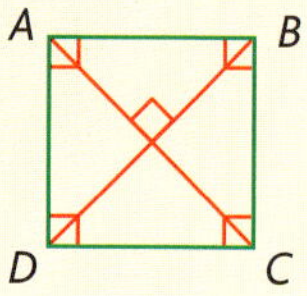

– 4 côtés de même longueur
– 4 angles droits
Les diagonales (en rouge) sont de même longueur et perpendiculaires entre elles.
[AB] et [BC] sont des côtés **consécutifs**.

Losange KLMN

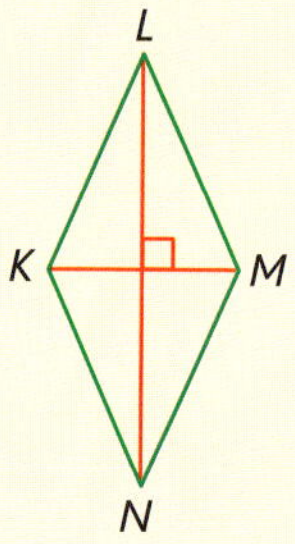

– 4 côtés de même longueur
Les diagonales sont perpendiculaires entre elles.

Rectangle EFGH

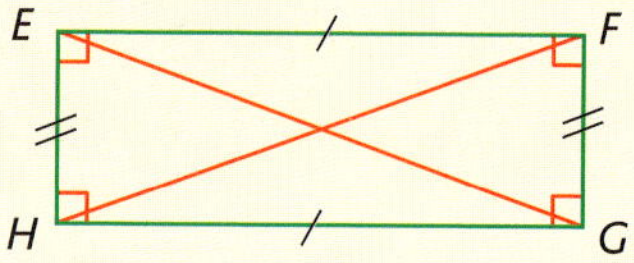

– Côtés opposés de même longueur
– 4 angles droits
Les diagonales (en rouge) sont de même longueur.
[EF] et [HG] sont des côtés **opposés**.

Remarques :
Un carré est un rectangle particulier.
Un carré est un losange particulier.

Tracer un carré, un losange et un rectangle

Je peux utiliser une **règle graduée**, un **compas**, une **équerre**.

Je m'exerce à mon rythme

Connaître les propriétés du carré, du losange et du rectangle

1 **Complète chaque message avec les mots suivants.**

a. * *Un carré, un rectangle* ou *un losange* ; *une diagonale, un côté.*
La figure ABCD est … .
[AC] est … . [AB] est … .

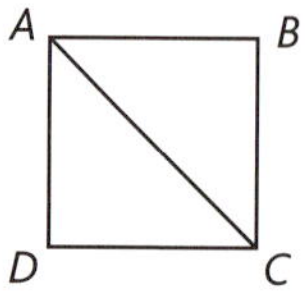

b. ** *Un carré, un rectangle* ou *un losange, une diagonale, des côtés opposés, des côtés consécutifs.*
BLEU est … .
[BU] et [BL] sont … .
[BU] et [LE] sont … .
[BE] est … .

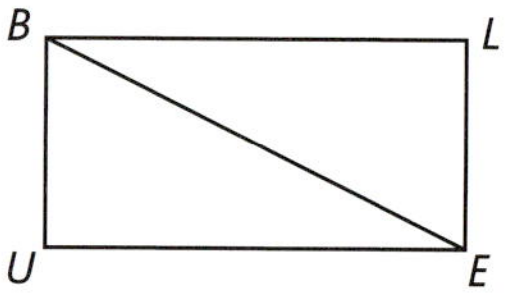

■ Tracer un carré, un losange et un rectangle

2 **Ces figures ont été tracées à main levée. Reproduis-les avec tes instruments.**

a. *

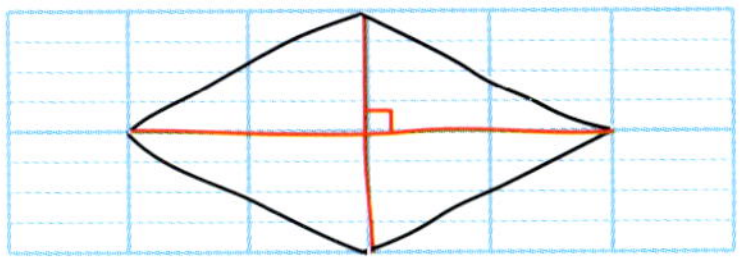

b. **

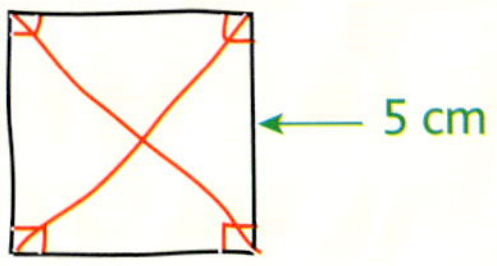

3 **Construis ces quadrilatères avec tes instruments.**

a. * Un carré de 3 carreaux de côté.

b. * Un rectangle de 6 carreaux de longueur et de 2 carreaux de largeur.

c. ** Un losange dont les diagonales mesurent 4 cm et 6 cm.

d. ** Un rectangle de longueur 7 cm et de largeur 3 cm.

TEST

4 **Pour chaque exercice, choisis la réponse A, B ou C qui convient.**

Vérifie tes réponses page 176.

	A	B	C
1. Un carré a des diagonales...	parallèles	perpendiculaires	de longueurs différentes
2. Un losange a des diagonales...	parallèles	perpendiculaires	de même longueur
3. Un rectangle a des diagonales...	parallèles	perpendiculaires	de même longueur

Je résous des problèmes

5 * Nomme tous les carrés de cette figure.

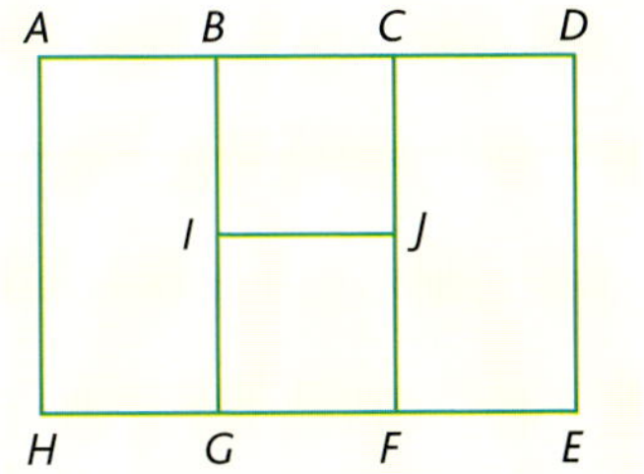

6 * Reproduis cette figure avec tes instruments en commençant par tracer les diagonales.

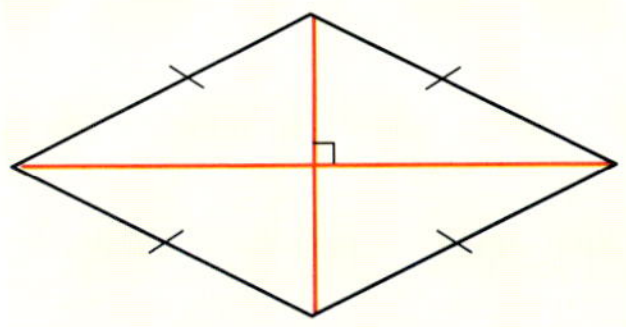

7 ** Reproduis sur ton cahier et complète pour obtenir un rectangle.

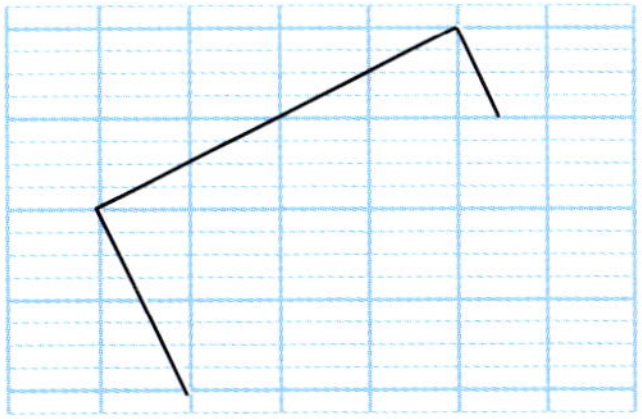

8 ** Reproduis et continue la frise

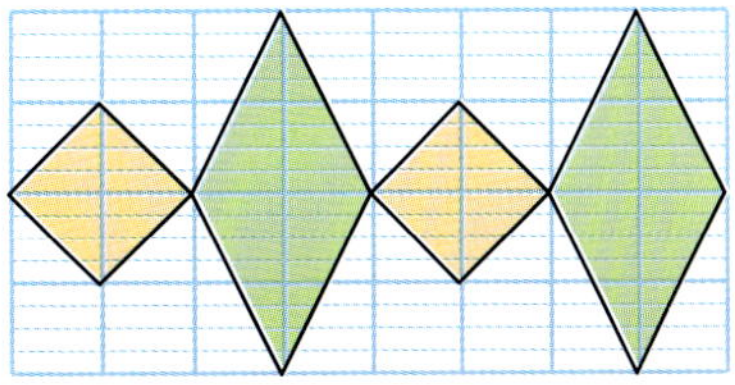

À main levée

Reproduis.

Question Express

Un losange est-il un carré particulier ?

Cercles

EXERCICES SUPPLÉMENTAIRES

POUR DÉMARRER

Place un point A sur ton cahier.
Place 8 points tous situés à 5 cm de A.
Place encore 8 autres points situés à 5 cm de A.
À ton avis, quelle figure es-tu en train de dessiner ?
Utilise l'instrument de ton choix pour relier tous les points que tu as tracés autour du point A.

JE RETIENS

Connaître le vocabulaire

- **Tous les points situés à égale distance d'un point O sont sur un cercle de centre O.**
- Le **disque** est la surface intérieure au cercle (partie coloriée).

Le point A est sur un cercle de **centre** O.
Le cercle de centre O passe par les points B et C.
La longueur OA est le **rayon** du cercle.
La longueur BC est le **diamètre** du cercle.
Remarque : le diamètre est le double du rayon.

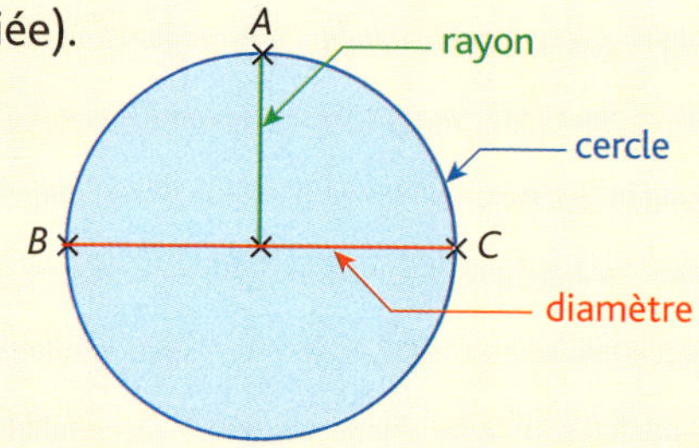

Tracer un cercle

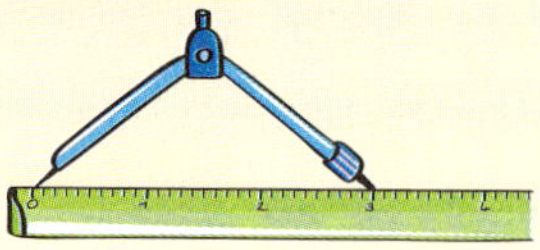

Pour construire un cercle, j'utilise un **compas**.
L'**écartement** du compas correspond au rayon du cercle.

JE M'EXERCE À MON RYTHME

Connaître le vocabulaire

1 a. (*) Complète avec les mots : *cercle* et *centre*.
Le point O est le ... du ... .
b. (**) Complète avec les mots : *rayon* et *diamètre*.
Le segment [AB] est un ... du cercle. Le segment [OB] est un ... du cercle.

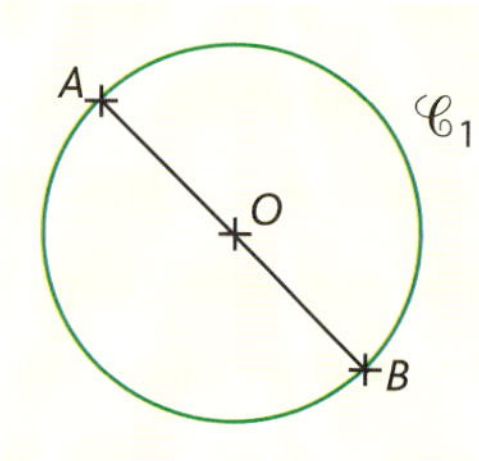

2 **Recopie les phrases justes.**

a. (*)
- Le point A est le centre du cercle $\mathscr{C}_1$.
- La longueur AC est le rayon du cercle $\mathscr{C}_1$.

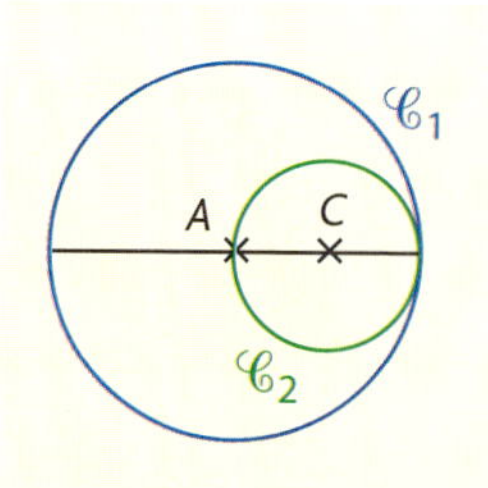

b. (**)
- Le point B est le centre du cercle $\mathscr{C}_2$.
- La longueur AD est le diamètre du cercle $\mathscr{C}_2$.

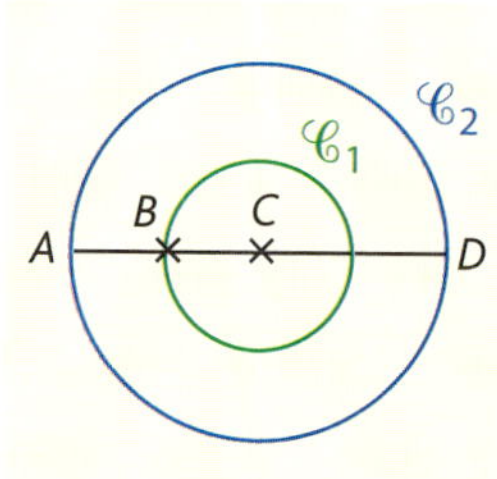

Tracer un cercle

3 Trace les cercles suivants.

a. * Un cercle de centre O et de rayon 6 cm.

b. ** Un cercle de centre A et de diamètre 6 cm.

4 Reproduis les figures suivantes.

a. *

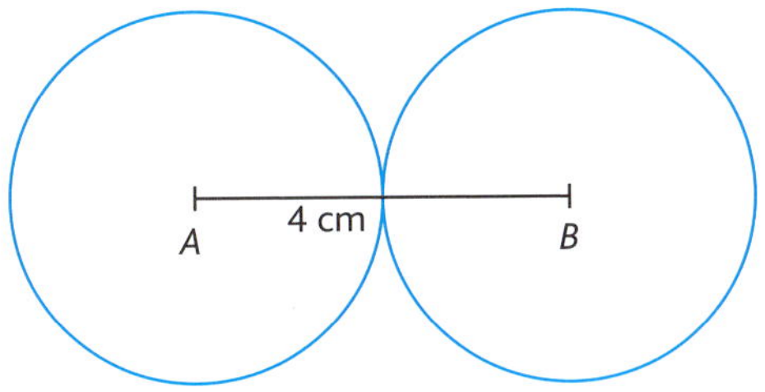

b. **

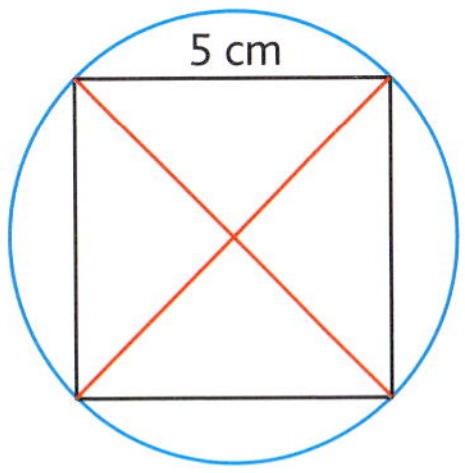

TEST

5 Pour chaque exercice, choisis la réponse A, B ou C qui convient.

Vérifie tes réponses page 176.

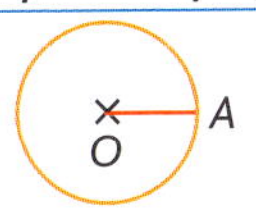	A	B	C
1. La longueur OA est…	le rayon	le diamètre	le cercle
2. Le point O est…	le rayon	le centre	le diamètre

Je résous des problèmes

6 * Trace un cercle de centre O et de rayon 5 cm, puis un cercle de centre P et de rayon 8 cm.

7 * Reproduis cette figure en utilisant tes instruments.

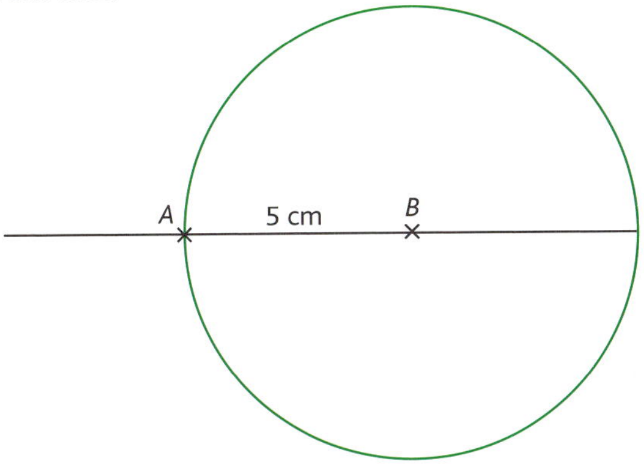

8 ** Reproduis cette figure. Puis trace un cercle de centre O passant par les points A, B, C, D. Que remarques-tu ?

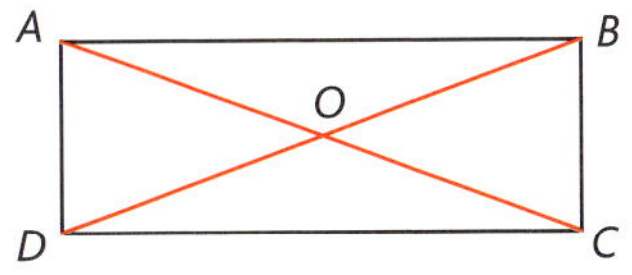

9 ** Reproduis et colorie cette rosace.

À main levée

Reproduis.

Question Express

Qu'est-ce que le cercle polaire ?

Triangles

EXERCICES SUPPLÉMENTAIRES

POUR DÉMARRER

Au tableau, la maîtresse a tracé un triangle à partir de trois points indiqués sur le cercle.
Reproduis la figure et cherche tous les autres triangles possibles.
Que remarques-tu ?

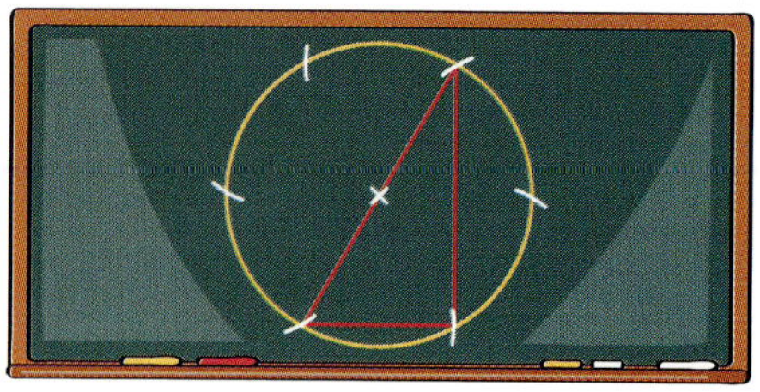

Je retiens

Vérifier la nature d'un triangle

Un triangle a 3 côtés, 3 angles et 3 sommets (tri = « trois »).

Triangles particuliers

Triangle rectangle

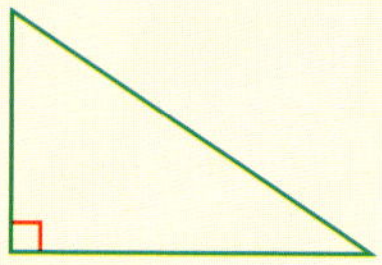

1 angle droit

Triangle isocèle

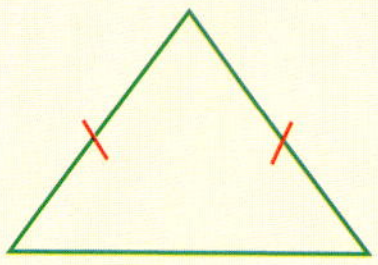

2 côtés de même longueur

Triangle rectangle isocèle

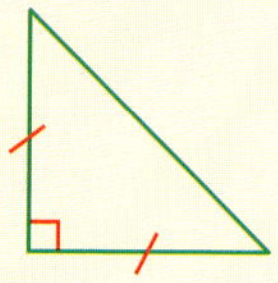

2 côtés de même longueur
1 angle droit

Triangle équilatéral

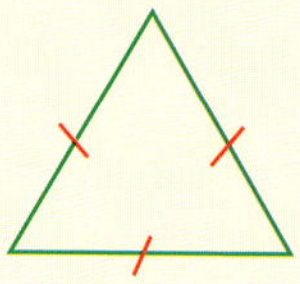

3 côtés de même longueur

Construire un triangle

J'utilise une règle et/ou un compas.

Je m'exerce à mon rythme

Vérifier la nature d'un triangle

1 Nommer tous les triangles de chaque figure.

a. *

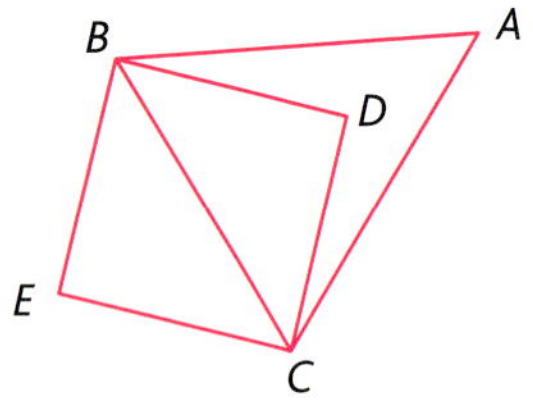

b. **

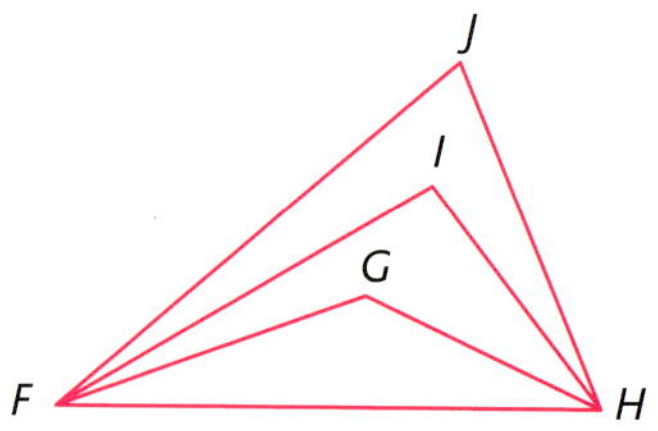

2 Nomme les triangles rectangles, puis les triangles isocèles, puis les triangles équilatéraux.

a. *

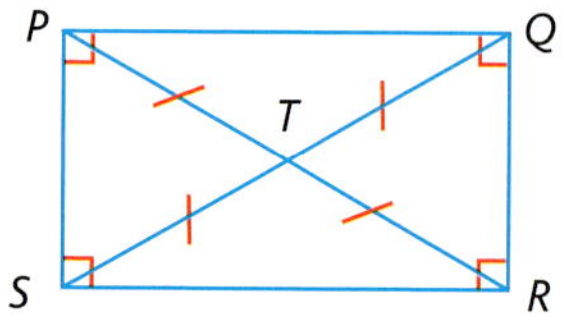

b. **

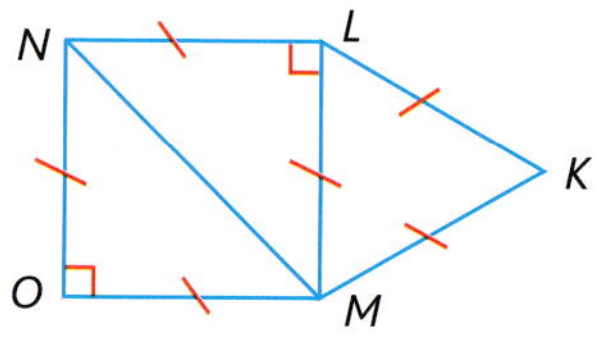

3 Classe les triangles selon leur nature.

a. *

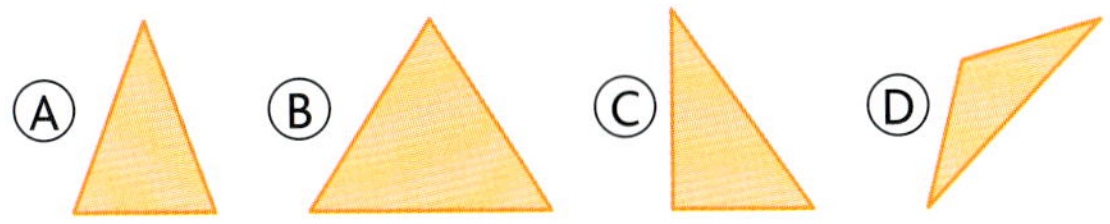

b. **

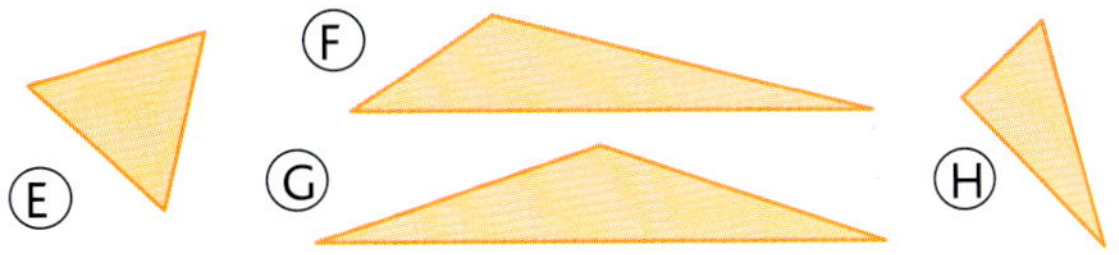

Construire un triangle

4 Reproduis le segment [AB].
Construis un triangle rectangle isocèle dont le segment [AB] est un des côtés.

a. *

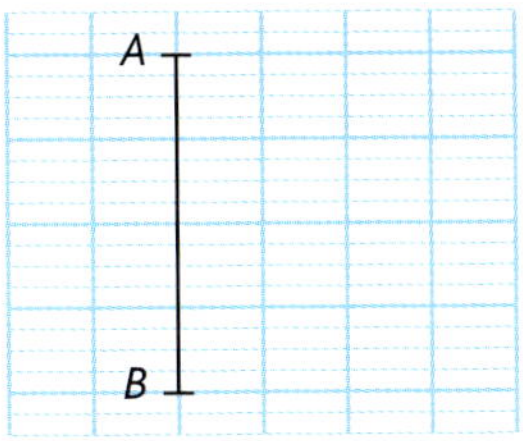

b. **

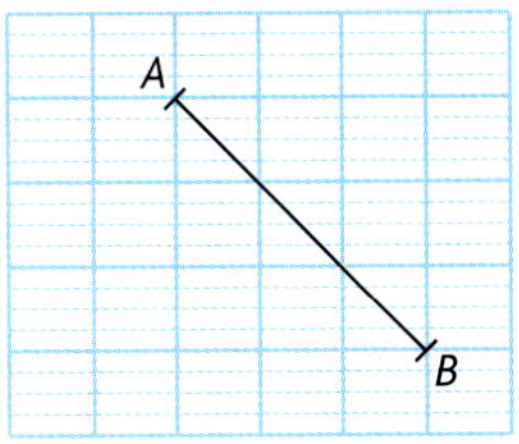

TEST

5 Pour chaque exercice, choisis la réponse A, B ou C qui convient.
Vérifie tes réponses page 176.

	A	B	C
1. Un triangle a toujours…	3 côtés égaux	1 angle droit	3 angles
2. Le triangle rectangle est…	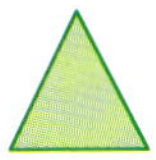	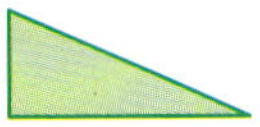	

Je résous des problèmes

6 * Observe la figure, puis recopie et complète le message avec les mots qui conviennent (*sommet*, *triangle*, *côté*).

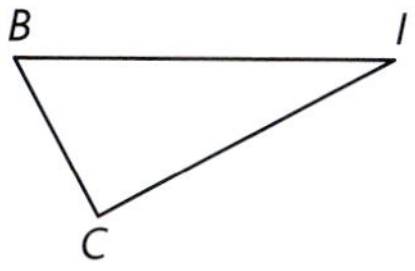

Cette figure est un … .
[BI] est un … du triangle.
B est un … .

7 * Construis à la règle un triangle rectangle TOC. Le côté [TO] mesure 6 cm et le côté [TC] mesure 3 cm.

8 ** Construis un triangle VER avec ton compas en suivant les instructions suivantes :
– trace un segment [VR] de 8 cm ;
– trace un demi-cercle de centre V et de rayon 6 cm ;
– trace un demi-cercle de centre R et de rayon 5 cm ;
– nomme E un des deux points d'intersection des deux demi-cercles ;
– trace le triangle VER.

À l'œil nu

Combien y a-t-il de triangles dans cette figure ? Nomme-les.

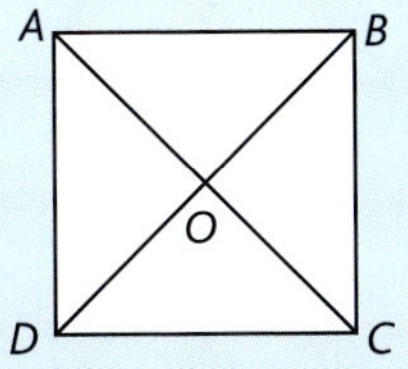

Question Express

Connais-tu le triangle des Bermudes ?

Décrire une figure

EXERCICES SUPPLÉMENTAIRES

POUR DÉMARRER

Emma a choisi l'une de ces trois figures.
Sam essaie de deviner laquelle en lui posant des questions.
– La figure possède-t-elle un rectangle ? ➜ Oui
– Est-elle composée d'un rectangle inscrit dans un cercle ? ➜ Non
– Possède-t-elle un triangle ayant 3 côtés égaux ? ➜ Oui
As-tu identifié la figure choisie par Emma ?

Je retiens

■ **Décrire une figure en utilisant le vocabulaire géométrique**

Le vocabulaire géométrique permet de transmettre des informations de façon compréhensible.
Pour décrire une figure, je dois **savoir lire les notations géométriques** et **utiliser un vocabulaire précis** : milieu, segment, côtés, angles droits, diagonales...

Exemple :
Ce polygone est un **carré**.
Le carré a quatre **angles droits**.
Ses **côtés** ont la même longueur 2 cm.

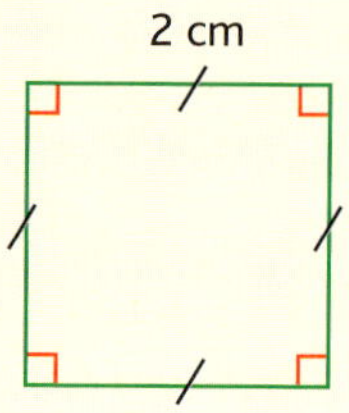

Je m'exerce à mon rythme

■ **Décrire une figure en utilisant le vocabulaire géométrique**

1 **Associe chaque figure au bon message.**

a. *

Message 1
Je suis un carré inscrit dans un cercle dont les diamètres sont perpendiculaires.

Message 2
Je suis un cercle inscrit dans un carré dont les diagonales sont perpendiculaires.

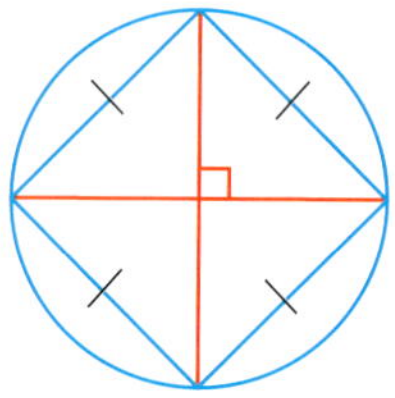

b. **

Message 1
Je suis composée de deux rectangles. J'ai deux angles droits et aucun côté parallèle.

Message 2
Je suis composée de deux triangles rectangles, j'ai deux angles droits.

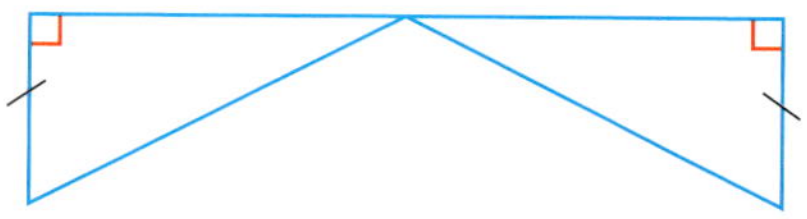

2 Décris chaque figure.

a. *

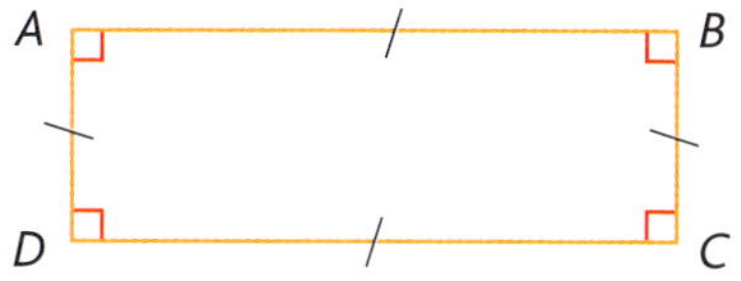

b. **

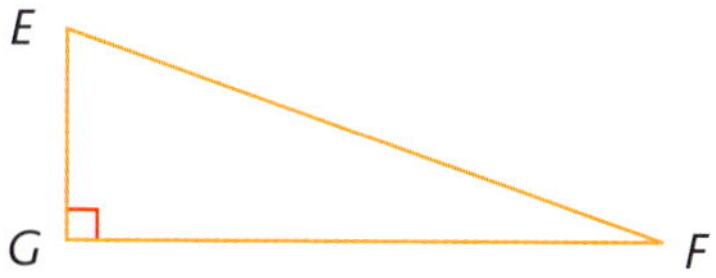

TEST

3 Pour chaque exercice, choisis la réponse A, B ou C qui convient.

Vérifie tes réponses page 176.

	A	B	C
1. Je suis un carré inscrit dans un cercle.	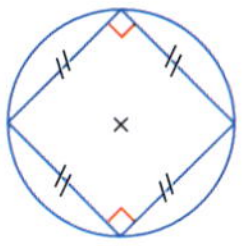	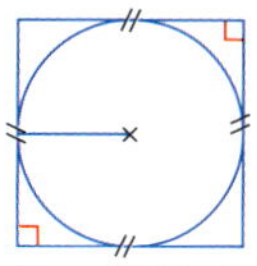	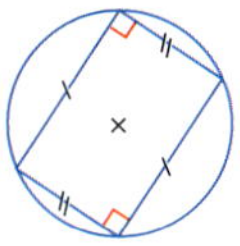
2. 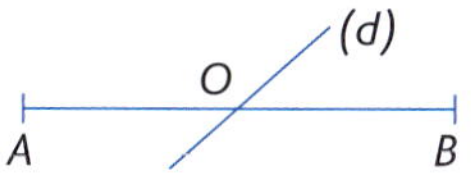	La droite (d) coupe le segment [AB] au point O.	La droite [AB] coupe le segment (d) au point O.	Le segment coupe la droite en deux points.

Je résous des problèmes

4 * Retrouve la figure décrite dans ce message.
« Je suis un rectangle MITE dont la largeur vaut la moitié de la longueur. O est le point d'intersection de mes diagonales. Un cercle de centre O passe par les points M, I, T, E. »

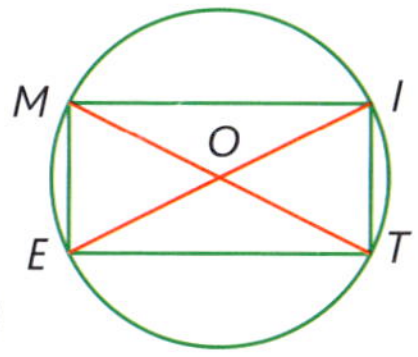

①

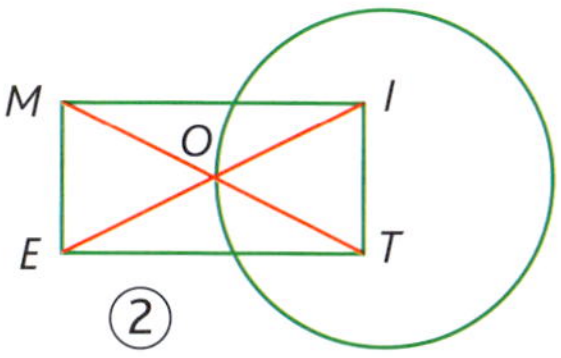

②

5 * Quel message décrit avec précision la figure suivante ?

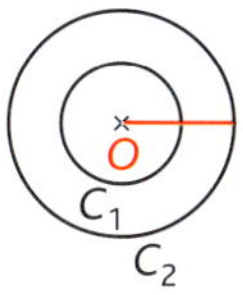

Message 1
C'est un grand cercle avec un petit cercle à l'intérieur du grand.

Message 2
Ce sont deux cercles de même centre O, le cercle C_1 a un rayon plus petit que le cercle C_2.

6 ** Voici le texte de Romain :
« C'est un polygone à 3 côtés. Il a un angle droit et 2 côtés égaux. Un côté du triangle est le diamètre du demi-cercle. »

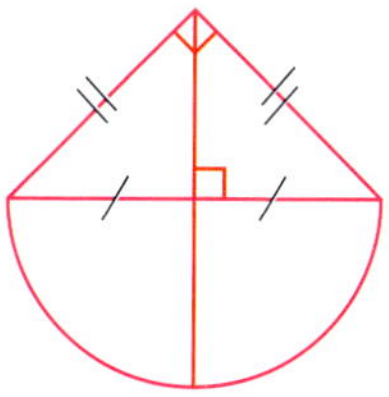

Son portrait permet-il de reconnaître la figure ? Justifie la réponse.

7 ** Décris les figures A et B en une ou deux phrases.

Ⓐ 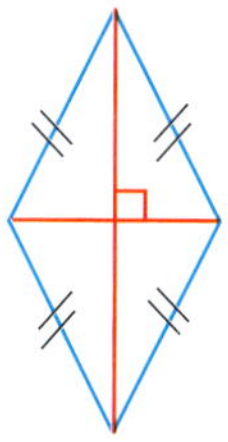

Ⓑ 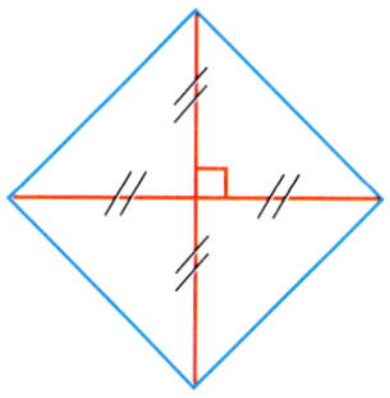

À main levée

Reproduis.

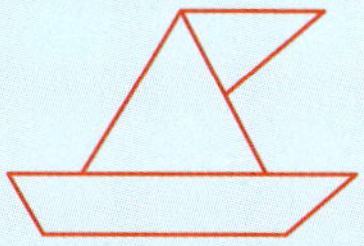

Question Express

J'ai 4 côtés, 4 angles droits et des diagonales de même longueur non perpendiculaires. Qui suis-je ?

Programmes de construction

POUR DÉMARRER

La maîtresse a donné la consigne suivante : « *Trace une droite perpendiculaire au segment [AB] passant par le centre O du cercle.* »
Voici les constructions de trois élèves.
Sont-elles correctes ?
Explique pourquoi.

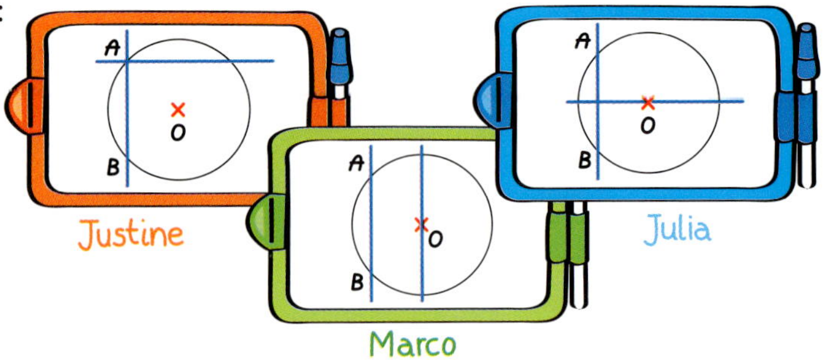

Je retiens

Tracer une figure à partir d'un programme de construction ou d'une consigne

- J'utilise différents **instruments** : la règle, l'équerre, le compas…
- Je respecte l'ordre et les indications de la **consigne** ou du **programme de construction**.

Consigne
Trace une droite perpendiculaire au segment [AB] passant par le point O.

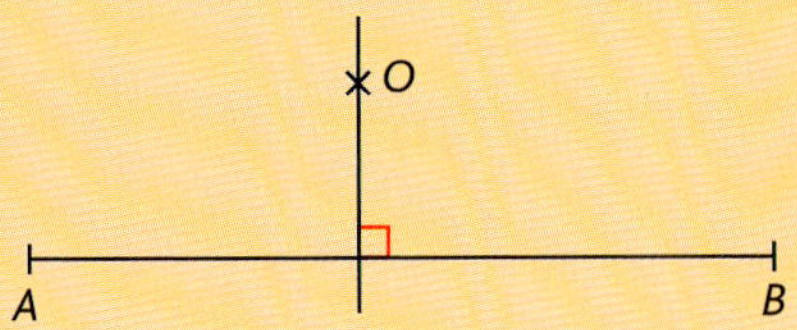

Programme de construction
a. Trace un cercle de centre O.
b. Trace un diamètre [BC].
c. Place un point A sur le cercle
d. Joins les segments [BA] et [CA].

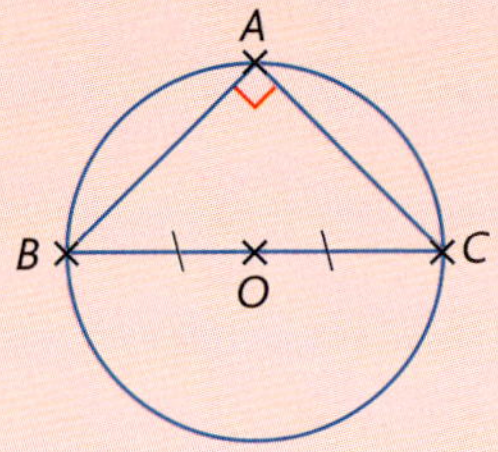

- Je fais attention au **vocabulaire géométrique**.
J'utilise les **codages** :
∟ pour coder un angle droit
/ pour coder les côtés égaux

Je m'exerce à mon rythme

Associer une figure à sa consigne ou à son programme de construction

1 **Parmi ces deux programmes, lequel permet de construire la figure ?**

a. (*) **Programme 1**
Trace un carré de côté 4 cm.
Trace les deux diagonales du carré.
Programme 2
Trace un segment [SO] de 4 cm et un segment [LE] de 2 cm perpendiculaires entre eux qui se coupent en leur milieu M.
Joins les points SOLE.

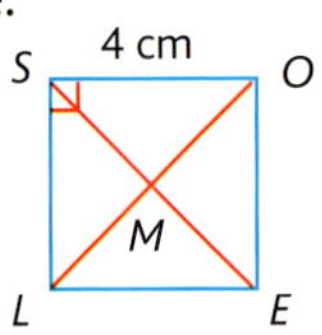

b. (**) **Programme 1**
Trace un rectangle de longueur 6 cm et de largeur 3 cm.
Trace les diagonales.
Programme 2
Trace un triangle rectangle FIL.
Le côté [FI] mesure 3 cm et le côté [IL] mesure 6 cm.

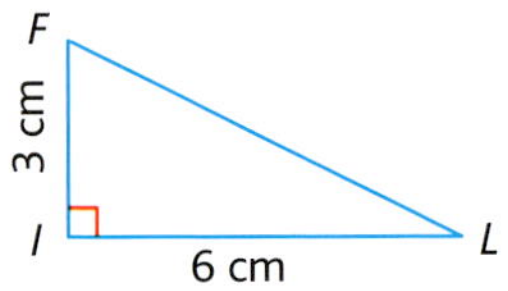

Tracer une figure à partir d'un programme de construction ou d'une consigne

2 **Construis les figures en suivant les consignes.**

a. * Trace un rectangle de 7 cm de longueur et de 3 cm de largeur.

b. ** Trace un triangle isocèle ABC dont les côtés de même longueur mesurent 5 cm.

3 **Construis chaque figure en suivant les programmes de construction.**

a. * **Programme 1**

1. Trace un cercle de centre J.
2. Place deux points E et T sur le cercle.
3. Trace les rayons [JE] et [JT].
4. Joins les points J, E et T à la règle.

b. ** **Programme 2**

1. Trace un rectangle MARE.
2. Place un point T extérieur au rectangle dans l'alignement de M.
3. Joins les points M, T et A à la règle.

TEST

4 **Pour chaque exercice, choisis la réponse A, B ou C qui convient.**

Vérifie tes réponses page 176.

	A	B	C
1. Les angles droits sont codés sur la figure.	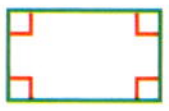		
2. Pour tracer ce triangle j'ai utilisé… 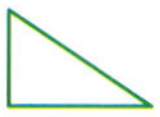	la règle toute seule	l'équerre et la règle	le compas tout seul

Je résous des problèmes

5 * Voici la figure à construire : Pour chaque étape, écris la consigne.

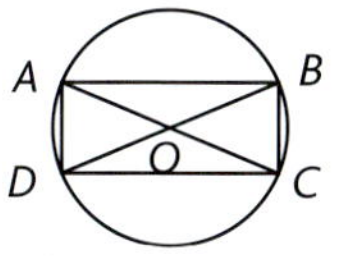

Étape 1		: ....
Étape 2		: ....
Étape 3	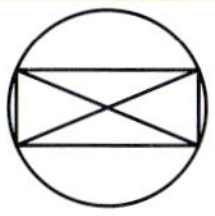	: ....

6 * Reproduis et complète la figure en suivant la consigne. Trace un segment [DU] qui passe par le point O.

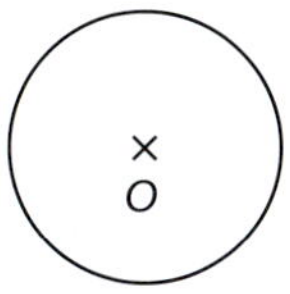

7 ** Construis cette figure en suivant le programme de construction :
– Trace un rectangle JOIE de longueur 9 cm et de largeur 5 cm.
– Note les angles droits.
– Trace la diagonale [JI].
– Trace une droite perpendiculaire à [JI] passant par O.

8 ** Complète le programme de construction de cette figure.
« Trace deux segments [PI] et [LE] de même longueur qui se coupent en leur milieu M. [PI] est perpendiculaire à [LE]. Relie… »

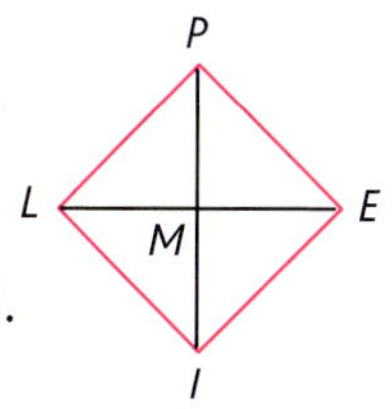

À main levée

Reproduis.

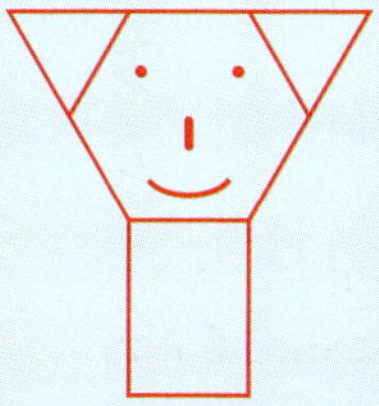

Question Express

Combien y a-t-il de polygones différents dans cette figure ?

Cubes

EXERCICES SUPPLÉMENTAIRES

Pour démarrer

Le Rubik's Cube est un casse-tête géométrique en trois dimensions.
De combien de petits cubes est-il composé ?
Explique ta méthode de calcul.

Je retiens

Reconnaître, décrire, nommer des cubes

Le cube est un **polyèdre** : toutes ses faces sont des **polygones**.

Le cube a :

– 6 faces carrées,
– 8 sommets,
– 12 arêtes de même longueur.

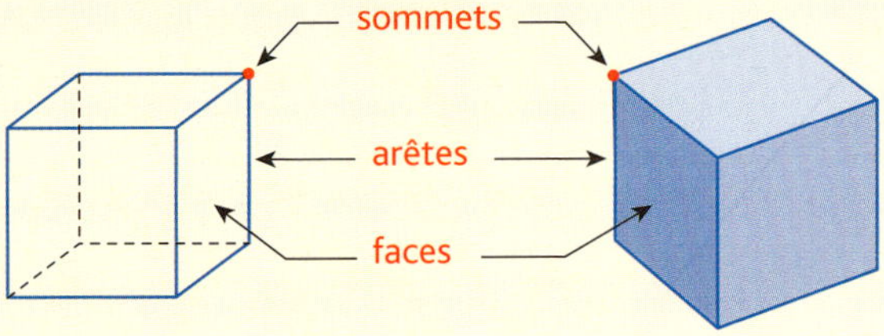

Reconnaître, compléter un patron de cube

Pour construire un cube, je peux utiliser un **patron**.
Il y a plusieurs patrons possibles. En voici 3 :

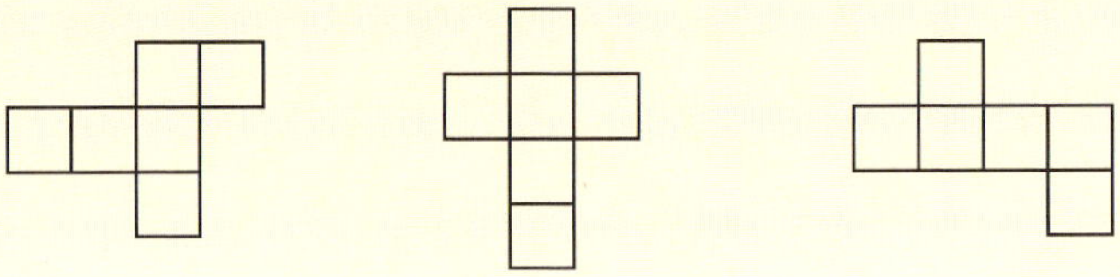

Je m'exerce à mon rythme

Reconnaître, décrire, nommer des cubes

1 Nomme les objets que tu peux associer à un cube.

a. * ① ② ③ ④

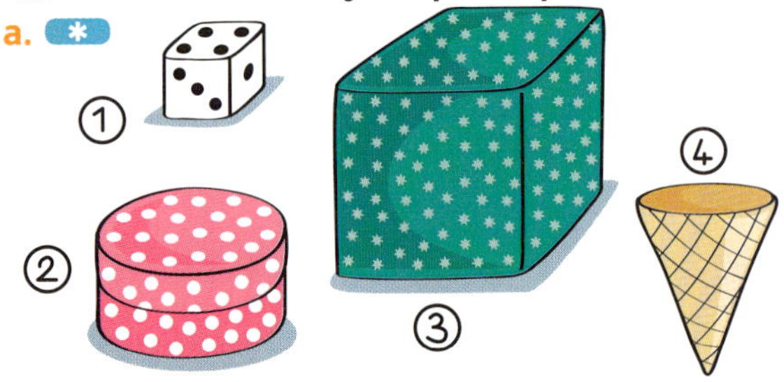

b. ** ① ② ③ ④

2 Recopie et complète chaque description avec le mot qui convient : *faces, arêtes, sommets, carrés.*

a. * Un cube a 6 …, 8 … et 12 … .
b. ** Le patron du cube est un assemblage formé de 6 … .

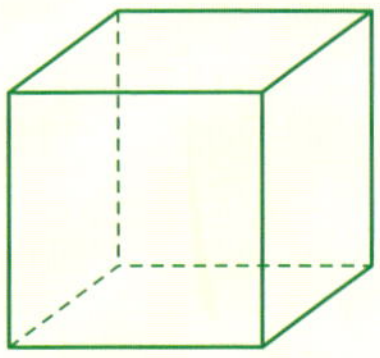

Reconnaître, compléter un patron de cube

3 Dans chaque cas, retrouve l'assemblage qui est un patron du cube.

a. *

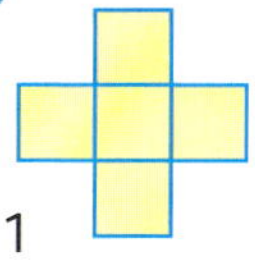
1

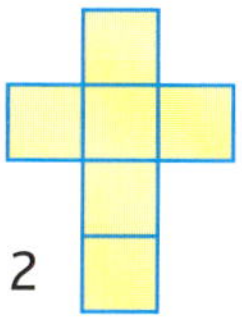
2

b. **

3
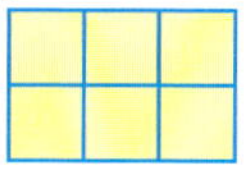

4
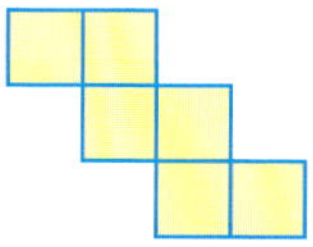

4 Reproduis et complète pour obtenir un patron de cube.

a. *

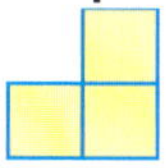

b. **

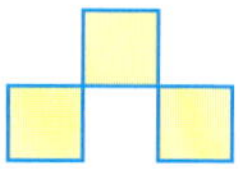

TEST

5 Pour chaque exercice, choisis la réponse A, B ou C qui convient.

Vérifie tes réponses page 176.

	A	B	C
1. Je suis un polyèdre. Je suis...	un carré	un cube	un rectangle
2. Un gros cube a...	autant de faces qu'un petit cube	plus de faces qu'un petit cube	moins de faces qu'un petit cube

Je résous des problèmes

6 * Observe ce cube. Combien a-t-il de faces visibles, d'arêtes visibles et de sommets visibles ?

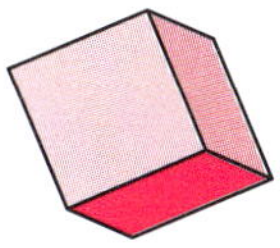

7 * Combien manque-t-il de petits cubes à chaque construction pour faire un gros cube ?

① 

② 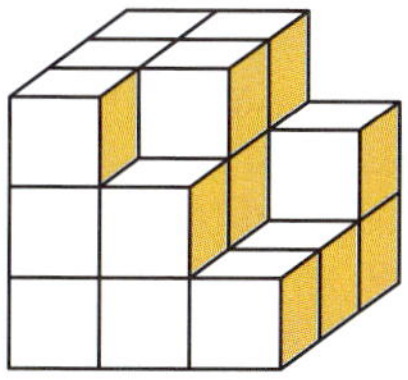

8 ** À quel assemblage de cubes correspond cette vue de face ?

Ⓐ Ⓑ Ⓒ

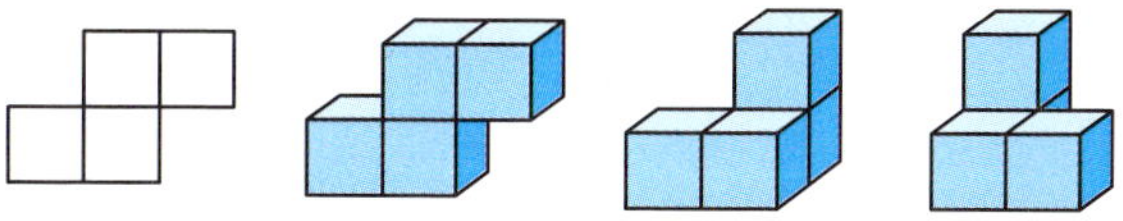

9 ** Complète la carte d'identité de cet assemblage de cubes.

Nombre de faces : ...

Nombre d'arêtes : ...

Nombre de sommets : ...

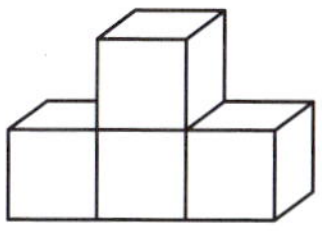

10 ** Trace le patron d'un cube de 5 cm d'arête, puis construis-le.

À l'œil nu

Combien de petits cubes y a-t-il dans cet assemblage ?

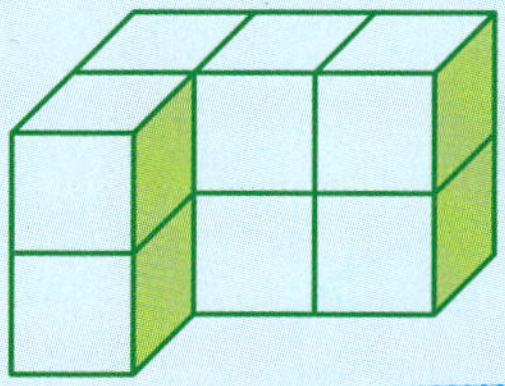

Question Express

En collant deux cubes, est-ce que je multiplie par deux le nombre d'arêtes ?

Pavés droits

EXERCICES SUPPLÉMENTAIRES

POUR DÉMARRER

Pour décorer sa boîte à trésors, Estelle colle une fleur sur chaque face, une étoile dorée sur chaque sommet et une bande de ruban coloré sur chaque arête.
Combien colle-t-elle de fleurs, d'étoiles et de bandes de ruban ?
Que peux-tu en déduire ?

JE RETIENS

Reconnaître, décrire, nommer des pavés droits

Le pavé droit est un **polyèdre** : toutes ses faces sont des polygones.

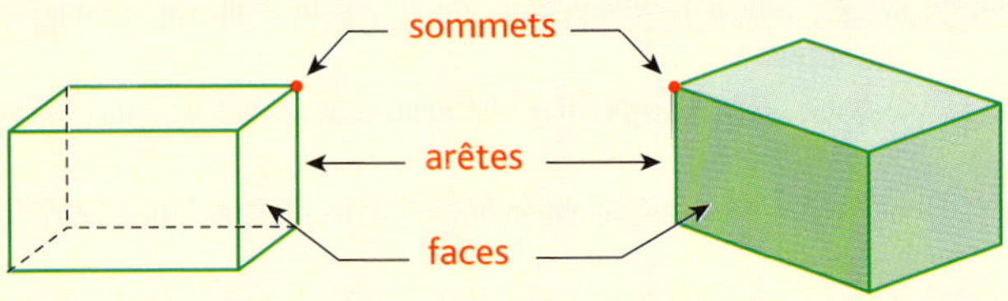

Le pavé droit a :
– 6 faces rectangulaires ou carrées,
– 8 sommets,
– 12 arêtes.
Remarque : le cube est un pavé droit particulier

Reconnaître compléter un patron de pavé

Pour construire un pavé droit, je peux utiliser un **patron**.
Exemples :

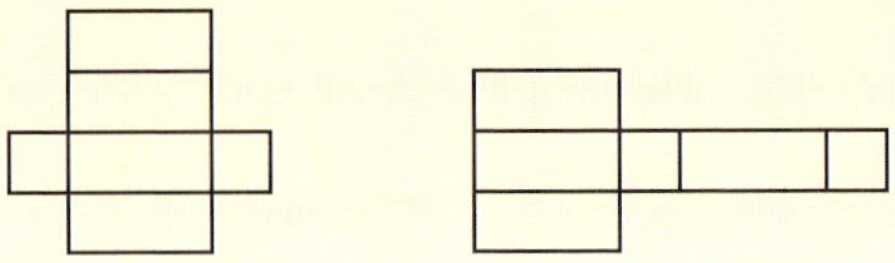

JE M'EXERCE À MON RYTHME

Reconnaître, décrire, nommer des pavés droits

1 Quels objets peux-tu associer à un cube ou à un pavé ?

a. *

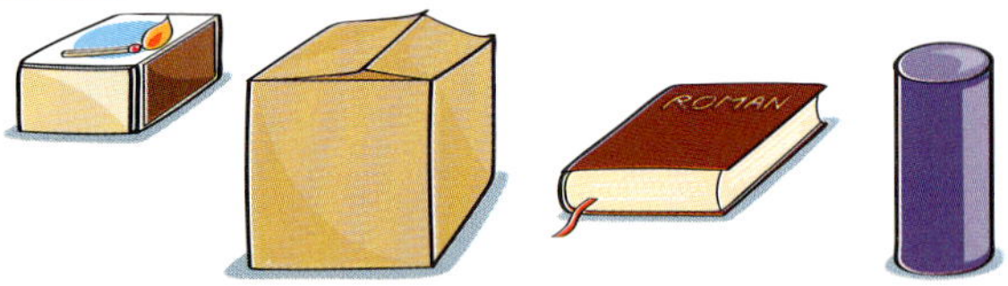

b. **

2 Parmi ces solides, nomme les pavés droits.

a. *

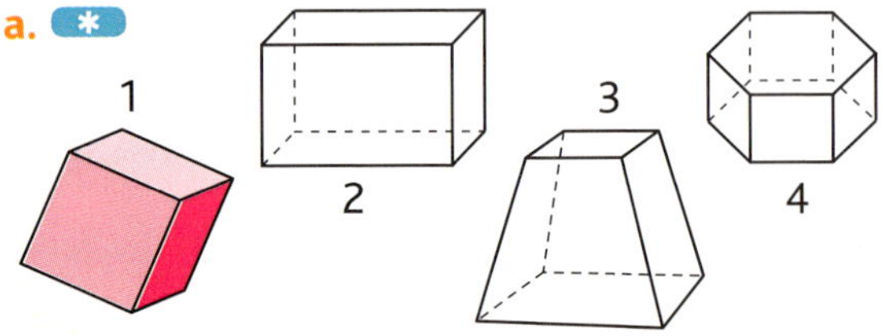

b. **

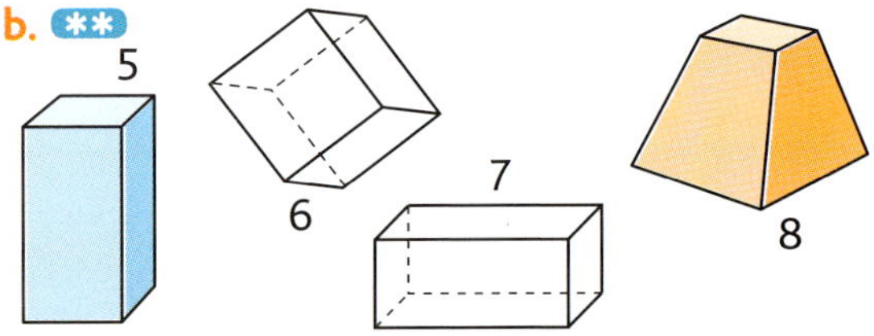

3 Recopie et complète chaque description.

a. * Un pavé a 12 …, 8 …, 6 … .

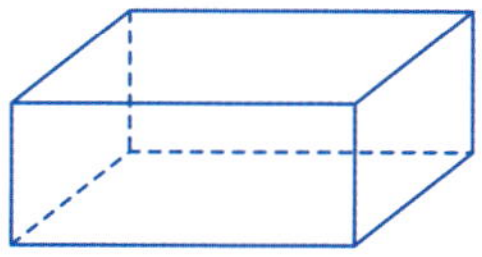

b. ** Chaque face du pavé est un polygone, cela peut être un … ou un … .

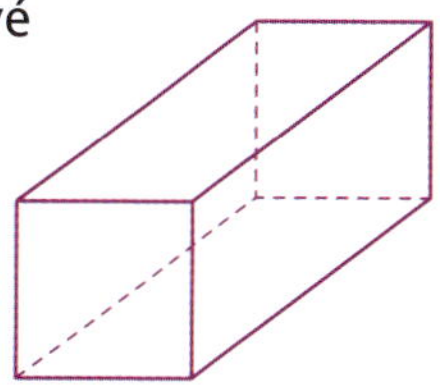

Reconnaître, compléter un patron de pavés droits

4 Les assemblages suivants sont-ils des patrons de pavé droit ?
Justifie ta réponse.

a. *

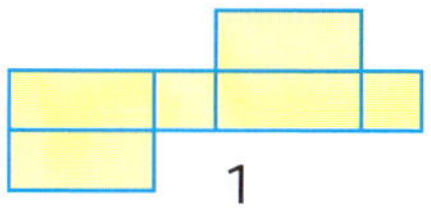
1

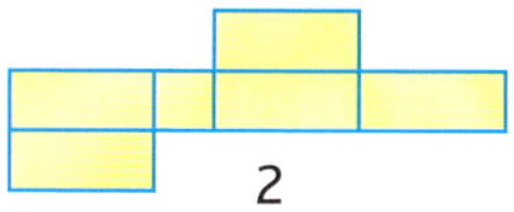
2

b. **

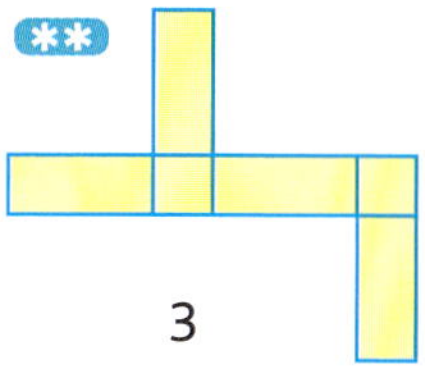
3

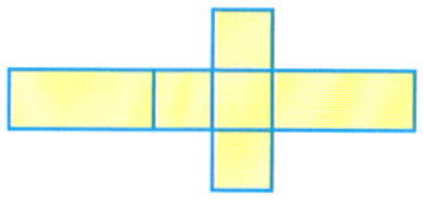
4

TEST

5 Pour chaque exercice, choisis la réponse A, B ou C qui convient.
Vérifie tes réponses page 176.

	A	B	C
1. Un polyèdre qui a 6 faces est…	un pavé	un carré	un rectangle
2. Un pavé a…	autant de faces qu'un cube	moins de faces qu'un cube	plus de faces qu'un cube

Je résous des problèmes

6 * Associe chaque schéma au mot qui correspond au coloriage vert (*faces*, *arêtes*, *sommets*).

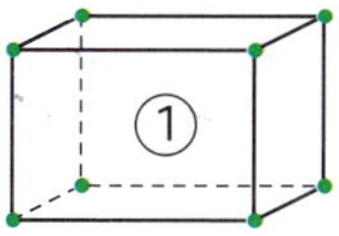

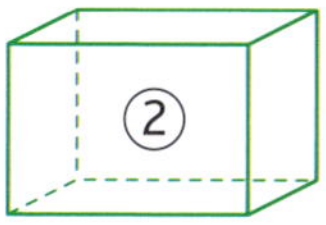

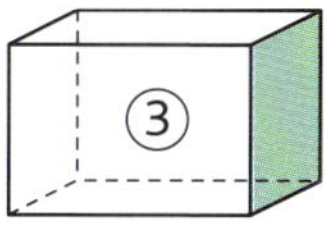

7 ** Complète pour obtenir un patron de pavé droit. Puis colorie les faces identiques d'une même couleur.

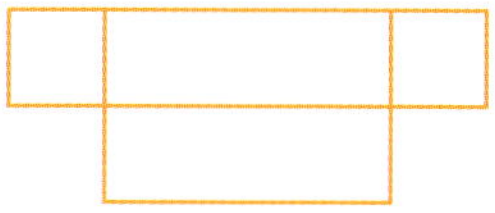

8 ** Reproduis ce patron de pavé sur du papier cartonné quadrillé et construis-le.

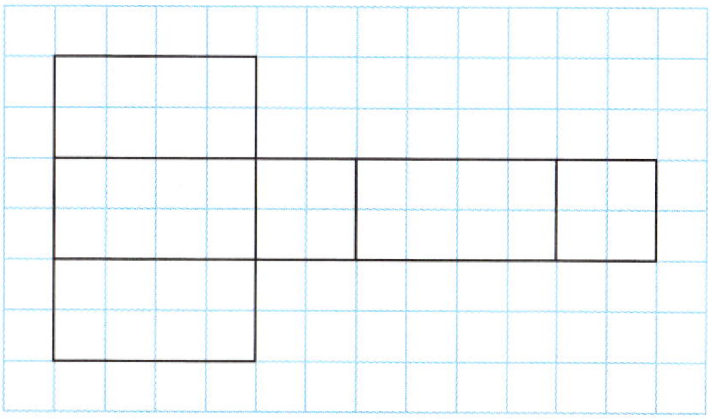

A l'œil nu

Combien de faces a cette boîte sans son couvercle ?

Question Express

Que signifie l'expression « Ce roman est un pavé » ?

Prismes droits

EXERCICES SUPPLÉMENTAIRES

POUR DÉMARRER

Voici la tente de Mike l'explorateur.

a. Décris sa forme en indiquant le nombre de faces, d'arêtes et de sommets.

b. Construis une tente identique avec du papier cartonné, des ciseaux et du ruban adhésif.

Je retiens

Reconnaître, décrire, nommer des prismes droits

Les prismes sont des **polyèdres** : toutes leurs faces sont des polygones.
Un **prisme droit** est constitué :
– de **2 bases parallèles et superposables** ;
– de **faces latérales rectangulaires.**

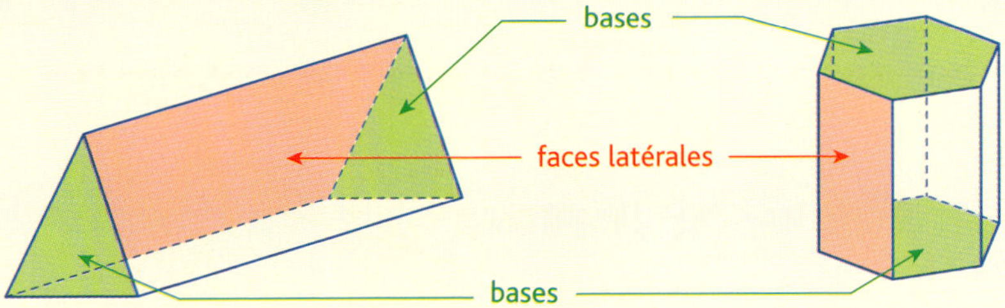

Remarque : le cube et le pavé droit sont des prismes.

Je m'exerce à mon rythme

Reconnaître, décrire, nommer des prismes droits

1 Parmi ces solides, nomme les prismes droits.

a. *

1 

2 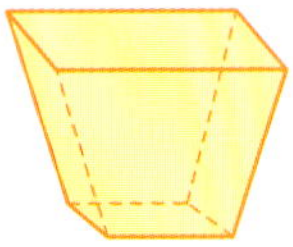

b. **

3 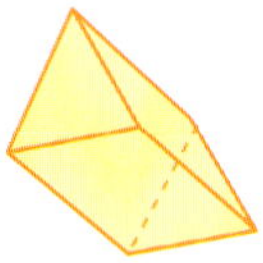

4 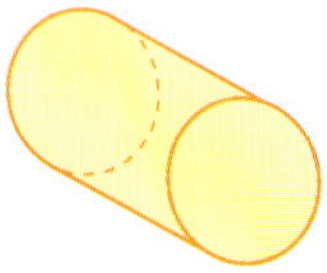

5 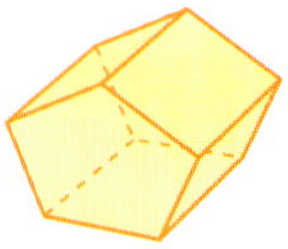

2 Combien de faces comptes-tu sur ces prismes ?

a. *

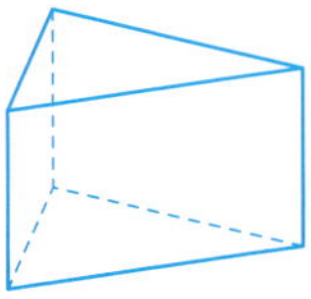

b. **

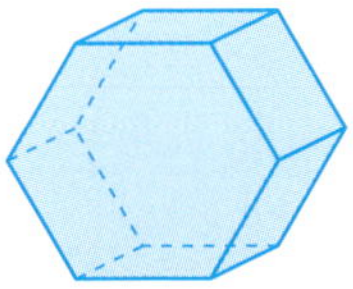

3 Trouve l'intrus.

a. *

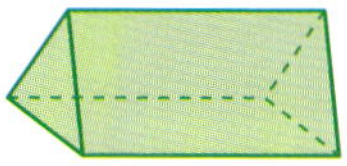
A

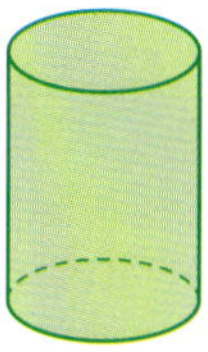
B

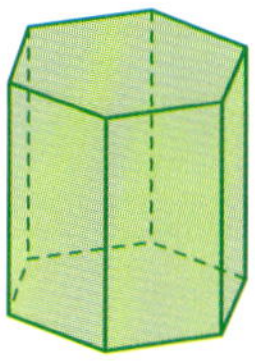
C

b. **

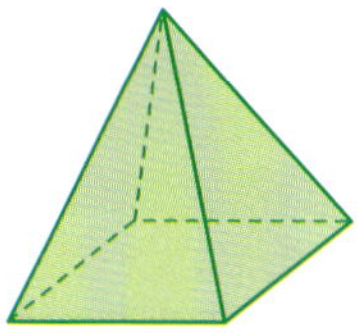
D

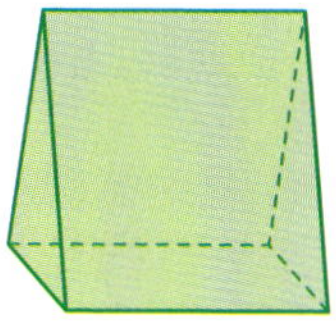
E

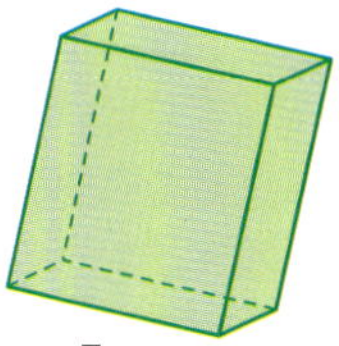
F

TEST

4 **Pour chaque exercice, choisis la réponse A ou B qui convient.**

Vérifie tes réponses page 176.

	A	B
1. Les deux bases d'un prisme sont…	perpendiculaires	parallèles
2. Un prisme droit a…	des faces latérales rectangulaires	des faces latérales triangulaires

Je résous des problèmes

*

5 Complète le portrait de ce prisme avec les mots : *bases*, *sommets*, *faces*, *arêtes*.

« J'ai 2 … triangulaires. J'ai 9 …, 6 … et 3 … rectangulaires. »

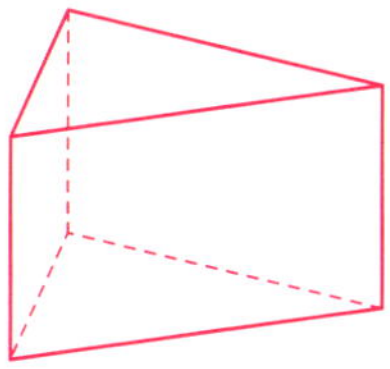

*

6 Reproduis ce prisme sur du papier quadrillé et repasse en vert les arêtes parallèles entre elles.

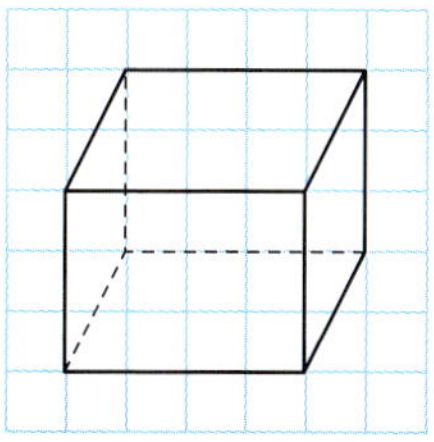

**

7 Observe les prismes, puis recopie et complète le tableau.

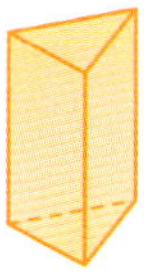
A

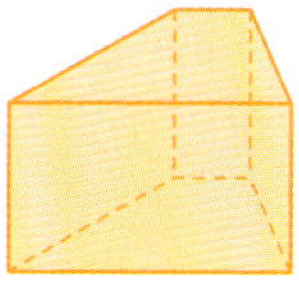
B

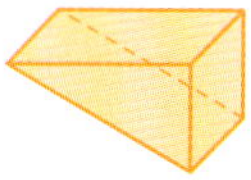
C

	A	B	C
Nombre de faces			
Nombre d'arêtes			
Nombre de sommets			

**

8 Dessine ce prisme à main levée.

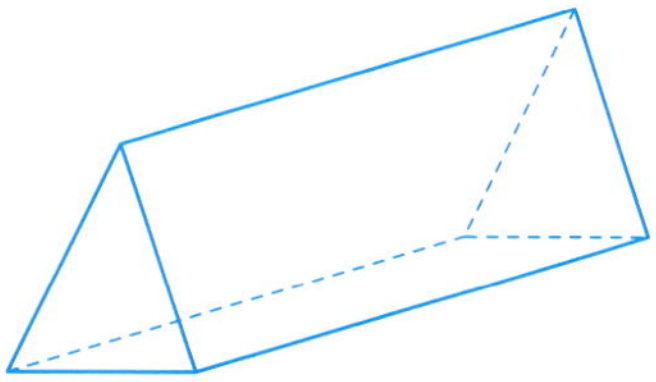

À main levée

Reproduis.

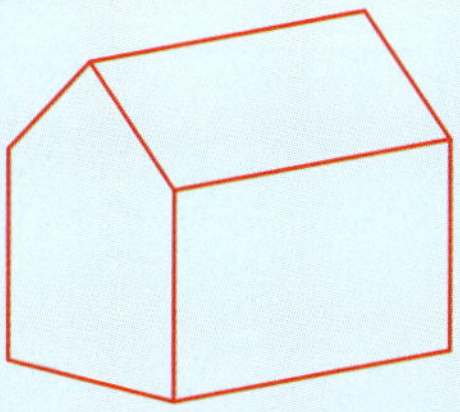

Question Express

Le pavé droit est-il un prisme ?

Géométrie plane

BILAN

Utilise tes instruments pour réaliser ou vérifier les tracés.

Points alignés, droites, segments, milieux

Réaliser et vérifier des tracés

1 Nomme trois points alignés.

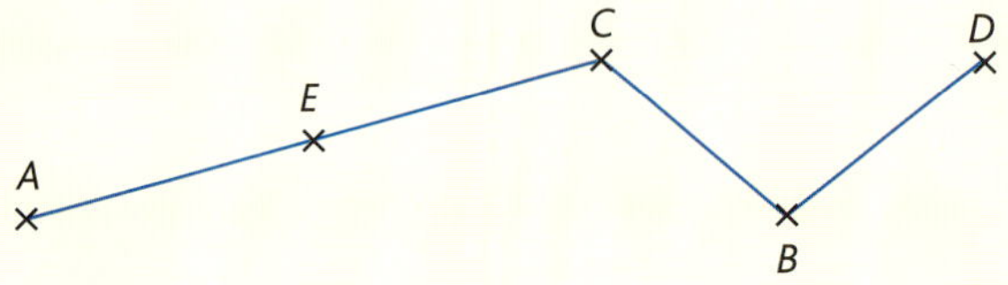

2 Sur ton cahier, place les points de la même façon. Place un point X aligné avec A et E.

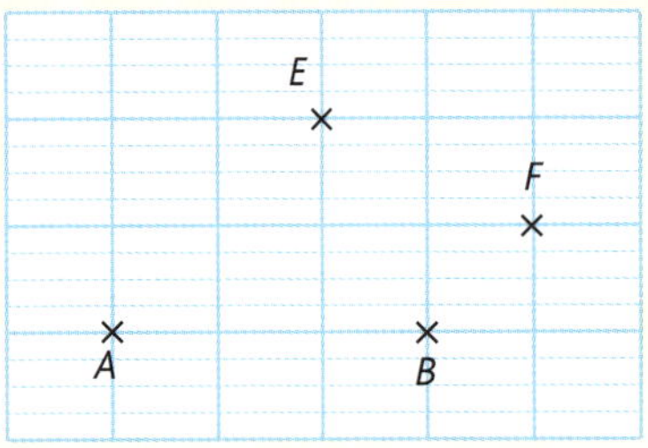

Droites perpendiculaires et parallèles

Reconnaître

3 Quelle droite est perpendiculaire à la droite (d) ? Quelle droite est parallèle à la droite (f) ?

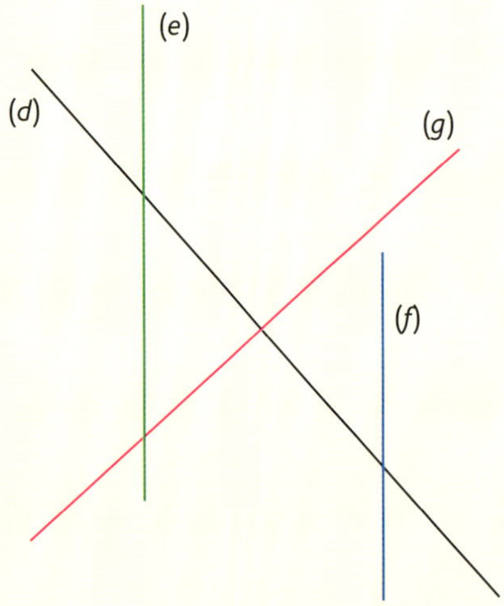

Tracer

4 Reproduis ces droites sur ton cahier. Trace une droite perpendiculaire à la droite (f) passant par le point B puis trace une droite parallèle à la droite (g) passant par le point B.

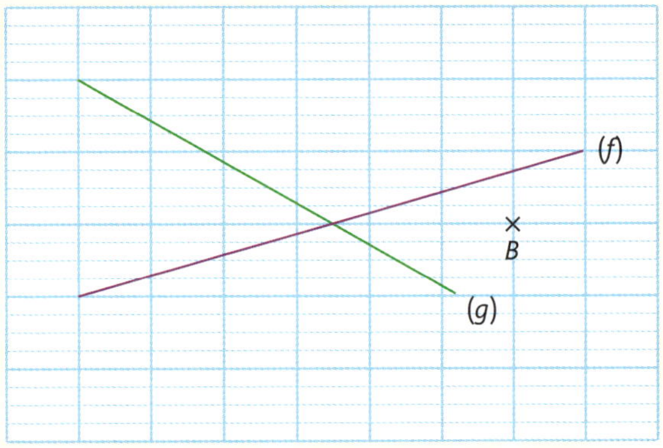

Symétrie

Reconnaître un axe de symétrie

5 Dans quelle figure la droite rouge est-elle un axe de symétrie ?

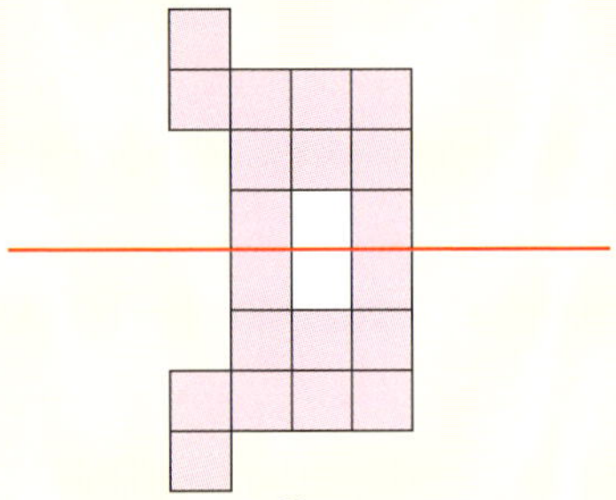

Ⓐ

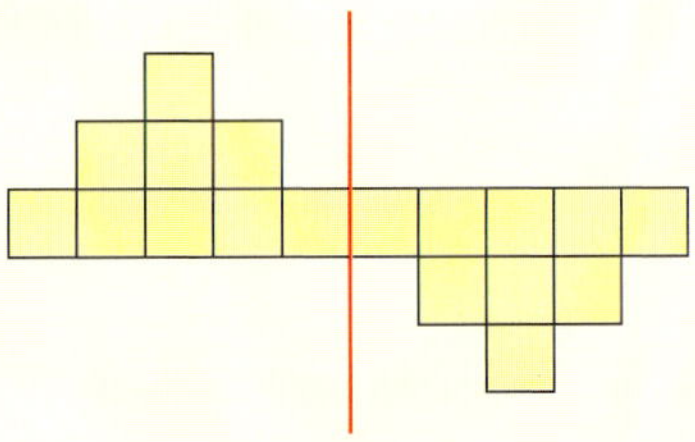

Ⓑ

Compléter une figure par symétrie axiale

6 Reproduis cette figure sur ton cahier, puis construis son symétrique par rapport à l'axe rouge.

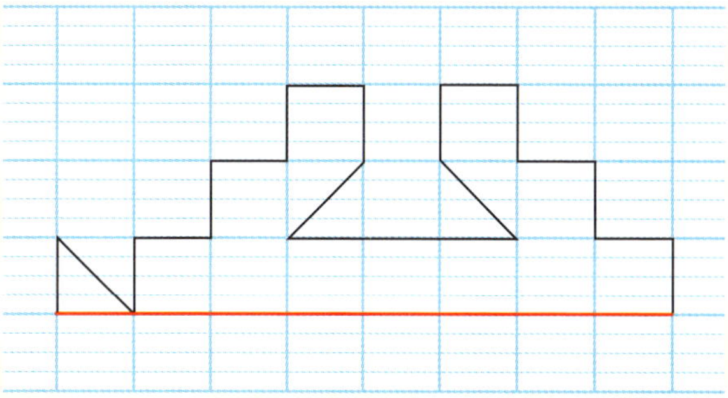

Figures planes

Reconnaître les figures planes

7 Quelle figure est un polygone ? Explique ta réponse.

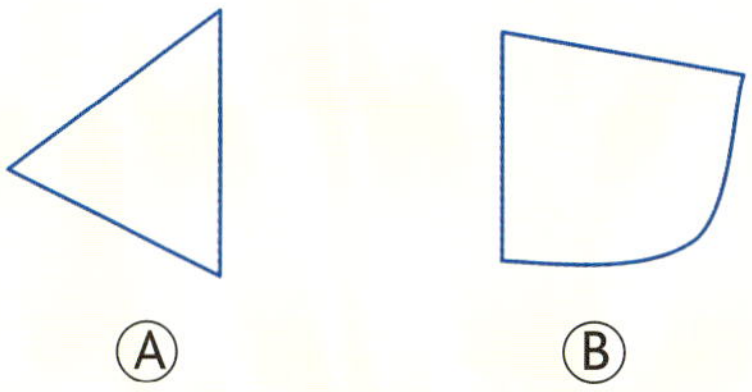

8 Parmi ces quadrilatères, trouve ceux qui ont 4 côtés de même longueur et donne leur nom.

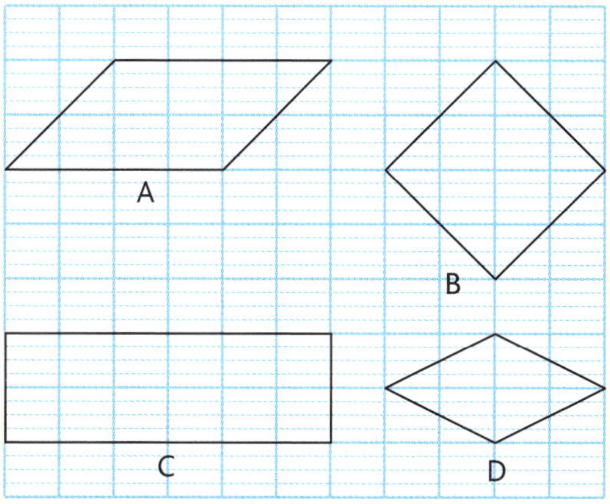

9 Vrai ou faux ?

a. Le carré est à la fois un rectangle particulier et un losange particulier.

b. Le losange est un carré particulier.

c. Le carré est un rectangle particulier.

10 Observe la figure et nomme un triangle isocèle.

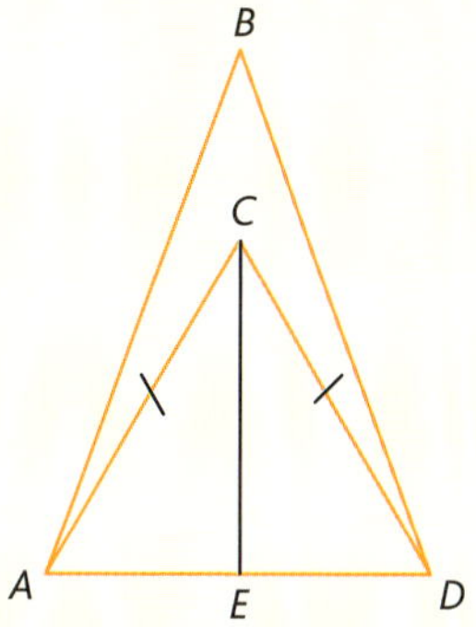

Tracer

11 Construis un carré dont les côtés mesurent 3 cm.

12 Construis un rectangle dont la longueur mesure le double de la largeur.

13 Construis un cercle de centre O dont le rayon mesure 3 cm. Trace un diamètre.

14 Reproduis la figure suivante et écris son nom.

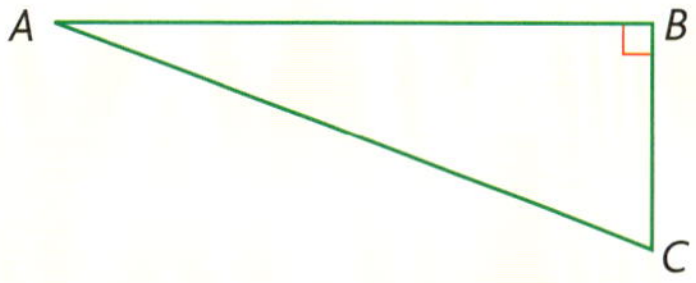

15 Reproduis la figure suivante à l'aide de tes instruments. Que peux-tu dire de la figure ACEF ? ABC ? Et de CDE ?

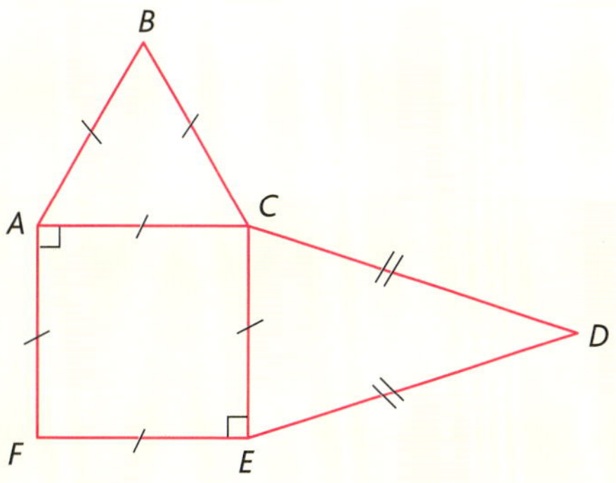

Programmes de construction, solides

Programmes de construction

Associer et tracer une figure à partir d'un programme de construction

1 Associe chaque programme à la figure qui lui correspond.
Puis construis les figures.

Programme 1
Trace un cercle de centre O.
Place 6 points sur le cercle.
Trace un triangle équilatéral dont les sommets sont sur le cercle.

Programme 2
Trace un triangle équilatéral.
Trace un cercle en prenant comme centre un des sommets du triangle.

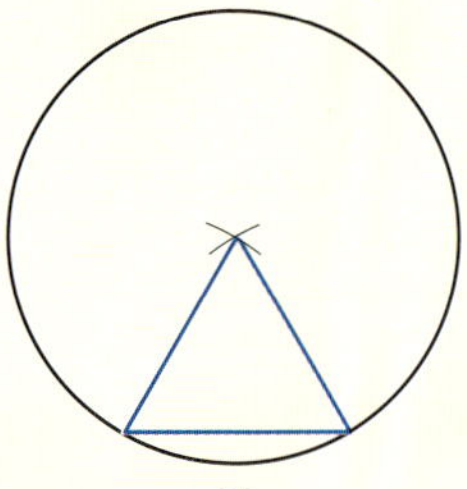

Ⓐ

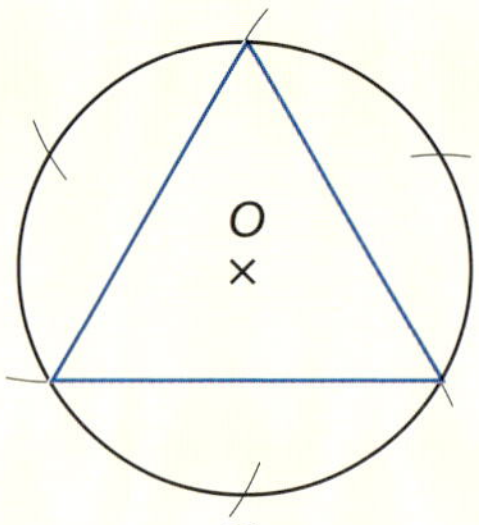

Ⓑ

2 Construis la figure qui correspond à la consigne suivante :
Trace un carré dont les côtés mesurent 4 cm.
Utilise du papier uni et tes instruments.

3 Construis cette figure en suivant ce programme de construction :
- Trace un cercle de centre O.
- Trace un diamètre [AB].
- Place un point C sur le cercle.
- Relie les points A, B, C avec ta règle.

Cubes, pavés droits, prismes droits

Compléter un patron de cube

4 Reproduis et complète pour obtenir un patron de cube. Construis ce cube.

Décrire un pavé droit

5 Reproduis le pavé droit ci-dessous.

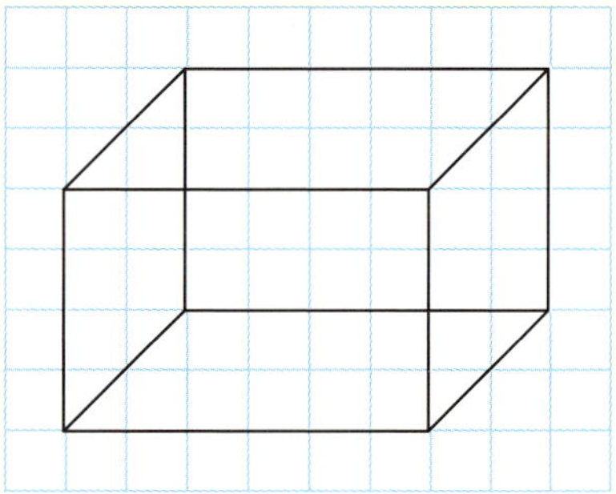

a. Repasse les arêtes en vert.
b. Colorie une face en bleu.
c. Mets un point rouge à chaque sommet.

6 Parmi ces solides, nomme les pavés droits et les cubes.

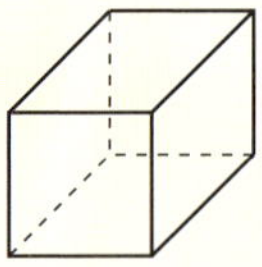

①

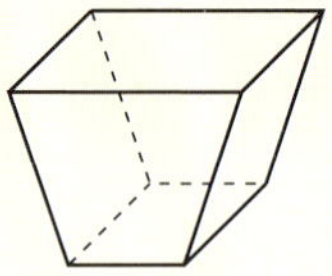

②

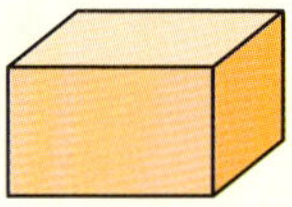

③

④

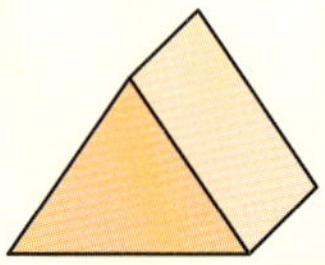

⑤

⑥

Reconnaître un patron de pavé

7 Parmi les assemblages suivants, quel est le patron de pavé droit ?

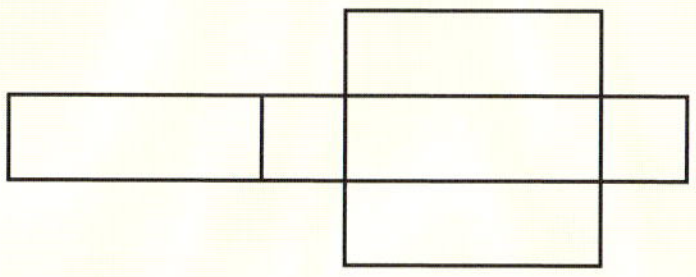
①

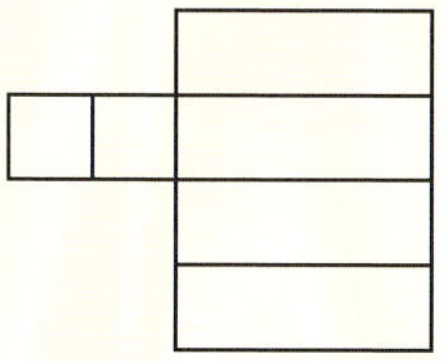
②

Reconnaître, décrire les prismes droits

8 Parmi ces solides, trouve les prismes droits.

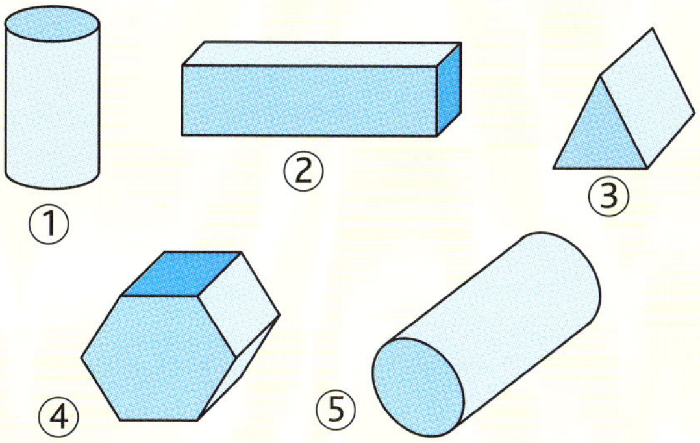

9 Complète la carte d'identité de chacun de ces prismes.
Nombre de faces : …
Nombre d'arêtes : …
Nombre de sommets : …

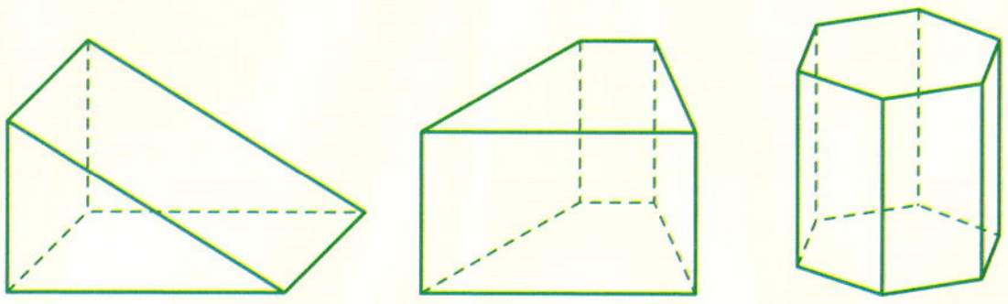

10 Reproduis ce prisme sur du papier quadrillé et colorie en vert les bases parallèles et superposables.

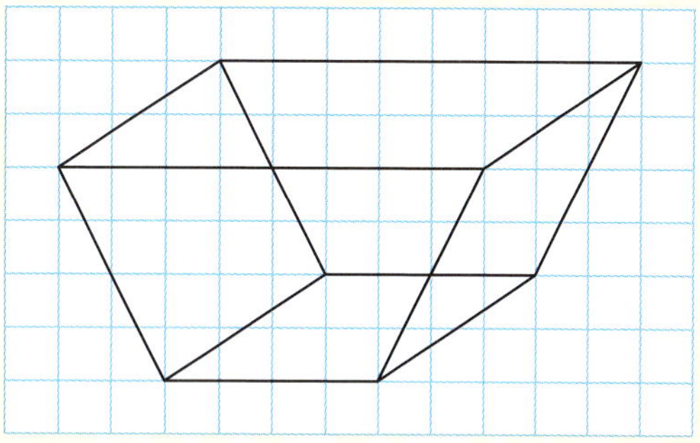

11 Quel prisme est un prisme droit ?

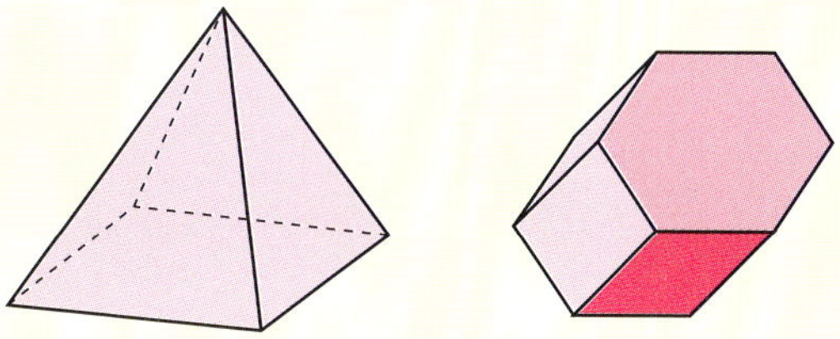

12 Barre l'intrus.

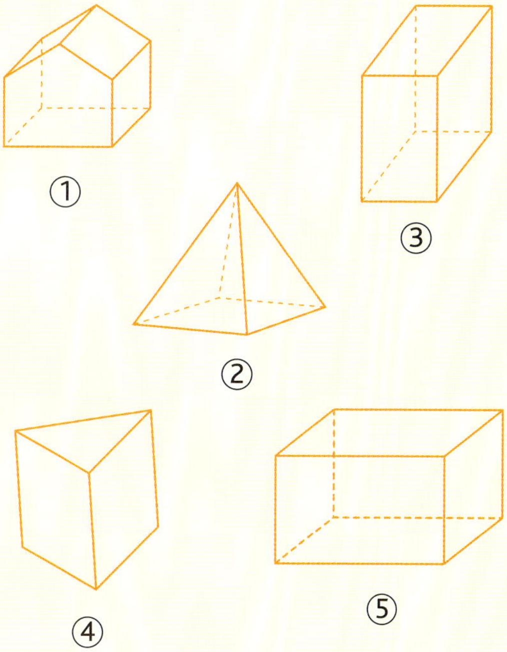

Problèmes de synthèse

Voyage à travers les arts

1 * Arabesques arabes

L'arabesque est un motif décoratif très courant dans les décors musulmans. C'est un méli-mélo de feuilles, de fleurs et de fruits qui s'entrelacent. Ces décors colorés peuvent être sculptés, peints ou réalisés en mosaïques.

a. De combien de carrés et de rectangles ce décor est-il composé ?

b. Construis sur ton cahier un décor composé de 2 carrés de 4 cm de côté et d'un rectangle de longueur 8 cm et de largeur 4 cm.

c. Reproduis sur un papier quadrillé la structure du décor de cette photo. Trace uniquement les carrés et les rectangles et décore-les avec des arabesques.

2 * Des masques et moi !

a. Parmi ces masques africains, quel est celui qui n'est pas construit selon un axe de symétrie ?

b. Reproduis et complète le masque suivant en respectant l'axe de symétrie.

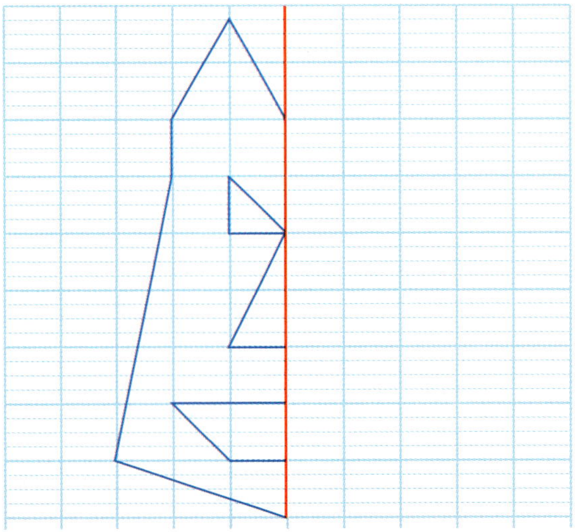

**
3 Le mystère des pierres suspendues

En Angleterre, le site préhistorique de Stonehenge reste encore une énigme pour les archéologues. Chaque dolmen pèse environ 50 000 kg. Comment ont-ils été taillés, transportés et empilés ? Mystère !

a. À quel solide géométrique ressemblent ces dolmens ? Compte le nombre de faces, d'arêtes et de sommets de ce solide.

b. Trace un pavé droit sur ton cahier. Repasse ses arêtes en bleu et colorie une face en rouge.

Devinettes

a. Quelle est la différence entre un dolmen et un menhir ?
b. Sais-tu où l'on peut voir des dolmens et des menhirs en France ?

**
4 Cercles sacrés

Le mandala est un dessin sacré inscrit dans un cercle et partant de son centre. Il contient des formes géométriques, des symboles, très souvent des motifs symétriques entre eux. Le mandala symbolise l'univers ou représente une idée.

À toi de construire un mandala en suivant ce programme de construction :

1. Trace un cercle de centre O et de rayon 4 cm.
2. Reporte sur le cercle 6 fois de suite la longueur du rayon.
3. Utilise ces 6 points pour tracer un hexagone.
4. Joins par un segment les sommets opposés de l'hexagone.
5. Trace une rosace à partir des sommets de l'hexagone.
6. Colorie.

**
5 Salut l'artiste !

La peinture abstraite mêle les formes géométriques et les couleurs, comme dans ce tableau du peintre néerlandais Theo Van Doesburg (1883-1931).

a. Décalque le triangle rouge et le triangle noir du tableau et termine leur construction.
Que peux-tu dire de ces deux triangles ?

b. Construis 5 triangles rectangles isocèles sur du papier uni de couleur.
Découpe-les et colle-les pour composer un tableau à la manière de Theo Van Doesburg.

TEST

Voici les réponses des exercices **TEST** de la partie « Géométrie ».

Page 143
1. A
2. B

Page 145
1. B
2. A

Page 147
1. A
2. A

Page 149
1. A
2. C

Page 151
B

Page 153
1. A
2. A

Page 155
1. B
2. B
3. C

Page 157
1. A
2. B

Page 159
1. C
2. B

Page 161
1. A
2. A

Page 163
1. A
2. B

Page 165
1. B
2. A

Page 167
1. A
2. A

Page 169
1. B
2. A

Édition : Laetitia Pelisse
Coordination artistique : Pierre Taillemitte, Alexandre Millot
Conception maquette intérieure : Langage graphique
Illustrations intérieures : Stéphanie Charpiot, Line T.
Cartographie : Domino
Illustrations pictos de rubriques : Loïc Méhée
Conception couverture : Véronique Lefebvre
Illustration de couverture : Line T.
Iconographie : Danièle Portaz
Mise en page et schémas : Gex Mougin
Relecture : Isabelle Dugon
Fabrication : Josiane Nicole
Photogravure : Irylis

Avec la collaboration de Marie Soubelet.

Crédits iconographiques

30	Ph. © Ludovic / REA
33	Ph. © Uderzo / AFP
49	Ph. © Raymond Depardon / MAGNUM
54 ht	Ph. © Dermot Tatlow / PANOS-REA
54 bas	BIS / Ph. Toshiko Hasahara / Fotolia / © Archives SEJER
55	Ph. © Franck Guiziou / HEMIS
58 ht g	Ph. Marcel Schauer/ Fotolia © Archives SEJER
58 ht d	Ph. Bersanelli / Fotolia © Archives SEJER
60	Ph © Jacopin / BSIP
77	Ph. © Alain Mounic / PRESSE-SPORTS
81	Ph. De Marco / Fotolia © Archives SEJER
88 ht	Ph. Philiphoto / Fotolia © Archives SEJER
88 bas	Ph. Claude Coquilleau / Fotolia © Archives SEJER
89 ht	Ph. Pasc06 / Fotolia © Archives SEJER
89 bas	Ph. © IAM / World History Archive / AKG
94	Ph. Scott McLean / Fotolia © Archives SEJER
98	Ph.Vaso / Fotolia © Archives SEJER
128	Ph. © Kamran Jebreili / AP / SIPA PRESS
138 ht	Ph. © Wang Ying / Featurechina / ROPI-REA
138 bas	BIS / Ph. Michael Coddington © Archives Sejer
139 ht	Ph. © Museum National d'Histoire Naturelle, Paris
139 bas	Ph. © Gilles Leimdorfer / REA
148	Ph. Rido / Fotolia © Archives SEJER
164	Ph. © Wiktor Dabkowski /ZUMA /REA
174 ht	Ph. © Christophe Boisvieux / HEMIS
174 bas (x 4)	Ph.Nimbus / Fotolia © Archives SEJER
175 ht	Ph.Papaeuge / Fotolia © Archives SEJER
175 m	Ph. © Ullstein Bild / AKG
175 bas	Ph. © AKG

Imprimé en Italie par
LTV
LA TIPOGRAFICA VARESE
Società per Azioni
Varese
N° Éditeur : 10171732
Dépôt légal : Février 2011